"十二五"卓越工程技术人才培养系列教材

耿焕同 主编

# C语言
# 程序设计

U0350844

江苏大学出版社
JIANGSU UNIVERSITY PRESS

## 内容简介

　　C 语言作为结构化程序设计语言的典型代表,非常适合作为程序设计技术的入门语言,更为重要的是,C 语言在应用上不仅适合软件开发,而且能够直接对各类可编程器件进行底层操作。

　　本书以 ISO C89 语言规范为蓝本,循序渐进,深入浅出,系统地讲解从语法到问题编程求解的各个环节,内容包括:程序设计理论基础篇、C 语言程序设计基础篇、C 语言程序设计能力篇。

　　本书紧紧结合 C 语言的学习方法和学生的学习特点,科学设计、精心组织教学内容,以浅显易懂的语言进行撰写,并配有大量的图解、例题和程序实例等,使非计算机专业人员也能快速地理解和掌握编程的技巧与精髓,熟练掌握应用 C 语言进行编程的基本技能。

　　本书以学生编程能力的培养为设计重点,巧妙选择典型例题,并配以问题分析及程序分析等内容,丰富了教材内涵,提高学生的学习兴趣。本书语言表达严谨、流畅,实例丰富,不仅适合各类高校举办的二级独立学院理工类本科学生学习,也非常适合其他层次学生学习,同时还可作为编程人员的自学教材和全国计算机等级考试(C 语言)的参考教材。

　　为便于读者学习和课程教学的需要,本书附有光盘,光盘内容包括本书所有例题的源程序和教学课件。

# 前　言

从 1971 年诞生到现在,C 语言已经成为最重要和最流行的高级程序设计语言之一。C 语言学习之所以经久不衰,根源在于 C 语言具有方便性、灵活性和通用性等特点。在其应用方面,除了适合各种类型的软件开发外,程序员还可直接对可编程硬件操作。因此,C 语言不仅是计算机学科重要的核心课程,而且是其他理工科专业计算机基础知识的必修课。

随着时代的进步,掌握一种编程语言已经成为现代科技人员的一项基本技能。因此近年来,学习和掌握 C 语言的需求越来越迫切,特别是对于在校理工科大学生,程序设计能力越来越成为现代科技人才的一种必备能力。

虽然市面上有很多关于 C 语言程序设计的书籍,但是存在着诸如从抽象的语法开始学习,或是用枯燥的数学问题作为实例等不足,这在某种程度上偏离了程序设计的核心,不仅容易挫伤初学者学习程序设计的信心,而且会导致初学者对程序设计缺乏兴趣。我们根据多年从事 C 语言一线教学工作积累的经验和教学心得,充分借鉴现有 C 语言书籍的优点,采用抽象知识的学习方法,即以"先问为什么学、如何学习、最后学什么"的内容组织方式,科学设计教程和巧妙组织本书内容。

本书的主要特色和创新之处有:

(1) 理念新颖。围绕现代理工科专业技术人才的培养目标,取舍恰当,精心选择内容和科学编排,力求使非计算机专业的学生系统、全面、快速地掌握 C 语言程序设计的方法,为后续应用开发建立坚实的语言基础。

(2) 针对性强。针对二级独立院校本科学生重实践的学习特点,兼顾全国二级等级考试大纲(C 语言版)的要求,采用先理论后实践的学习规律,变抽象为具体的学习策略,增强学习的目的性,合理组织 C 语言知识点。

(3) 科学组织。全书内容包括程序设计基础、C 语言基础和能力提高的知识内容,做到结构严谨,概念准确,教材内容组织合理,语言使用规范,符合教学规律。

(4) 注重能力。围绕能力培养,从易于读者学习的角度出发,以实例和易理解的图形方式阐述枯燥的理论知识,并在实例讲解中详细列出问题分析、流程图、C 语言程序代码、程序分析和运行结果等内容,其目的是帮助读者学会如何编程,切实做到提高应用能力。

本书循序渐进,由方法到实践,由入门到掌握,共分为 3 大篇。第 1 篇为程序设计基础篇,为初学者介绍程序设计的方法、算法、开发环境和相关的程序设计基础知识等;第 2 篇为 C 语言程序设计基础篇,从最简单的 C 语言程序开始认识,逐步介绍 C 语言程序的构成要素,使略有计算机基础的人都能容易地学会 C 语言编程;第 3 篇为 C 语言程序设计能力篇,主要介绍 C 语言中的数组、指针、函数以及文件操作等内容。

本教材由南京信息工程大学滨江学院耿焕同教授主持编写,并负责对全书进行统稿和主审。其中,耿焕同老师负责编写第 1~4 章;陈遥老师负责编写第 6~8 章;朱节中老师负责编写了第 5,11 和 12 章;李振宏老师负责编写了第 9,10 章和附录;姜青山老师负责编写了第 13~15 章。

本书的编写得到南京信息工程大学滨江学院二期教改课题(No. 2011JC0001)资助,也得到诸多专家和领导的大力支持与指导,在此表示衷心的感谢。

由于编者水平有限,书中难免有错误和不足之处,恳请专家和广大读者批评指正。

编　者

2012 年 1 月

# 目　录

目　录

# 第3篇 C语言程序设计能力

# 第 1 章　程序设计方法学

## 1.1　程序设计方法学简介

众所周知,随着科技和信息技术的迅猛发展,越来越多的工作和业务由程序进行支撑与管理,如数值天气预报、数字化校园以及网上购物等。那究竟什么是程序呢? 通俗来讲,程序是用来控制计算机操作的代码,而程序设计的目的是利用计算机对现实问题进行求解。计算机科学家、图灵奖获得者尼克劳斯·威茨(Niklaus Wirth)教授对程序进行了经典定义:

$$程序 = 算法 + 数据结构$$

此公式对计算机科学的影响程度类似于物理学中爱因斯坦的 $E = mc^2$,它提示了程序的本质。

随着软件产业的迅猛发展和软件开发的工程化进程加快,程序与软件开发环境的关系越来越紧密,开发工具的选择对程序的开发效率有着重大影响,有时会获得事半功倍的效果。因此,可对程序的定义进行扩充:

$$程序 = 算法 + 数据结构 + 开发环境$$

本书重点讨论 C 语言开发环境,并不侧重复杂的算法和数据结构,目的是使读者利用 C 语言设计简单程序,建立与计算机之间的会话交流,培养一定的编程思想和动手编程能力的软件人才。

程序设计方法学是探讨程序设计理论和方法的学科,用以指导程序设计各阶段工作的原理和原则,以及由此提出的设计技术。程序设计方法学起源于 20 世纪 70 年代,主要包括程序理论、研制技术、支持环境、工程规范和自动程序设计等课题。程序设计方法学的发展、软件的发展以及编程语言的发展三者之间有着密切的关系;通过对其研究,可不断地提高编程人员的程序设计水平,丰富程序人员的思维方法;而问题求解规模和复杂性大大地促进了程序设计技术的发展;反过来,程序设计的提高也推动了程序设计方法学这一学科的不断发展。

通常而言,程序设计方法学的概念有狭义和广义之分。狭义的程序设计方法学是指传统的有关结构化程序设计的理论、方法和技术;广义的程序设计方法学概念包括了程序设计语言和程序设计的所有理论和方法。特别是在结构化程序设计的研究逐步衰退以后,程序设计方法学成为一个笼统的概念。随着软件产业的快速发展,又对程序设计方法提出了更高的要求,如设计过程简单化、代码跨平台化、代码重用化等,促使程序设计方法学成为一门学科。因此,首先要弄清楚程序设计方法学的基本研究目标。

从学科定义来讲,程序设计方法学的目标是能设计出可靠、高效、易读而且代价合理的程序。更通俗地讲,程序设计方法学的最基本目标是通过对程序本质属性的研究,说明什么样的程序是一个"优秀"的程序,怎样才能设计出"优秀"的程序。

一般的程序设计过程是借助某种编程语言对求解问题的计算机算法进行编程实现,其产出是软件产品(俗称程序),其功能是利用计算机求解问题,因此在程序设计时,最重要的是程序的正确性和程序的执行效率。程序的正确性和执行效率是由程序的结构和算法决定的,当然也与程序的易读性、可维护性有密切的关系。程序设计的一般过程应包括:分析实际问题并抽象,利用数学建模技术构建问题的数学模型,借助计算方法和数据模型构造合适数据结构,进而设计算法,最后借助计算机语言实现算法并形成程序。

程序设计方法大致经历如下主要阶段:手工作坊式、结构化、模块化、面向对象等。下面以主流的结构化程序设计和面向对象程序设计为例,分别讲解它们的设计方法。

## 1.2 结构化程序设计方法

### 1.2.1 概 述

迪克斯特拉(E. W. Dijkstra)在 1969 年提出了结构化程序设计方法,是以模块化设计为中心,将待开发的软件系统划分为若干个相互独立的模块,这样就使完成每一个模块的工作变得简单且明确,为设计一些较大的软件奠定了良好的基础。由于模块相互独立,因此在设计其中一个模块时不会受到其他模块的牵连,故可将原来较为复杂的问题化简为一系列简单模块的设计。模块的独立性还为扩充已有的系统、建立新系统带来了极大方便,因此可以充分利用现有的模块作积木式的集成与扩展。

结构化程序的概念首先是从以往编程过程中无限制地使用转移语句而提出的。转移语句可以使程序的控制流程强制性地转向程序的任一处,在传统流程图中,用"很随意"的流程线来描述转移功能。如果一个程序中多处出现这种转移情况,将会导致程序流程无序可寻,程序结构杂乱无章,这样的程序是令人难以理解和接受的,并且容易出错。尤其是在实际软件产品的开发中,更多追求的是软件的可读性和可修改性,像这种结构和风格的程序是不允许出现的,因此规定程序的 3 种基本结构。

程序的顺序、选择和循环 3 种控制流程,就是结构化程序设计方法强调使用的 3 种基本结构。算法的实现过程是由一系列操作组成的,这些操作之间的执行次序就是程序的控制结构。1966 年,计算机科学家 Bohm 和 Jacopini 证明了这样的事实:任何简单或复杂的算法都可以由顺序结构、选择结构和循环结构这 3 种基本结构组合而成。所以,这 3 种结构就被称为程序设计的 3 种基本结构,也是结构化程序设计必须采用的结构。

　　结构化程序设计的基本思想是采用"自顶向下,逐步求精"的程序设计方法和"单入口单出口"的控制结构。"自顶向下,逐步求精"的程序设计方法从问题本身开始,经过逐步细化,将解决问题的步骤分解为由基本程序结构模块组成的结构化程序框图;"单入口单出口"的思想认为一个复杂的程序,如果它仅是由顺序、选择和循环 3 种基本程序结构通过组合、嵌套构成,那么这个新构造的程序一定是一个单入口单出口的程序,据此就很容易编写出结构良好、易于调试的程序。

　　因此,结构化程序设计具有以下优点:① 整体思路清楚,目标明确;② 设计工作中阶段性非常强,有利于系统开发的总体管理和控制;③ 在系统分析时可以诊断出原系统中存在的问题和结构上的缺陷。

　　结构化程序设计强调对程序设计风格的要求,因为程序设计风格主要影响程序的可读性。一个具有良好风格的程序应当注意以下几点:① 语句形式化。程序语言是形式化语言,需要准确,无二意性;② 程序一致性。保持程序中的各部分风格一致,文档格式一致;③ 结构规范化。程序结构、数据结构甚至软件的体系结构要符合结构化程序设计原则;④ 适当使用注释。注释是帮助程序员理解程序,提高程序可读性的重要手段;⑤ 标识符贴近实际。程序中数据、变量和函数等的命名原则是选择有实际意义的标识符,以易于识别和理解。

　　如何编写程序才算符合结构化程序设计方法呢? 按照 1974 年世界著名科学家 D. Gries教授的分析,结构化程序设计应包括以下几个方面内容:

- 结构化程序设计是指导人们编写程序的一般方法。
- 结构化程序设计是一种避免使用 GOTO 语句的程序设计。
- 结构化程序设计是"自顶向下,逐步求精"的程序设计。
- 结构化程序设计是一种组织和编写程序的方法,利用它编写的程序容易理解和修改。
- 结构化程序设计是控制复杂性的整个理论和训练方法。
- 结构化程序的一个主要功能是使正确性的证明容易实现。
- 结构化程序设计将任何大规模和复杂的流程图转换为一种标准形式,使它们能够用几种标准形式的控制结构通过重复和嵌套来表示。

　　常用的结构化程序设计语言有:C 语言、FORTRAN 语言、Pascal 语言和 Basic 语言等。

　　简单地说,结构化程序设计有以下特征:

　　1. 模块化

　　(1) 把一个较大的程序划分为若干个函数或子程序,每一个函数或子程序总是独立成为一个模块;

　　(2) 每一个模块又可继续划分为更小的子模块;

　　(3) 程序具有一种层次结构。

　　【注意】 运用这种编程方法时,必须先对问题进行整体分析,避免想到哪里写到哪里。

　　2. 层次化

　　(1) 先设计第一层(即顶层),然后步步深入,逐层细分,逐步求精,直到整个问题可

3

用程序设计语言具体明确地描述出来为止。

（2）步骤：先对问题进行仔细分析，确定其输入、输出数据，写出程序运行的主要过程和任务；然后从大的功能方面把一个问题的解决过程分成几个子问题，每个子问题形成一个模块。

（3）特点：先整体后局部，先抽象后具体。

3. 逐步求精

逐步求精是指对于一个复杂问题，不是一步就能编成一个可执行的程序，而是分步进行，具体如下：

第一步编出的程序最为抽象；

第二步编出的程序是把第一步所编的程序（如函数、子过程等）细化，较为抽象；

……

直到最后，第 n 步编出的程序即为可执行的程序。

所谓"抽象程序"，是指程序所描述的解决问题的处理规则，是由那些"做什么（What）"操作组成，而不涉及这些操作"怎样做（How）"以及解决问题的对象具有什么结构，不涉及构造的每个局部细节。

这一方法原理是：对于某一个问题（或任务），程序员应立足全局考虑如何解决这一问题的总体关系，暂不涉及每个局部细节。在确保全局的正确性之后，再分别对每一个局部进行考虑。每个局部又是一个问题或任务，因而这一方法是自顶而下的，同时也是逐步求精的。

采用逐步求精方法的优点是：

（1）便于构造程序。由这种方法产生的程序，其结构清晰、易读、易写、易理解、易调试、易维护。

（2）适用于大任务、多人员设计，也便于软件管理。

逐步求精方法有多种具体做法，例如流程图方法、基于函数或子过程的方法等。

## 1.2.2 程序设计步骤

程序设计步骤包括：

（1）分析问题

对要解决的问题，首先必须分析清楚问题的已知条件、所求的问题等，初步确定问题的求解思路和方法。

（2）建立数学模型

从编程的角度，遵循编程思想，列出所有已知量，找出问题的求解目标，在对实际问题进行分析之后找出它的内在规律，以建立相应的数学模型。只有建立数学模型，才有可能利用计算机解决。

（3）选择算法

建立数学模型后还不能立即着手编程序，必须选择合适的数据结构设计解决问题的算法。一般选择算法要注意以下几点：① 算法的逻辑结构尽可能简单；② 算法所要求的存储量尽可能少；③ 避免不必要的循环，减少算法的执行时间；④ 在满足题目条件要求下，使所需的计算量最小。

（4）编写程序

把整个程序看作一个整体，先全局后局部，自顶向下进行处理。如果某些子问题的算法相同而仅参数不同，可以用函数或子程序表示。

（5）调试运行

（6）分析结果

（7）写出程序的文档

### 1.2.3　方法举例

【例 1-1】　输出 2 到 N 之间的素数（质数）。

【问题分析】　要求输出 2 到 N 之间的素数，程序需要做的就是从 2 开始依次找，判断是否是素数，若是则打印输出，否则继续往下找，直到 N 为止。

第一步：通过分析问题，给出程序总体框架。

　　<1> 读入一个正整数 N。

　　<2> 初始化循环变量 i 为 2。

　　<3> 判断 i 与 N 之间的关系。若 i 大于 N，则转向<4>。

　　　　<3−1> 判断 i 是一个素数。若 i 是素数，则打印输出 i；

　　　　<3−2> 取比 i 大的下一个数，并放入 i 中；

　　　　<3−3> 转向<3>；

　　<4> 程序结束。

第二步：细化"i 是否为素数"。

思路：若 i 是一个素数，则返回为真，否则返回为假。依据素数的定义，除了 1 和本身之外不能被其他正整数整除的正整数为素数。进一步细化如下：

　　<1> 初始化循环变量 k 为 2，素数标记 flag 为真；

　　<2> 判断 k 与 i 之间的关系，若 k 大于或等于 i，则转向<5>；

　　<3> 判断 i 能否被 k 整除，若能整除，则素数标记 flag 为假；

　　<4> 若素数标记 flag 为真，则取比 k 大的下一个数，并放入 k 中，转向<2>；

　　<5> 返回素数标记 flag。

第三步：补充完整程序。

第四步：除了 2 之外，其实所有的素数都是奇数，因此可进行相应的程序优化。

## 1.3　面向对象程序设计方法

### 1.3.1　概　　述

面向对象（Object-Oriented，OO）是当前计算机界关心的重点，现已发展成为软件开发方法的主流。面向对象的概念和应用已超越了程序设计和软件开发，扩展到更广的范围，如数据库系统、交互式界面、应用结构、应用平台、分布式系统、网络管理结构、CAD 技术、人工智能等领域。早期，面向对象是专指在程序设计中采用封装、继承、抽象等设计方法，而现在面向对象的思想已经涉及软件开发的各个方面，如面向对象的分析（Object-Oriented Analysis，OOA），面向对象的设计（Object-Oriented Design，OOD），以及人们经常说的面向对象的编程实现（Object-Oriented Programming，OOP）。常用的面向对象程序设计语言有：C++语言、Java 语言、C♯语言、Visual Basic 语言和 Delphi 语言等。

　　面向对象程序设计是一种把面向对象的思想应用于软件开发过程中，以指导开发活动的系统方法，是建立在"对象"概念基础上的方法学。对象是由数据和容许的操作组成的封装体，与客观实体有直接对应关系，一个对象类定义了具有相似性质的一组对象，而继承性是对具有层次关系的类的属性和操作进行共享的一种方式。面向对象就是基于对象概念，以对象为中心，以类和继承为构造机制，来认识、理解、刻画客观世界和设计、构建相应的软件系统。

　　相对于结构化程序设计来讲，面向对象程序设计理论扩充了许多新的概念和术语。要想理解和掌握面向对象的理论，必须从最基本的概念入手，通过对最基本概念的掌握来真正认识面向对象方法的作用。与此同时，为更好地掌握面向对象，必须熟悉结构化程序设计；换句话说，结构化程序设计的学习锤炼了程序员的编程思想，面向对象程序设计的学习更多的是锻炼了程序员的代码组织能力。

　　1. 对　象

　　面向对象程序设计中的对象具有两方面的含义，即在现实世界中的含义和在计算机世界中的含义。

　　在现实世界中可以将任何客观存在的事物都看作一个对象，如一个人、一辆汽车、一棵树甚至一个星球。一方面，对象与对象之间存在着一定的差异，如一棵树和一辆汽车是两个截然不同的对象；另一方面，对象与对象之间可能又存在某些相似性。如一辆白色的自行车和一辆红色的自行车，两者都是自行车，具有相同的结构和工作原理，仅仅是颜色不同而已。对象既具有一些静态的特征，如一个人的性别、血型和身份等，还具有一些动态的特征，如一个人身高、年龄和受教育程度等。另外，每一个对象都具有一个名字以区别其他对象，如学生张三和学生李四。

　　在计算机世界中，对象是一个现实实体的抽象。一个对象可被认为是一个将数据（属性）和程序（方法）封装在一起的实体，程序用于刻画该对象的动作或对它接收到的外界信号的反应，这些对象操作有时称为方法。

　　对象是建立面向对象程序所依赖的基本单元。从专业角度来讲，所谓对象就是一种代码的实例。这种代码执行特定的功能，具有自包含或者封装的性质。在结构化程序设计中，变量可以看作简化了的对象。换句话说，变量是仅仅具有单一属性且不具有方法的对象，这里的单一属性便是变量的取值，变量名就是对象名。

　　通过上面的分析，无论是现实世界中的对象还是计算机世界中的对象，它们具有如下共同的特征：

　　（1）每个对象都有一个名字以区别其他对象。

　　（2）每个对象都有一组状态用来描述它的某些特征。

　　（3）对象通常包含一组操作，每个操作决定对象的一种功能或行为。

　　在一个面向对象的系统中，对象是运行期的基本实体。它可以用来表示一个人、一个银行账户或一张数据表格。当一个程序运行时，对象与对象之间通过互发消息而相互作用。

**2. 类**

类是构成面向对象程序设计的基础,它把数据和函数封装在一起,是具有相同操作功能和相同数据格式(属性)的对象抽象,它可以被看作抽象数据类型的具体实现。

在程序设计语言中,数据类型本质上是抽象的。高级程序设计语言从位、字节和字中抽象出字符、整数和实数等基本数据类型,这比使用位、字节等来设计程序更加方便,因为整数、实数的抽象比位、字节的抽象更接近现实的表达。但在实际应用中,程序设计语言中所提供的数据类型总是有限的。例如,在一般的编程语言中没有矩阵、方程组、矢量等数据类型,也没有年龄、地址等数据类型。这些数据类型是人们把抽象应用到一组对象上而得到的抽象数据类型。在程序中定义一个新类将产生一种新的数据类型,丰富了程序数据类别,因此类的设计就是数据类型的设计。

**3. 类与对象的关系**

简单地说,类是用户自定义的数据类型,是用来描述具有相同属性和方法的对象集合,它定义了该集合中每个对象所共有的属性和方法,对象是类的实例。例如,苹果是一个类,而放在桌上的那个苹果则是一个对象。对象和类的关系相当于一般的程序设计语言中变量和数据类型的关系。

对象包含数据以及操作这些数据的代码。一个对象所包含的所有数据和代码可以通过类来构成一个用户定义的数据类型。事实上,对象就是类类型的变量。一旦定义了一个类,就可以创建该类的多个对象,每个对象与一组数据相关,而这组数据的类型在类中定义。因此,一个类就是对具有相同类型的对象的抽象。例如,芒果、苹果和橘子都是水果类的对象。类是用户自定义的数据类型,但在一个程序设计语言中,它和内建的数据类型行为相同,比如创建一个类对象的语法和创建一个整数对象的语法是相同的。

**4. 面向对象的基本特征**

(1) 对象唯一性:每个对象都有自身唯一的标识,通过这种标识可找到相应的对象。在对象的整个生命期中,它的标识都不改变,不同的对象应有不同的标识。

(2) 抽象性:抽象是指强调实体的本质、内在的属性。在系统开发中,抽象指的是在决定如何实现对象之前的对象的意义和行为。使用抽象可以尽可能避免过早考虑一些细节。类实现了对象的数据(即状态)和行为的抽象。将具有一致的数据结构(属性)和行为(操作)的对象抽象成类,一个类就是这样一种抽象,它反映了与应用有关的重要性质,而忽略其他一些无关内容。任何类的划分都是主观的,但必须与具体的应用有关。

(3) 封装性:封装性是保证软件部件具有优良模块性的基础。面向对象的类是具有良好封装的模块,类定义将其说明(用户可见的外部接口)与实现(用户不可见的内部实现)显式地分开,其内部实现按其具体定义的作用域提供保护。对象是封装的最基本单位。封装可防止程序相互依赖而带来的变动影响,面向对象的封装比传统语言的封装更清晰,更贴近现实。

(4) 继承性:继承性是子类自动共享父类数据结构和方法的机制,这是类之间的一种关系。可以在一个已经存在的类的基础上定义和实现一个类,把这个已经存在的类所定义的内容作为自己的内容,并加入若干新的内容。继承性是面向对象程序设计语言不同于其他语言的最重要特点,是其他语言所没有的。在类层次中,若子类只继承一个父类的数据结构和方法,则称为单继承;在类层次中,若子类继承了多个父类的数据结构和方法,则称为多重继承。在软件开发中,类的继承性使所建立的软件具有开放性、可扩充性,这是信息组织与分类的行之有效方法,它简化了对象、类的创建工作量,大大增加了代码的可重性,提高了编程效率。

（5）多态性:多态性是指相同的操作或函数、过程可作用于多种类型的对象并获得不同的结果。不同的对象在收到同一消息时可以产生不同的结果,这种现象称为多态性。多态性允许每个对象以适合自身的方式去响应共同的消息,增强了软件的灵活性和重用性。

在面对对象方法中,对象和传递消息分别表现事物与事物间相互联系。类和继承是适应人们一般思维方式的描述范式;方法是允许作用于该类对象上的各种操作。这种对象、类、消息和方法的程序设计范式的基本点在于对象的封装性和类的继承性。封装能将对象的定义和对象的实现分开,继承能体现类与类之间的关系,以及由此带来的动态联编和实体的多态性,构成了面向对象的基本特征。

5. 与结构化程序设计方法的比较

结构化设计方法中,程序被划分成许多模块,这些模块被组织成一个树型结构;并且数据和对数据的操作(函数或过程)是完全分离的(如图1-1所示)。上层的模块需要调用下层的模块,所以这些上层的模块就依赖于下层的细节。与问题领域相关的抽象要依赖于与问题领域相关的细节,细节层次影响抽象层次。

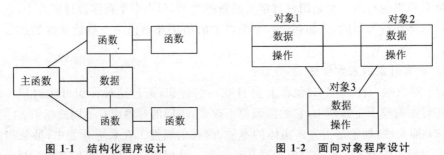

图 1-1　结构化程序设计　　　　　图 1-2　面向对象程序设计

在面向对象程序设计中倒转了这种依赖关系,创建的抽象不依赖于任何细节,而细节则高度依赖于上层的抽象;更为重要的是,它将数据与对数据的操作进行封装,构成一个整体(如图1-2所示)。这种依赖关系的倒转正是面向对象程序设计和传统技术之间根本的差异,也是面向对象程序设计思想的精华所在。

## 1.3.2　程序设计步骤

面向对象程序设计方法学的出发点和所追求的基本目标是使人们分析、设计与实现一个系统的方法尽可能接近人们认识一个系统的方法,使描述问题的问题空间和解决问题的方法空间在结构上尽可能一致。应对问题空间进行自然分割,以更接近人们思维的方式建立问题域模型,以便对客观实体进行结构模拟和行为模拟,从而使设计出的软件尽可能直接描述现实世界。其核心思想是:面向对象程序设计方法模拟人们习惯的解题方法,用对象分解取代功能分解,即把程序分解成许多对象,不同对象之间通过发送消息向对方提出服务要求,接受消息的对象主动完成指定功能。程序中的所有对象分工协作,共同完成整个程序的功能。

面向对象程序设计把数据看作程序开发中的基本元素,并且不允许它们在系统中自由流动。它将数据和操作这些数据的函数紧密地结合在一起,并保护数据不会被外界的过程意外地改变。面向对象程序设计允许将问题分解为一系列实体(对象),然后围绕这些实体抽象出相应的数据和函数。

面向对象的程序设计过程,应包括以下基本步骤:

(1) 分析问题

对于要解决的问题,首先必须对问题中所包含的实体进行抽象。

(2) 建立数学模型

列出所有实体,找出它们之间的内在联系,就可以建立数学模型。只有建立了模型的问题,才有可能利用计算机解决。

(3) 类的构建

进一步明确各实体应包含的属性(数据)、操作方法,以及它们各自的访问权限等,按照类定义的规范,完成对实体的抽象形成类。

(4) 编写程序

按照编程语言的规范,完成各类的定义和实现。借助各类定义,完成问题中对象的生成,根据对象之间的关系,实现对象之间的调用关系。

(5) 调试运行

(6) 分析结果

(7) 写出程序的文档

### 1.3.3　方法举例

为了更好地理解面向对象程序设计方法,下面以时钟为例进行讲解。

【例 1-2】　以时钟为例,使用面向对象方法设计一个时钟类。

【问题分析】　通常时钟保存当前时钟的值(时、分、秒)需用到数据变量,同时一个时钟还应具备最基本的功能,包括显示时间和设置时间等。

第一步:通过分析问题,给出类基本信息。

　　<1> 对现实时钟对象进行抽象,形成时钟类;

　　<2> 确定类定义信息;

　　　　<2-1> 类名确定;

　　　　<2-2> 类中数据成员的确定;

　　　　<2-3> 类中操作成员的确定;

　　　　<2-4> 类中数据成员访问属性的确定;

　　　　<2-5> 类中操作成员访问属性的确定。

　　<3> 根据具体的面向对象编程语言,完成类的定义。

第二步:对时钟类细化并完成类的定义。对第一步中<2>进行如下细化:

　　<2-1> 类名确定:Clock;

<2-2> 类中数据成员的确定：整数 Hour，Minute，Second；

<2-3> 类中操作成员的确定：设置时间 SetTime，显示时间 ShowTime；

<2-4> 类中数据成员访问属性的确定：为了确保数据成员的访问安全，均宜使用私有属性；

<2-5> 类中操作成员访问属性的确定：为了确保对象能方便地修改时间和显示时间，因此宜将操作成员设为公有属性。

第三步：编写主程序类，在主程序中完成对时钟类对象的定义，通过对象的使用验证时钟类的正确性。

## 📎 本章小结

通过对程序设计方法学的介绍，明确程序设计是一门科学。通过对结构化程序设计和面向对象程序设计方法的介绍，明确结构化程序设计是面向对象程序设计学习的前提与基础，同时掌握主流程序设计过程和步骤，为以后更好地学习程序设计奠定坚实的理论和方法基础，同样适合其他语言的学习。

习 题 ①

1. 什么是程序和程序设计语言？两者之间有什么联系？
2. 程序设计方法学研究的目标是什么？其重要性在哪里？
3. 什么是结构化程序设计方法？
4. 什么是面向对象程序设计方法？
5. 结构化程序设计方法与面向对象程序设计方法的区别是什么？
6. 简述结构化程序设计的基本过程。

# 第2章 算法——程序的关键

在第1章中已经介绍了程序设计方法学的基本知识,知道可以通过编写程序让计算机帮助解决许多问题。一个程序应包括对数据和数据处理的描述。对数据的描述,即数据结构;对数据处理的描述,即计算机算法。

从程序的本质来看,著名的计算机科学家尼克劳斯·威茨(Niklaus Wirth)给出了程序的简单公式:

程序=算法+数据结构

随着程序设计的深入和软件工程的快速发展,从程序实现方面来说,一个更完整、科学的程序应定义为:

程序=算法+数据结构+程序设计方法+语言工具和环境

这4个方面是一个程序开发人员应具备的知识。本课程重点讨论基于C语言的编程环境和相应的程序设计方法,并不涉及复杂的算法和数据结构。

## 2.1 算法的含义及其特征

### 2.1.1 算法的由来

据文献记载,中文"算法"出自《周髀算经》,而英文"Algorithm"由9世纪波斯数学家al-Khwarizmi首次提出。"算法"原为"algorism",意思是阿拉伯数字的运算法则,在18世纪演变为"algorithm"。欧几里得算法被认为是史上第一个算法;第一个程序是Ada Byron于1842年为巴贝奇分析机编写求解伯努利方程的程序,因此Ada Byron被认为是世界上第一位程序员。因为查尔斯·巴贝奇(Charles Babbage)未能完成他的巴贝奇分析机,这个算法未能在巴贝奇分析机上执行。由于"well-defined procedure"缺少数学上精确的定义,19世纪和20世纪早期的数学家、逻辑学家在定义算法上出现了困难。直到20世纪的英国数学家图灵提出了著名的图灵论题,并提出一种假想的计算机抽象模型,这个模型被称为图灵机。图灵机的出现解决了算法定义的难题,图灵的思想对算法的发展起了重要作用。

### 2.1.2 算法的含义

算法是程序的重要组成部分。人们做每件事或解决每个问题之前,都要先想想如何一步步去做,例如起床、沏茶、做作业、天气预报等,事实上都是按照一定的程序和流程进行的,只是人们不必每次都重复考虑它而已。为解决一个问题而采取的方法和步骤称为"算法(Algorithm)",它是明确的一系列解决问题的指令集,算法代表着用系统的方法描述解决问题的策略机制。也就是说,能够对一定规范的输入,在有限时间内获得所要求的输出。如果一个算法有缺陷,或不适合于某个问题,执行这个算法将不会解决这个问题。不同的算法可能以不同的时间、空间或效率来完成同样的任务。一个算法的优劣可以用空间复杂度与时间复杂度衡量。

计算机算法一般分为两类:一类是进行数值运算的算法,例如求方程的根、计算积分等;另一类是进行非数值运算的算法,例如信息检索、排序和画图等。目前,数值运算的算法比较成熟,各类数值计算都有成熟的算法,如气象领域中数值天气预报系统等;而非数值计算的种类繁多,情况各异。本书主要讨论数值运算的算法。

### 2.1.3 算法的特征

一般地,一个有效的算法应包括 5 个主要特征:

- 有穷性:一个算法必须总是在执行有限步骤之后结束,即一个算法必须包含有限个操作步骤,而不是无限的。
- 确定性:算法中的每一个步骤应当是确定的,而不是含糊的、模棱两可的,即程序员在阅读算法时不产生二意性;并且在任何条件下,算法只有唯一的一条执行路径,即对于相同的输入只能得出相同的输出。
- 可行性:每一个算法都是可行的,即算法中的每一个步骤都可以有效地执行,并得到确定的结果。
- 有零个或多个输入:所谓输入是指在执行算法时,计算机需从外界取得必要的信息,一个算法可以有多个输入,也可以没有输入。
- 有一个或多个输出:编程的目的是为了求解问题,"解"就是输出。一个算法可以有一个或多个输出,无输出的算法是没有意义的。

## 2.2 算法的表示

有效、简洁地描述一个计算机求解过程,称为算法的表示。常见的算法表示方法有自然语言表示方法、流程图表示方法、PAD 图和伪代码表示方法等。在详细讨论算法表示前,需先了解程序的 3 种基本结构。

### 2.2.1 程序的 3 种基本结构

通常情况下,程序是按顺序一条一条地执行各语句,这种方式称为"顺序执行"。但是,有些程序语言允许程序员指定下一条要执行的语句,即进行控制转移,这使程序的可读性、可维护性、可靠性都大为降低。研究证明,任何单入口和单出口的没有"死循环"的程序都能由 3 种最基本的控制结构(即顺序结构、选择结构和循环结构)构造出来。

顺序结构就是从头到尾依次执行每一个语句,它严格按照语句的书写顺序从上到下,从左到右执行。

【例 2-1】 求任一个数的平方,并输出。

【问题分析】 依题意,可按如下步骤进行:

第一步:从键盘输入一个数;

第二步:求此数的平方;

第三步:输出平方值。

选择结构可根据不同的条件执行不同的语句或者语句体,分为单分支、二分支和多分支结构。例如,如果明天天气晴好,我就去户外打篮球,否则我就待在家里看书。显然,多分支结构在执行时,依据执行时的具体情况一次只会执行一个,即不同时刻会执行不同的分支。

循环结构可重复执行语句或者语句体,达到重复执行一类操作的目的。常见的有计数型循环、当型循环、直到型循环。例如,一年中有春、夏、秋、冬 4 个季节,年年如此。

### 2.2.2　流程图及其表示

为了更加清楚、准确地表示算法,常采用简单明了的图形符号。这里先介绍常用的传统流程图符号(见表 2-1)。

表 2-1　常用的传统流程图符号

| 图形和名称 | 含 义 |
| --- | --- |
| 起止框 | 表示程序开始和结束 |
| 输入输出 | 表示数据的输入输出,有一个入口和一个出口 |
| 处理框 | 表示处理或运算功能,有一个入口和一个出口 |
| 判断框 | 表示判断和选择,有一个入口,两个或多个出口 |
| 连接点 | 表示转向流程图的他处或从他处转入 |
| 流程线 | 表示算法执行路径,箭头表示方向 |

一个完整的流程图应包括表示相应操作的框,带箭头的流程线,框内外必要的文字说明。借助流程图符号,程序的 3 种基本结构表示如下:

■ 顺序结构:图 2-1 的虚框表示处理框 B 中代码只有在处理框 A 中的代码执行完后方可执行。

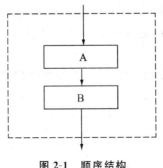

图 2-1　顺序结构

■ 选择结构:图 2-2 的虚框表示先对判断框 P 中条件进行判断,再根据判断值的真假,选择相应的处理框执行。图 2-2(a)为两分支情形,图 2-2(b)为单分支情形。

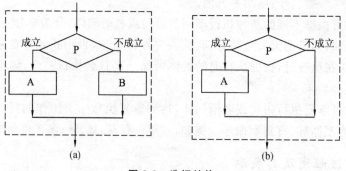

图 2-2　选择结构

■ 循环结构:常分为两种情形,一类是先判断条件后执行循环体,如图 2-3(a)所示;另一类是先执行循环体后判断条件,如图 2-3(b)所示。两者区别在于:前者会出现循环体一次都不执行的情形,后者至少执行一次。

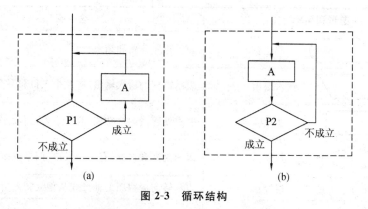

图 2-3　循环结构

从 3 种基本结构的流程图看,它们具有如下共同特点:① 只有一个入口;② 只有一个出口;③ 结构内的每一部分都有可能被执行到;④ 结构内不存在"死循环"。

### 2.2.3　N-S 图及其表示

1973 年美国学者提出了一种新型流程图——N-S 流程图,它是对传统流程图的改造。与传统流程图的最大区别是不允许使用流程线,其好处是使流程更加规范、清晰,避免了频繁使用流程线导致流程凌乱的弊端。特别是当求解问题相对复杂时,必然导致传统流程图复杂和凌乱,此时建议采用 N-S 流程图更为合适;简单的流程可依程序员的喜好来选择表示方法。

依据 N-S 流程图的表示方法,程序的 3 种基本结构表示如下:

■ 顺序结构:

■ 选择结构：

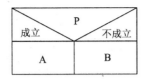

■ 循环结构：

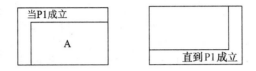

## 2.3　简单算法举例

【例 2-2】　根据降雪量的大小可分为小雪、中雪、大雪和暴雪 4 个等级。通常规定如下：

(1) 小雪：12 小时内降雪量小于 1.0 mm；

(2) 中雪：12 小时内降雪量为 1.0 mm≤中雪<3.0 mm；

(3) 大雪：12 小时内降雪量为 3.0 mm≤大雪<6.0 mm；

(4) 暴雪：12 小时内降雪量大于等于 6.0 mm。

从键盘上接收一个 12 小时内降雪量，输出下雪的等级。

【问题分析】　(1) 依题意，先给出求解的步骤：

第一步：定义接收降雪量的实数型变量 r，并从键盘接收正实数，存入 r 中；

第二步：若 r<1.0，则输出"小雪"并转第六步；

第三步：若 r<3.0，则输出"中雪"并转第六步；

第四步：若 r<6.0，则输出"大雪"并转第六步；

第五步：输出"暴雪"；

第六步：算法结束。

【说明】　此处没有考虑数据的合法性，实际应用中需对输入的数据进行合法性检查。请思考，为什么在第三步和第四步中没有像题目中(2)和(3)一样的不等式？

(2) 传统流程图表示如图 2-4 所示。

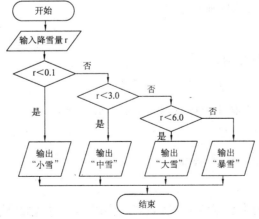

**图 2-4　降雪量等级判定的传统流程图**

③ N-S 图表示如图 2-5 所示。

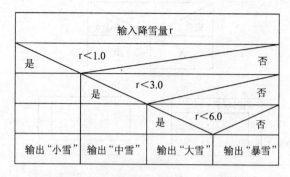

图 2-5　降雪量等级判定的 N-S 流程图

【例 2-3】　编写一个算法输入南京市 2012 年 3 月份每天的平均气温,求出这个月的平均气温并输出。

【问题分析】　① 依题意,先给出求解的步骤:

第一步:定义含有 31 个元素的实数型数组 T,总温度和的实数型变量 SumT,平均温度的实数型变量 AvgT 等;

第二步:借助循环,从键盘接收每天的平均气温值;

第三步:借助循环,统计这个月的温度总和;

第四步:用温度总和 SumT 除以 31 天,得该月的平均气温 AvgT;

第五步:输出平均气温 AvgT;

第六步:算法结束。

对第二步进一步细化为:

①:循环变量初始化 day＝1;

②:接收一个温度,并存入相应的温度数组元素 T[day]中;

③:day＝day＋1;

④:如果 day 不大于 31,则转②;

⑤:输入结束。

对第三步进一步细化为:

①:循环变量初始化 day＝1;

②:从温度数组中读取 T[day]元素,并累加到 SumT;

③:day＝day＋1;

④:如果 day 不大于 31,则转②;

⑤:统计结束。

【说明】　此处没有考数据的合法性,实际应用中需对输入的数据进行合法性检查。

② 传统流程图表示如图 2-6 所示。

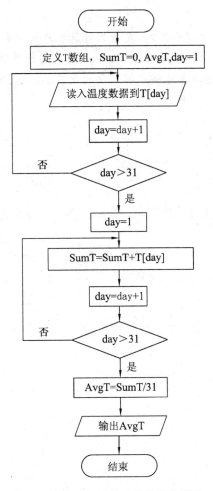

图 2-6　平均气温处理的传统流程图

③ N-S 图表示如图 2-7 所示。

图 2-7　平均气温处理的 N-S 流程图

## 本章小结

　　算法是程序设计的关键和思想,是使用计算机求解问题的思路和步骤,一个好的算法不仅能节省计算时间和存储空间,而且能提高计算质量。本章重点阐述了常见的算法表示方法,使读者能够理解算法的表示和描述,为下一步的编程打下基础,更有利于提高编程的质量。

习 题 2

　　1. 写一个算法,从键盘输入两个数,从小到大输出,要求用传统流程图和N-S流程图分别表示。

　　2. 写一个算法,判定某年是否为闰年,要求用传统流程图和N-S流程图分别表示。

　　3. 写一个算法,求100以内所有偶数的和,要求用传统流程图和N-S流程图分别表示。

　　4. 写一个算法,求 $1-\dfrac{1}{2}+\dfrac{1}{3}-\dfrac{1}{4}+\cdots+\dfrac{1}{99}-\dfrac{1}{100}$ 的值,要求用传统流程图和N-S流程图分别表示。

# 第 3 章　程序设计过程与 C 语言开发环境

## 3.1　高级语言与编译器

为便于程序员与计算机交流,计算机专家在不同时期,针对不同的应用领域设计了多种计算机语言。总的来说,程序设计语言经历了由低级向高级的发展过程,从最初的机器语言、汇编语言,发展到较高级的程序设计语言直至今天的第四代、第五代高级语言。高级程序设计语言的以人为本,面向自然表达,易学、易用、易理解、易修改等优势加速了程序设计语言的发展。计算机语言的发展和应用大大提高了计算机的功能和效率,促进了计算机的普遍使用,这在计算机科学发展史上是一个重要的里程碑。

计算机的快速发展和应用普及除了计算机硬件本身发展迅速的因素外,更重要的因素是计算机软件的飞速发展,多数计算机用户更是直接通过高级程序设计语言来实现使用计算机的意图和目的,并且具有很强的表达能力,可方便地表示数据的运算和程序的控制结构,能更好地描述各种算法,而且高级语言易于学习和掌握。但是就目前而言,计算机硬件自身根本不懂 C,FORTRAN,Basic,Pascal,Java 等高级语言,机器不能直接执行用高级语言编写的程序,因为机器语言是计算机唯一能直接识别的语言。

高级程序设计语言只是人和计算机交互的媒介,那么如何使一个高级语言编写的程序能够在只识别机器语言的计算机上执行呢?这就需要像人们为了通信、交流的方便,建立各种语言的翻译一样,由从事计算机软件工作的人员搭一座桥梁,沟通计算机硬件与用户之间的渠道,这个桥梁即为"编译程序",亦称"语言处理程序"。通过编译程序的翻译处理工作,机器才能执行高级语言编写的程序。编译程序所起的桥梁作用,可类比为两个不同语言的人借助翻译进行交流,不同之处在于编译程序是一个单向的翻译。确切地讲,把用某一种程序设计语言书写的源程序翻译成等价的另一种语言书写的目标程序的程序,称之为编译程序(Compiler)或翻译程序(Translator)。简单地说,编译程序是一个翻译程序,它是程序设计语言的支持工具或环境。术语"编译"的内涵是实现从源语言表示的算法向目标语言表示的算法的等价变换。

**定义 1**　源程序是用源语言编写的程序,源语言是用来编写源程序的语言,如正在学的 C 语言。

**定义 2**　目标程序是源程序经过编译程序翻译后生成的程序,常用类似汇编语言的中间语言表示。

**定义 3**　可执行程序是对目标程序经过连接后生成的可直接执行的程序,用机器语言表示。

高级语言、源程序、编译器和可执行程序间的关系如图 3-1 所示。

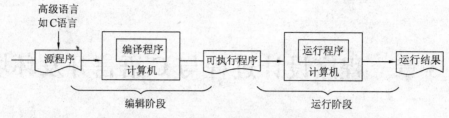

图 3-1  高级语言、源程序、编译器和可执行程序间的关系

## 3.2  程序设计过程

由于 C 语言是一种编译型的高级计算机语言,描述解决问题算法的 C 语言源程序文件约定的扩展名为.C(注:在 Visual C++环境下,扩展名为.CPP)。编写好源程序后,首先必须用相应的 C 语言编译程序进行编译,编译成功后形成相应的中间目标程序文件(.OBJ),然后再用连接程序将该中间目标程序文件与有关的库文件(.LIB)及其他有关的中间目标程序文件连接起来,形成最终可以在操作系统平台上直接运行的二进制形式的可执行程序文件(.EXE)。具体来说,包括以下几个详细的步骤(参考图 3-2):

(1) 源程序编辑(EDIT):使用字处理软件或编辑工具将源程序以文本文件形式保存到磁盘,源程序文件名由用户自己选定,但扩展名须为".C",如记为 Hello.C。编写源程序时,必须注意严格按照 C 语言的语法规则,特别注意编辑程序是否添加了格式字符,切忌出现不允许的特殊字符,例如全角或中文的字符。因此,建议不要使用 Word 之类的编辑软件编辑源程序,建议采用类似 NotePad 记事本的纯文本编辑器。

(2) 编译(COMPILE):编译的功能就是调用"编译程序",将第(1)步形成的源程序文件(Hello.C)作为编译程序的输入,进行编译。编译程序会自动进行语法分析,检查源程序的语法错误。若存在错误,则报告两类错误类型:警告(WARNING)和严重错误(ERROR),并给出错误所在行和可能的原因。用户根据报告信息修改源程序后再编译,直到程序语法正确为止。编译成功后生成中间目标程序文件,如记为 Hello.OBJ。

(3) 连接(LINK):编译后产生的目标程序往往形成多个模块,还要和库函数进行连接才能运行,连接过程是使用系统提供的"连接程序"运行的。使用连接程序,将第(2)步形成的中间目标文件(Hello.OBJ)与所指定的库文件及其他中间目标文件进行连接,这期间可能出现缺少库函数等类型的连接错误,同样连接程序会报告错误信息。用户根据错误报告信息再次修改源程序,再编译,再连接,直到程序正确无误后,方可生成可执行文件,如记为 Hello.EXE。

(4) 运行(RUN):第(3)步完成后,就可以运行可执行文件(Hello.EXE)。若执行结果达到预期的目的,则编程工作到此完成;否则,可能因解决问题的算法不符合题意而使源程序具有逻辑错误,得到错误的运行结果,或者因语义的错误,例如程序运行时,出现用 0 做除数,导致运行时错误。这就需要检查算法中的问题,重新从编写源程序阶段开始,修改源程序,直到取得最终的正确结果为止。

(5) 调试和测试(DEBUG&TEST):为确保编写程序的正确性,需要设计合理且有效的

测试用例,以进行全面、细致而艰苦的调试和测试工作,必要时需进行单步跟踪程序运行。

实际上,程序设计过程也是一个排除错误的过程,错误常包括语法错误、功能(逻辑)错误、运行异常错误。这 3 类错误发生的时期和排除错误的技巧方法均不同。

语法错误发生在编译阶段,没有语法错误的程序仅称为一个合式的程序,即符合特定语言规范的源代码;若发生错误,需参考特定编程语言的规范进行修改。

功能(逻辑)错误发生在程序编译成功后的执行阶段,当输入测试用例后,程序运行结果与程序员期待结果不一致,如题目要求计算两个数的和,但程序实现时计算了两个数的乘积;对这类错误的排除关键在于找到错误的原因,因此需借助运行结果不正确的测试用例对程序进行跟踪和调试。

运行异常错误是指编写程序时忽略了一些边界条件、特定情况而导致的异常;这类错误的排除需在程序中添加异常处理代码。3 类中最难处理的是功能错误,更详细的内容将在 3.4 节进行阐述。总结见表 3-1。

表 3-1　3 类程序错误间的比较

| 错误类别 | 发生阶段 | 排除方法 | 难易程度 |
|---|---|---|---|
| 语法错误 | 编译阶段 | 参考语言规范 | 编译器会自动指出。排除难度低 |
| 功能错误 | 运行阶段 | 借助测试用例,调试和跟踪程序 | 依赖程序员的经验,和对出错的敏感性等。排除难度高 |
| 运行异常 | 运行阶段 | 增加异常处理代码 | 关键在于找出可能发生异常的代码。排除难度中等 |

以 Hello 程序为例,说明程序设计过程如图 3-2 所示。

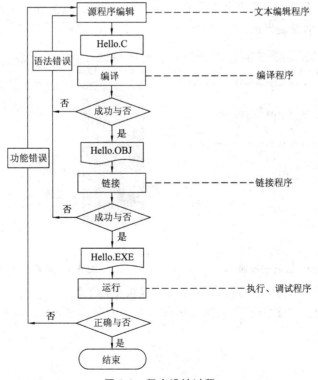

图 3-2　程序设计过程

## 3.3　C 语言开发环境

下面介绍如何在 Windows 操作系统上实现 C 程序的开发。这里将以在高校教学中主流的 Microsoft Visual C++ 6.0 集成开发环境为上机实验环境,对 Visual C++ 6.0 的安装、开发环境进行较详细的介绍。

### 3.3.1　Visual C++ 6.0 的安装

Microsoft Visual C++ 6.0 是一个功能非常强大的集编辑、编译、连接、调试和运行程序于一体的软件开发平台。自 1993 年 Microsoft 公司推出 Visual C++1.0 后,随着其新版本的不断问世,Visual C++ 已成为专业程序员进行软件开发的首选工具。虽然近年来微软公司推出了.NET 环境下的 Visual C++. NET 开发语言,但对编程初学者而言,Visual C++6.0 更为适合。

首先介绍 Visual C++6.0 的安装过程。安装前应了解 Visual C++6.0 安装对系统的最低要求:

CPU 为 Pentium 90 或更高级处理器;

操作系统为 Microsoft Windows 95 操作系统或更新版本;

内存推荐使用 32 MB 以上;

硬盘空间需 400 MB。

很显然,此开发环境对硬件的要求很低,现在使用的计算机都能保证其运行。

(1)从网络下载或安装光盘上找到 Setup. exe 程序。双击 Setup. exe 运行,出现如图 3-3 所示的启动安装界面。

图 3-3　安装主界面

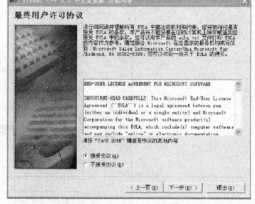

图 3-4　用户许可协议界面

(2)单击【下一步】按钮,进入图 3-4,选择【接受协议】。

(3)单击【下一步】按钮,进入图 3-5,输入正确的产品序列号。

图 3-5　序列号输入界面

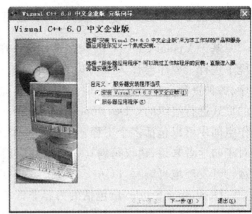

图 3-6　安装内容选择

（4）单击【下一步】按钮，进入图 3-6，选择安装【Visual C++6.0 中文企业版】。

（5）单击【下一步】按钮，进入图 3-7，进行公用文件文件夹存储位置的选择。

（6）单击【下一步】按钮，进入图 3-8，关闭其他与安装无关的程序。

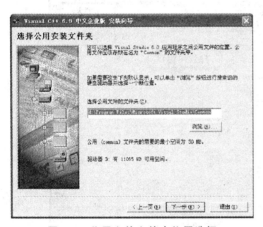

图 3-7　公用文件文件夹位置选择

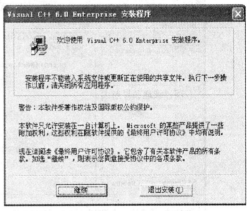

图 3-8　关闭其他程序提醒界面

（7）单击【继续】按钮，进入图 3-9，进行安装方式和安装目录的选择。

（8）单点击【Typical】图标，就可顺利地完成 Visual C++6.0 的安装。

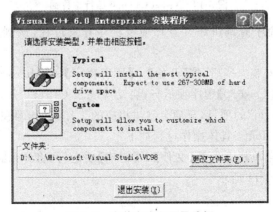

图 3-9　安装方式和目录选择

### 3.3.2 开发环境和程序开发过程

基于 Visual C++6.0 的程序设计工作在统一的 Microsoft Developer Studio 开发环境下进行。程序设计人员可以在 Developer Studio 中创建所开发的应用程序的源程序、各种资源文件及其他文档。这些文件是以工作空间（Workspace）和工程（Project）的形式进行组织的。Developer Studio 中一次只能打开一个工作空间，但在同一个工作空间中可以包括多个工程。通常每一个工作空间对应程序员开发的一个应用程序。对于初学者来说，建议每编写一个新的应用程序时关闭正在编写的工作空间，或者重新运行开发环境再编写，以防交叉混淆，这一点非常重要。

Developer Studio 所包括的内容非常丰富。它集成了文本编辑器、资源编辑器、工程建立、连接器、源代码浏览器、内嵌调试器和包含一般丰富的在线帮助手册。从如图 3-10 所示的主窗体界面来看，主要包括菜单栏、工具栏、项目管理和导航窗口、信息窗口和源代码窗口等部分。需要注意的是，界面的布局和显示项都是用户可配置的。

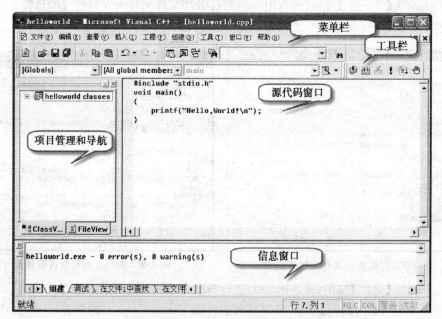

图 3-10　Visual C++6.0 运行主界面

以一个简单的程序为例讲解开发环境及程序开发过程，该例要求在屏幕上输出"Hello，World!"。

（1）创建项目：安装完毕后，按【开始】—【所有程序】—【Microsoft Visual C++6.0】—【Microsoft Visual C++6.0】程序项运行，启动 Visual C++6.0 开发环境。接下来，创建一个名为"helloworld"的项目，自动会创建相应的工作空间，即在硬盘创建一个名为"helloworld"的文件目录。具体操作过程如下：

① 在主界面的菜单栏上选择【文件】下【新建】项运行，将弹出【新建】对话框，选择【工程】选项卡，如图 3-11 所示。

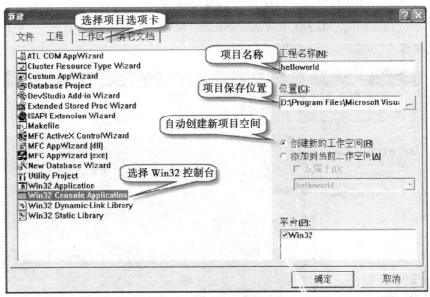

图 3-11　创建项目和工作空间

② 在名称和位置输入框输入工作空间名"helloworld"和保存路径"D：\Program Files\Microsoft Visual Studio\MyProjects\helloworld"。上述的保存路径是系统默认的，建议更改为便于自己管理的路径，如 D：\C_Example\helloworld。

③ 单击【确定】后，出现图 3-12 界面后选择默认的【一个空工程】类型，然后单击【完成】，最后单击【确定】。

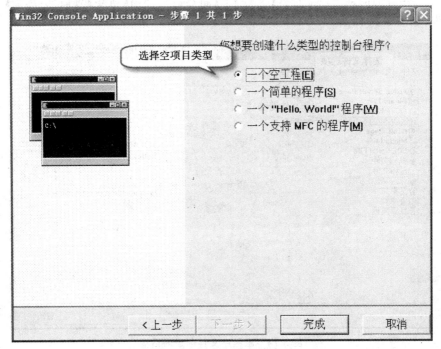

图 3-12　选择项目创建类型

25

④ helloworld 项目已进入程序开发和激活状态,此时进行下面的编程工作;另外在"D:\Program Files\Microsoft Visual Studio\MyProjects\helloworld"下自动建立了相应的文件夹"helloworld",如图 3-13 所示。

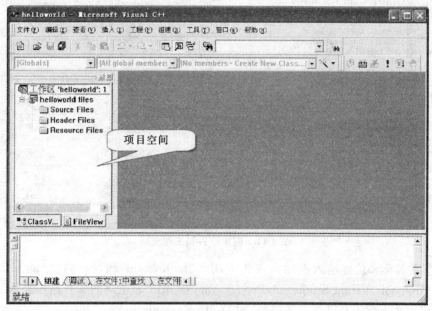

**图 3-13 项目开发环境准备就绪**

(2)创建源程序文件:完成源程序文件的新增,并完成源代码的输入。

① 在主界面的菜单栏上选择【文件】下【新建】,将弹出【新建】对话框,选择【文件】选项卡,如图 3-14 所示。

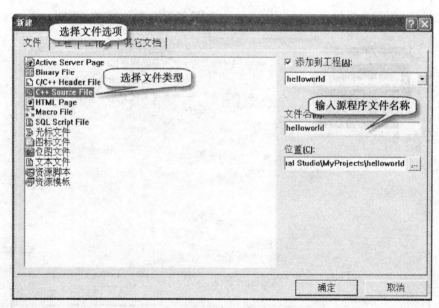

**图 3-14 源程序文件创建对话框**

② 确定文件类型。在此选择【C++ Source File】。

③ 在文件名输入框输入用于保存源程序的文件名"helloworld",当然可以是其他合法 Windows 文件名;建议取一些有意义的名称,便于见名知意。其他选项可取系统默认值。

④ 单击【确定】后,将在 helloworld 工作目录下建立用于存放源代码的文件 helloworld.cpp,并形成相应的磁盘文件,如图 3-15 所示。

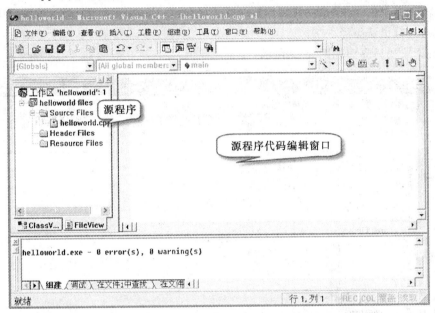

图 3-15　源程序编写界面

⑤ 双击项目管理和导航窗口中【FileView】选项卡中 helloworld.cpp,光标可进入源代码编辑窗口中等待程序员书写代码,添加 C 源代码后,得到如图 3-16 所示的界面。

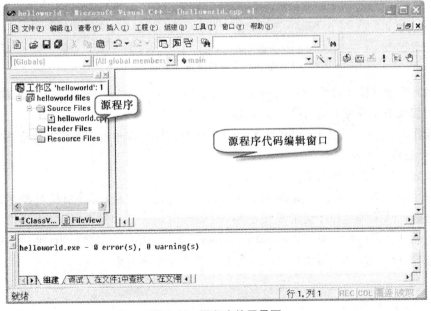

图 3-16　源程序编写界面

27

（3）编译源程序文件，完成对源程序文件 helloworld. cpp 的语法检查。

① 若语法检查成功，则会在项目目录下生成相应的目标文件 helloworld. obj；

② 若语法检查时出现 Error 类型的严重语法错误，即源程序不符合 C 语言语法，需返回到上一步，修改源程序后再重新编译，直到语法检查成功为止。

【说明】 若语法检查时，仅出现 Warning 类型的警告性错误，可暂时不予理睬。

操作时，单击主菜单中的【组建】下的【编译】菜单项，或单击工具栏上的编译图标按钮，就可进行语法编译。

编译成功后界面如图 3-17 所示。

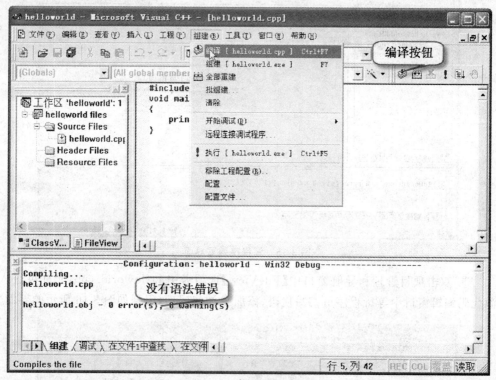

图 3-17　源程序编译成功

（4）连接目标文件生成可执行文件。完成对目标文件 helloworld. obj 的连接，并在项目目录下生成相应的可执行文件 helloworld. exe。

操作时，单击主菜单中的【组建】下的【组建】菜单项，或单击工具栏上的连接图标按钮，即可完成连接操作。

完成连接操作后界面如图 3-18 所示。

（5）执行程序。可执行文件 helloworld. exe 运行结束后，程序员检查程序运行结果。若运行结果满足程序员的期望结果，则此程序设计过程结束，即完成了第一个 C 程序的设计。若运行结果不正确，即出现功能错误，则需查明出错原因（可通过调试工具排查）并修改源程序，再编译、连接，直至程序设计正确为止。

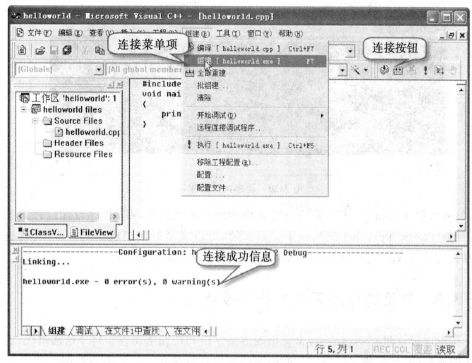

图 3-18　连接成功界面

　　操作时，单击主菜单中的【组建】下的【执行】菜单项，或单击工具栏上的执行按钮。即可进行程序运行，运行结果如图 3-19 所示。

图 3-19　程序运行界面

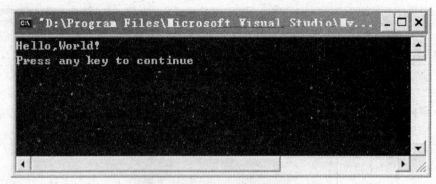

图 3-20　程序执行结果图

　　至此,在 Visual C++6.0 集成开发环境中即可视化地实现了程序设计过程熟悉工具操作对以后 C 语言程序设计是至关重要的,可以说是迈出了成功的一步,同时也为学习其他语言(C++语言、FORTRAN 语言)奠定了开发环境的基础。

## 3.4　常见的程序调试方法与技巧

　　在程序设计过程中,程序经常会出现语法错误和功能错误等。对于语法错误,编译是不能通过的,主要依据编译器返回的错误信息进行排除。建议准备好相应的 C 语言方面的书籍,或通过开发环境提供的在线帮助文档获取。若程序编译不成功,则会出现如图 3-21 所示的界面。

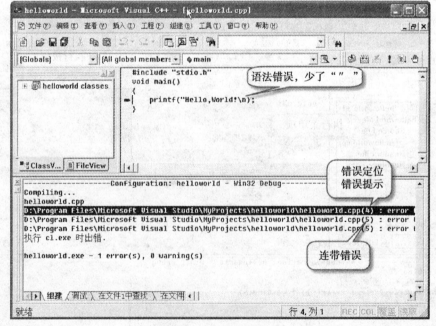

图 3-21　出现语法错误

　　C 语言的编译器在语法检查方面的功能非常强,一方面能指出错误的可能位置,另一面能给出错误的原因和相应的建议。这里需要注意的是,一个错误可能会导致许多相关的错误,常称为连带错误。建议先修改明显的错误后,再编译,检查是否还有其他语法错误,没有必要对所有的错误都去修改,特别是连带错误。对于初学者来说,常出现错误提示信息的行数多于程序本身的情况,这是非常正常的。因为初学者对语法不熟悉,常出现拼写错误、中英文符号混淆、语句不符合语法格式等。

顺便提一句,程序错误的排除是一项艰苦而又有乐趣的工作。说到"艰苦",需要程序员具备良好的心态,坚持不懈,坚信自己一定能行,任何事就怕"认真"两字。况且,程序错误的排除是成为一位有经验和优秀程序员的必经之路。说到"乐趣",当你通过自己的努力排除各种错误,达到问题求解的目标,难道没有成功的喜悦吗?总之,与程序错误之间的较量是一项非常有挑战性的工作。

现重点讨论能通过编译的这一类程序的测试和调试问题。从程序设计过程来看,一个能运行的程序未必是一个正确的程序,关键在于是否达到问题的求解要求。如何确保所执行程序的结果是正确的呢?这就需要了解程序测试和调试的流程以及一些相关概念。

为便于理解程序测试和调试的重要性和过程,给出了其图示化的过程,如图 3-22 所示。

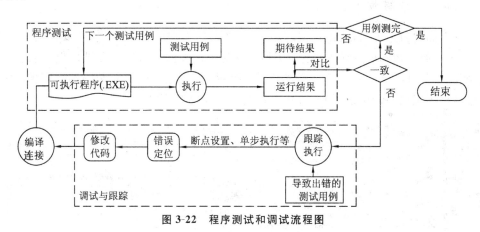

图 3-22 程序测试和调试流程图

### 3.4.1 程序测试

通俗地说,程序测试就是排查执行程序中隐含的各种错误,确保程序正确的过程,是程序设计的重要环节。程序测试往往占到整个开发周期的一半时间甚至更多。一个程序的正确性需要通过精心设计的测试用例进行测试,并根据测试结果进行评判,即用例测试法。当然还有其他测试法,如程序证明法。程序测试的主要目的是通过测试用例判断程序是否有错,并不要求程序测试者一定是开发者,因此具有相对的独立性。

程序测试的前提条件:已经是一个可执行的程序,即没有语法错误的程序。

程序测试的关键:测试用例的设计,设计出能发现程序错误的用例。因此,测试用例的设计者通常是一个经验丰富的程序设计员,熟知程序设计时可能会忽视的地方。

程序测试的目标:尽可能找出程序中的错误。

程序测试的过程:选择一个测试用例,并准备好期待的运行结果;执行程序,并输入该测试用例,检查程序输出是否与期待的结果一致。若一致,则判定程序对该测试用例的执行是正确的,检查是否有其他测试用例进行验证;若不一致,则说明已检查出此程序有错,需进一步找出错误的位置,并最终排除错误。需要提醒的是,一旦发现程序在此测试用例下运行有错,必须一查到底,直到查明出错原因并修改程序,再次验证此测试用例,直到正确为止;千万不要指望程序有自动修复功能,或对此测试用例出现的错误视而不见,这均是不可取的。

### 3.4.2 调试技术

任何程序员都不能保证编译通过的程序一定是正确的,特别对那些算法复杂的程序更是这样。实际上,一个优秀和有经验的程序员都是从不断地调试程序中成长起来的。排除错误是一个综合能力的体现,涉及编程能力、测试能力和调试跟踪能力等。

程序调试的目标:排除程序中的错误。

程序调试的关键:根据测试用例,确定错误的位置。

程序调试的方法:输入发现程序错误的测试用例,通过程序跟踪技术,确定错误的位置。

### 3.4.3 跟踪步骤

从上面的叙述可知,找出错误的难点在于设计测试用例。关于如何设计测试用例的问题,本教材中不展开详细讨论,但常见的设计方法包括边界型测试用例、随机测试用例等。下面以 Visual C++6.0 集成开发环境为例,讨论当确定对某一测试用例,程序执行结果不正确的情况下,如何快速地找到错误代码的位置。

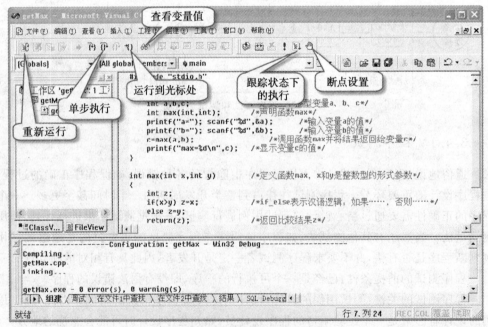

图 3-23　调试工具介绍

Visual C++6.0 集成开发环境中程序调试的工具如图 3-23 所示。程序的功能是输入两个任意整数,然后显示较大的那个数。代码如下:

```
1    #include "stdio. h"
2    void main()
3    {
4        int a,b,c;                      /*定义三个整型变量 a、b、c*/
5        int max(int ,int);              /*声明函数 max*/
6        printf("a=");
7        scanf("%d",&a);                 /*输入变量 a 的值*/
8        printf("b=");
9        scanf("%d",&b);                 /*输入变量 b 的值*/
10       c=max(a,b);                     /*调用函数 max 并将结果返回给变量 c*/
11       printf("max=%d\n",c);           /*显示变量 c 的值*/
12   }
13   int max(int x,int y)                /*定义函数 max,x 和 y 是整数型的形式参数*/
14   {
15       int z;
16       if(x>y) z=x;                    /*if_else 表示汉语逻辑:如果……,否则……*/
17       else z=y;
18       return(z);
19   }                                   /*返回比较结果 z*/
```

(1) 跟踪状态下的执行:不同于"!"直接执行方式,直接执行方式无法进入程序跟踪状态,即无法单步执行代码;而跟踪状态下的执行方式对程序中设置的断点有反应,遇到设置的断点会停下来,等待程序员检查当前变量的结果,以便对当前运行情况作出合理判断。

(2) 断点设置:在觉得可疑的语句行上设置断点标记,以便跟踪检查时暂停程序运行。设置时先将光标移动到可疑行上,然后单击此【断点设置】按钮即可完成设置;再次单击,则取消此处断点。断点设置常用来让程序快速执行到指定位置。当然,若不清楚可疑错误位置时,不妨采用折半查找的方法。

(3) 重新运行:退出当前运行状态,重新启动程序跟踪运行。

(4) 单步运行:一次只执行一行代码,执行后暂停运行程序,等待继续单击【单步运行】按钮或其他操作。单步运行常用来跟踪程序的每一步执行情况。

(5) 运行到光标处:让程序执行到当前光标处后暂停程序执行。

(6) 查看变量值:当程序暂停运行时,通过添加变量来检查变量的当前值。

接下来,当在程序的第 11 行设置断点,单击跟踪状态下的执行按钮,则进入如图 3-24 所示的界面,并显示变量的值,等待程序员判断是否继续执行。【终止跟踪程序】按钮能使程序退出跟踪状态。

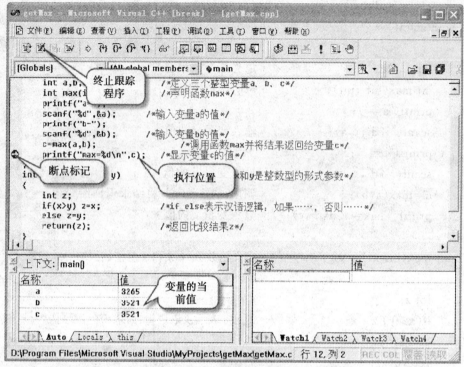

C语言程序设计

图 3-24 跟踪状态

最后,单击【单步执行】按钮,显示计算结果,如图 3-25 所示。

图 3-25 执行结果的显示

综上所述,不难发现以下几点:一是程序调试的有着极其重要的作用;二是此工作必须由程序员自己去完成;三是应善于设计测试用例和期待的输出;四是合理地设置断点;五是熟练掌握调试工具。对于断点的设置,若找不到可疑行时,可采用折半设置断点的方法来找出程序出错的位置,这里的折半是以程序的行号为折半对象的。万事开头难,方法决定学习效率,施展编程能力的舞台已构建好,等待你的无限发挥。

## 本章小结

通过实例,借助不同的编译环境详细讲解了程序设计过程中涉及的各个环节。需掌握程序设计的各个环节和如何在不同的编译器中实现,重点突出程序调试方法和步骤。这些基础工作为后面的程序设计学习打下坚实的实践基础,同时也为其他语言的学习提供借鉴作用。

1. 熟练掌握 Visual C++6.0 编程环境。

2. 简述 C 程序设计的主要步骤及其作用。

3. 什么样的程序称为正确的程序？通常编程会出现哪些类型的错误？

4. 在 Visual C++6.0 上，编程实现如下的图形：

```
      *
    * * *
  * * * * *
* * * * * * *
```

5. 为什么要调试程序？简述调试程序的步骤。

# 第4章　相关的程序设计基础知识

计算机进行信息处理的一般过程是：使用者针对要解决的问题首先设计算法并编制程序，将其存入计算机内；然后利用存储程序指挥、控制计算机自动进行各种操作；最后获得预期的处理结果。为更好地编写出合法、高效的程序代码，程序员需掌握必备的程序设计基础知识，此部分问题可能在类似计算机基础课程中作过介绍，因此可根据实际情况和需要选读；而4.2和4.3节的内容建议先了解，随着后续章节学习的深入再作全面学习。

## 4.1　基本的软、硬件知识

### 4.1.1　基本的软件知识

为了更好地学习C语言程序设计，非常有必要了解必需的基本软件知识，包括数制系统、数据的编码与表示等相关必备内容。

在计算机中，无论是数值型数据还是非数值型数据都是以二进制形式存储的，即无论是参与运算的数值型数据，还是文字、图形、声音、动画等非数值型数据，都采用0和1组成的二进制代码表示。计算机之所以能区别这些不同的信息，是因为它们采用不同的编码规则。

#### 1. 数制系统

在日常生活中，人们使用最多的数制是十进制。在计算机中由于所有的电器元件只有两个稳定的状态，因此可用这两个状态模拟二进制数中的"0"和"1"。计算机采用二进制数主要有以下优势：所需状态数少，物理上容易实现，可靠性强，运算简单，通用性强，便于使用逻辑代数。

无论哪种数制都有两个共同的特点，即按基数来进借位、用位权值来计数。

（1）基数（Radix）

一种进位制所包含的基本数码的个数称为该数制的基数，用R表示。如十进制数（Decimal）所包含的数码分别为0,1,2,…,9，个数为10，即基数R为10。类似可得，二进制数（Binary）的基数R为2，八进制数（Octal）的基数R为8，十六进制数（Hex）的基数R为16。

在C语言编程中，常接触的几种数制系统见表4-1。

**表 4-1　常用的几种数制系统**

| 数制系统 | R | 位　权 | 计数特点 | 数　码 |
|---|---|---|---|---|
| 十进制 | 10 | $\cdots,10^2,10^1,10^0,10^{-1},10^{-2},\cdots$ | 逢十进一、借一当十 | 0,1,2,3,4,5,6,7,8,9 |
| 二进制 | 2 | $\cdots,2^2,2^1,2^0,2^{-1},2^{-2},\cdots$ | 逢二进一、借一当二 | 0,1 |
| 八进制 | 8 | $\cdots,8^2,8^1,8^0,8^{-1},8^{-2},\cdots$ | 逢八进一、借一当八 | 0,1,2,3,4,5,6,7 |
| 十六进制 | 16 | $\cdots,16^2,16^1,16^0,16^{-1},16^{-2},\cdots$ | 逢十六进一、借一当十六 | 0,1,2,3,4,5,6,7,8,9,A,B,C,D,E,F |

（2）位权

为叙述方便,进位制数的表示遵循如下 3 种约定:① 不用括号及下标的数默认为十进制数,如 324.56,1 286 等均为十进制数;② 习惯上在数后面加字母 D(十进制),B(二进制),O(八进制),H(十六进制)来表示相应进位制的数;③ 用带括号的下标表示相应进位制的数。

【例 4-1】　十进制数 12.34 的表示方法为 $12.34=12.34D=(12.34)_{10}$

任何一个 R 进制数都是由一串数码表示的,其中每一位数码所表示的实际值大小,除数码本身的数值外,还与它所处的位置有关,由位置决定的值称作位权值。位权值用基数 R 的次幂($\cdots,R^2,R^1,R^0,R^{-1},R^{-2},\cdots$)表示。

【例 4-2】　某一个二进制数为 1101.01,其表示的值为

$(1101.01)_2=1\times2^3+1\times2^2+0\times2^1+1\times2^0+0\times2^{-1}+1\times2^{-2}=(13.25)_{10}$

（3）不同数制的相互转换

① R 进制数到十进制数转换

方法:按位权展开求和法,即将数中的各位数字与它所在的位权值相乘后累加,得到的数就是等值十进制数。具体表示为

$(a_m a_{m-1}\cdots a_0 a_{-1}\cdots a_{-n})_R = a_m\times R^m+a_{m-1}\times R^{m-1}+\cdots+a_0\times R^0+a_{-1}\times R^{-1}+\cdots+a_{-n}\times R^{-n}$

② 十进制数到 R 进制数转换

方法:要将一个十进制数转换成 R 进制数须分两部分进行,即整数部分"除 R 取余";小数部分"乘 R 取整"。

整数部分"除 R 取余"就是将十进制数的整数部分除以 R,得到一个商数和一个余数;再将商数除以 R,又得到一个商数和一个余数。继续这个过程,直到商数等于 0 为止,每次得到的余数(必定是 0,1,$\cdots$,R−1),即对应 R 进制数的各位数字。但需注意的是,第一次得到的余数为 R 进制数的最低位,最后一次得到的余数为 R 进制数的最高位。

小数部分"乘 R 取整"就是将十进制数的小数部分乘以 R,将所得的积取出整数,余下的小数部分再乘以 R,将所得的积取出整数,以此类推,直至小数部分为零或转换到指定位数的小数。每次得到的整数(必定是 0,1,$\cdots$,R−1)就是对应 R 进制数小数部分的各位数字。

需要提醒读者的是,整数部分的转换是没有误差的,而小数部分的转换可能存在一

定的误差,且误差会随转换的次数增加而逐渐减小。请思考这是什么原因。

【例 4-3】 将某一个十进制数 13.25 转换为等值的二进制。

【问题分析】 转换过程如图 4-1 所示。

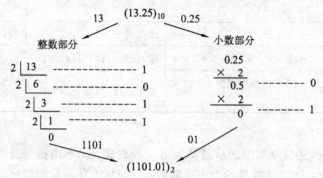

**图 4-1 十进制数 13.25 转换为等值二进制数的过程**

2. 数据的编码与表示

计算机存储器中存储的都是由"0"和"1"组成的信息,但它们分别代表各自不同的含义:有的表示机器指令,有的表示二进制数,有的表示英文字母,有的则表示汉字,还有的可能表示色彩与声音。存储在计算机中的信息采用各自不同的编码方案,即使同一类型的信息也可以采用不同的编码形式。

计算机除了用于数值计算之外,还用于进行大量的非数值数据的处理,但各种信息都是以二进制编码的形式存在的。计算机中的编码主要分为数值型数据编码和非数值型数据编码。

(1) 数值型数据编码与表示

① 计算机中数据的存储单位

■ 位(bit):位是计算机中最小的数据单位,是二进制的一个数位,简称位(比特)。1 个二进制位的取值只能是 0 或 1。

■ 字节(Byte):字节是计算机中存储信息的基本单位,规定将 8 位二进制数称为 1 个字节,即 1 B 为 8 bit。

■ 字(Word):字是多个字节的组合,并作为一个独立的信息单位处理。字又称为计算机字,它的含义取决于机器的类型、字长以及用户的要求。常用的固定字长有 8 位、16 位、32 位等。

■ 字长:一个字可由若干个字节组成,通常将组成一个字的二进制位数叫作该字的字长。在计算机中通常用"字长"表示数据和信息的长度。如 8 位字长与 16 位字长表示数的范围是不一样的。

② 数值型数据的机器数表示方法

■ 原码:原码是一种直观的二进制机器数表示形式,其中最高位表示符号。最高位为"0"表示该数为正数,最高位为"1"表示该数为负数,有效值部分用二进制数绝对值表示。

【例 4-4】 设某机器数表示的字长为 16 位,则

$(+11)_{10}$ 的原码为 $(00000000\ 00001011)_2$;

$(-11)_{10}$ 的原码为 $(10000000\ 00001011)_2$。

- 反码：反码是一种中间过渡的编码，其主要作用是计算补码。其编码规则是：正数的反码与其原码相同，负数的反码是该数的绝对值所对应的二进制数按位求反。

【例 4-5】　设某机器数表示的字长为 16 位，则

$(+11)_{10}$ 的反码为 $(00000000\ 00001011)_2$；

$(-11)_{10}$ 的反码为 $(11111111\ 11110100)_2$。

- 补码：正数的补码等于该数的原码，负数的补码为该数的反码加"1"。

【例 4-6】　设某机器数表示的字长为 16 位，则

$(+11)_{10}$ 的补码为 $(00000000\ 00001011)_2$；

$(-11)_{10}$ 的补码为 $(11111111\ 11110101)_2$。

在计算机所要处理的数值数据可能带有小数，根据小数点的位置是否固定，值的格式分为定点数和浮点数两种。定点数是指在计算机中小数点的位置固定不变的数，分为定点整数和定点小数两种。浮点数主要是为了扩大实数的表示范围。限于篇幅，此处不作赘述。

（2）非数值型数据的表示

在计算机中，通常用若干位二进制数代表一个特定的符号，用不同的二进制数代表不同的符号，并且二进制代码集合与符号集合一一对应，这就是计算机的编码原理。常见的符号编码如下：

① ASCII 码

ASCII 码（American Standard Code for Information Interchange，美国信息交换标准代码）诞生于 1963 年，是一种比较完整的字符编码，现已成为国际通用的标准编码，广泛应用于计算机与外部设备间的通信。

编码规则如下：

- 标准 ASCII 码：使用 7 位二进制位对字符进行编码，标准的 ASCII 字符集共有 128 个字符，其中有 96 个可打印字符，包括常用的字母、数字、标点符号等，另外还有 32 个控制字符。ASCII 码虽然是 7 位编码，其实也是用 8 位表示，因当时传输的线路不稳定，最高位没有参与字符编码，而作为数据校验位。
- 扩展 ASCII 码：使用 8 位二进制位对字符进行编码。因标准 ASCII 码只用了字节的低 7 位，并不使用最高位，后来为扩充字符，采用扩展 ASCII 码（Extended ASCII），将最高的 1 位也编入这套编码中，成为 8 位的扩展 ASCII 码。这套编码加上了许多外文和表格等特殊符号，成为目前常用的编码。

每个标准 ASCII 码以 1 个字节（Byte）存储，0～127 代表不同的常用符号。

为提高编程和阅读程序的效率，应快速熟练地记住常见的 ASCII 码值。在这里介绍 3 条简单规则，以快速熟练记住 64 个以上字符。

一是由于大、小写英文字母都是按字母顺序连续编码的，且小写字母 ASCII 值比相应大写字母大 20H（或 32），因此只需记住大写 A 的 ASCII 值为 65 即可。例如大写字母 A 的 ASCII 码值是 65，则大写字母 D 为 68，小写字母 b 为 98 等，共计 52 个字符。

二是 10 个阿拉伯数字也是按顺序连续编码的，因此只需记住数字 0 的 ASCII 值

为 48 即可。例如数字 0 的 ASCII 码值是 48,则数字 3 为 51,数字 9 为 57 等,共计 10 个字符。

三是需记住经常输入的字符,如空格为 32、回车为 13、换行为 10 等。

完整的 ASCII 字符集参见本书的附录 A。

② 汉字编码

由于我国使用的汉字是独体字,不像英文单词由 26 个字母的不同组合而构成,因此在用计算机进行汉字处理时,同样也必须对汉字进行编码。但汉字编码又区别于 ASCII 码,因汉字的种类与西文字符的种类相比要大得多,需采用更多的位表示。下面以国标区位码为例介绍一种汉字编码。

1980 年我国颁布的《信息交换用汉字编码字符集——基本集》,即国家标准 GB 2312—80 方案中规定用两个字节的 16 个二进制位表示一个汉字,每个字节都只使用低 7 位(与标准 ASCII 码相同),即有 $128 \times 128 = 16\ 384$ 种状态。由于 ASCII 码的 34 个控制代码在汉字系统中也要使用,为避免发生冲突,因此它们不能作为汉字编码,所以汉字编码表中共有 94(区)×94(位)=8 836 个编码,用以表示国标码规定的 7 745 个汉字和图形符号。

每个汉字或图形符号分别用两位的十进制区码(行码)和两位的十进制位码(列码)表示,不足的地方补 0,组合起来就是区位码。将区位码按一定的规则转换成的二进制代码称作信息交换码(简称国标区位码)。国标码共有汉字 6 763 个(一级汉字是最常用的汉字,按汉语拼音字母顺序排列,共 3 755 个;二级汉字属于次常用汉字,按偏旁部首的笔画顺序排列,共 3 008 个),数字、字母、符号等 682 个,共 7 445 个。

### 4.1.2 基本的硬件知识

微型计算机是计算机家族的重要成员之一,简称微机。它是应用最普及、最广泛的计算机。微机系统与传统的计算机系统一样,都是由硬件系统和软件系统两大部分组成的。为了更好地学习 C 语言程序设计,非常有必要了解必需的基本硬件知识,包括计算机的硬件组成、计算机的基本工作原理等内容。

1. 基本的硬件组成

按照美籍匈牙利科学家冯·诺依曼提出的"存储程序"工作原理,计算机的硬件通常由运算器、控制器、存储器、输入设备和输出设备 5 大部分组成,如图 4-2 所示。

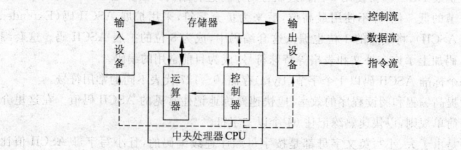

图 4-2 计算机的硬件组成原理图

冯·诺依曼型计算机的基本思想如下:

■ 计算机由运算器、控制器、存储器、输入设备和输出设备 5 大部分组成;

■ 数据和程序以二进制代码形式存放在存储器中,存放的位置由地址决定;
■ 控制器根据存放在存储器中的指令序列(程序)进行工作,并由一个程序计数器控制;
■ 指令执行时,控制器具有判断能力,能以计算结果为基础选择不同的工作流程。

（1）存储器

存储器是用来存储数据和程序的部件。计算机中的信息都是以二进制代码形式表示的,必须使用具有两种稳定状态的物理器件来存储信息。这些物理器件主要包括磁芯、半导体器件、磁表面器件等。根据功能的不同,存储器一般分为主存储器和辅存储器两种类型。

■ 主存储器

主存储器(简称主存或内存)用来存放正在运行的程序和数据,可直接与运算器及控制器交换信息。按照存取方式的不同,主存储器又可分为随机存储器 RAM 和只读存储器 ROM 两种。

主存储器由许多存储单元组成,全部存储单元按一定顺序编号,称为存储器的地址。存储器采取按地址存(写)取(读)的工作方式,每个存储单元存放一个单位长度的信息。

■ 辅存储器

辅存储器(简称辅存或外存)用来存放多种大信息量的程序和数据,可以长期保存,其特点是存储容量大、成本低,但存取速度相对较慢。外存储器中的程序和数据不能直接被运算器、控制器处理,必须先调入内存储器。目前广泛使用的微型机外存储器主要有硬磁盘、光盘、SD 卡和 U 盘等。

（2）运算器

运算器是整个计算机系统的指挥中心,主要由执行算术运算和逻辑运算的算术逻辑单元(ALU)、存放操作数和中间结果的寄存器组以及连接各部件的数据通路组成,用以完成各种算术运算和逻辑运算。

在运算过程中,运算器不断得到由主存储器提供的数据,运算后又把结果送回到主存储器进行保存。整个运算过程是在控制器的统一指挥下,按程序中编排的操作顺序进行的。

（3）控制器

控制器也是整个计算机系统的指挥中心,主要由程序计数器(PC)、指令寄存器(IR)、指令译码器(ID)、时序控制电路和微操作控制电路等组成,在系统运行过程中不断地生成指令地址、取出指令、分析指令、向计算机的各个部件发出微操作控制信号,指挥各个部件高速协调地工作。

在微机硬件设计中,通常将运算器和控制器合二为一,称为中央处理器(CPU)。CPU 是计算机的核心部件,它和主存储器是信息加工处理的主要部件。

（4）输入设备

输入设备用于输入计算机所要处理的数据、字符、文字、图形、图像和声音等信息,以及处理这些信息所必需的程序,并将它们转换成计算机能接受的形式(二进制代码)。常见的输入设备有键盘、鼠标、触摸屏、扫描仪、麦克风等。

（5）输出设备

输出设备用于将计算机处理结果或中间结果以人们可识别的形式（如显示、打印、绘图）表达出来。常见的输出设备有显示器、打印机、绘图仪、音响设备等。

2. 计算机的工作原理

随着时代的进步和发展，计算机的应用无处不在，乍一看计算机神通广大，可其实很"笨"。它实际上只会判断电器元件的"通"、"断"两种状态，于是人们用二进制数中的 1 代表通，用 0 代表断，由 1 和 0 构成的指令集就是计算机能够直接读懂的语言程序。

（1）计算机的指令系统

指令是能被计算机识别并执行的二进制代码，它规定了计算机能完成的某一种操作。例如，加、减、乘、除、存数、取数等都是一个基本操作，分别用一条指令来实现。一台计算机所能执行的所有指令的集合称为该计算机的指令系统。

计算机硬件只能识别并执行机器指令，用高级语言编写的源程序必须由程序语言翻译系统把它们翻译为机器指令后，计算机才能执行。

计算机指令系统中的指令有规定的编码格式。一般一条指令可分为操作码和地址码两部分。其中操作码规定了该指令进行的操作种类，如加、减、存数、取数等；地址码给出了操作数地址、结果存放地址以及下一条指令的地址。指令的一般格式如图 4-3 所示。

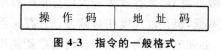

| 操　作　码 | 地　址　码 |

**图 4-3　指令的一般格式**

（2）计算机的基本工作原理

计算机在工作过程中主要有两种信息流，分别为数据信息和指令控制信息。数据信息是指原始数据、中间结果、结果数据等，这些信息从存储器读入运算器进行运算，所得的计算结果再存入存储器或传送到输出设备。指令控制信息是由控制器对指令进行分析、解释后向各部件发出的控制命令，用以指挥各部件协调地工作。

指令的执行过程如图 4-4 所示。其中左半部是控制器，包括指令寄存器、指令计数器、指令译码器等；右上部是运算器，包括累加器、算术与逻辑运算部件等；右下部是内存储器，存放程序和数据。

下面以指令的执行过程简单说明计算机的基本工作原理。指令的执行过程可分为以下 3 个步骤：

（1）取出指令。按照指令计数器中的地址（图中为"0132H"），从内存储器中取出指令（图中的指令为"072015H"），并送往指令寄存器中。

（2）分析指令。对指令寄存器中存放的指令（图中的指令为"072015H"）进行分析，由操作码（"07H"）确定执行什么操作，由地址码（"2015H"）确定操作数的地址。

（3）执行指令。根据分析的结果，由控制器发出完成该操作所需要的一系列控制信息，完成该指令所要求的操作。

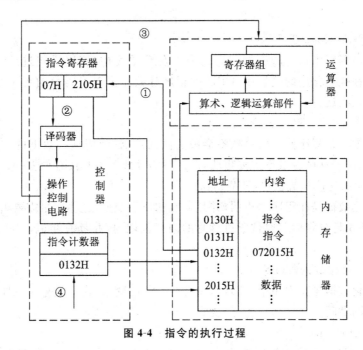

**图 4-4　指令的执行过程**

　　执行指令的同时指令计数器加 1,为执行下一条指令做好准备,若遇到转移指令,则将转移地址送入指令计数器。重复以上 3 步,直到遇到停机指令结束。

## 4.2　程序在内存中的布局

　　用某一计算机编程语言编写的源程序,需经成功编译、汇编和连接后,方可生成可执行程序,在运行时可执行程序在内存中又是如何布局的呢? 深入了解程序在内存中的布局情况,将加深对程序的认识,更好地掌握程序设计的思想,编写出更优秀的程序。为叙述方便,本节以 C 语言为例,介绍可执行程序的内存布局情况。

　　C 语言程序在计算机的运行过程中,基本变量、数组、指针、结构体等各种数据结构均在内存中占有临时空间,各种程序中的操作在内存中均表现为对内存相应空间的读写操作。经过上述分析可以得出:对于任何要在计算机上运行的 C 语言程序,其本质都和内存有着密切的关系,都要经过对内存的读写操作而得出结果。只有理解在程序执行过程中内存里的各种基本变化,才能从本质上理解 C 语言程序设计中各种概念的含义。这也是将内存概念贯穿在 C 语言学习的根本原因。

### 4.2.1　C 语言程序的存储区域

　　由 C 语言编写的源代码(文本文件)形成可执行程序(二进制文件),需要经过编译、汇编、连接 3 个阶段。编译过程把 C 语言文本文件生成汇编程序,汇编过程把汇编程序形成二进制机器代码,连接过程则将各个源文件生成的二进制机器代码文件组合成一个文件。

　　C 语言编写的源程序经过编译等环节后将形成一个统一文件,它由几个部分组成。在程序运行时又会产生其他几个部分,各个部分代表了以下几个不同的存储区域。

（1）代码段（Code 或 Text）

代码段由程序中执行的机器代码组成。在 C 语言中，程序语句进行编译后，形成机器代码。在执行程序的过程中，CPU 的程序计数器指向代码段的每一条机器代码，并由处理器依次运行。

（2）只读数据段（RO data）

只读数据段是程序使用的一些不会被更改的数据，使用这些数据的方式类似于查表式的操作，由于这些变量不需要更改，因此只需要放置在只读存储器中即可。

（3）已初始化读写数据段（RW data）

已初始化数据是在程序中声明，并且具有初值的变量，这些变量需要占用存储器的空间，在程序执行时它们需要位于可读写的内存区域内，并具有初值，以供程序运行时读写。

（4）未初始化数据段（BSS）

未初始化数据是在程序中声明，但没有初始化的变量，这些变量在程序运行之前不占用存储器的空间。

（5）堆区（Heap）

堆区内存只在程序运行时出现，一般由程序员分配和释放。在有操作系统管理的情况下，如果程序没有释放，操作系统可能在程序（例如一个进程）结束后回收内存。

（6）栈区（Stack）

栈区内存也只在程序运行时出现，在函数内部使用的变量、函数的参数以及返回值将使用栈区空间，栈区空间由编译器自动分配和释放。

## 4.2.2 C语言可执行程序的内存布局

C语言可执行文件的简单内存布局如图 4-5 所示。

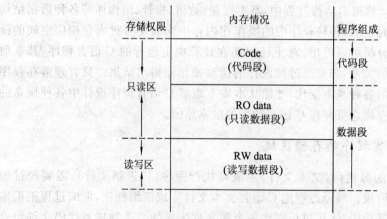

图 4-5 可执行程序的简单内存布局情况

C语言可执行文件的详细内存布局如图 4-6 所示。

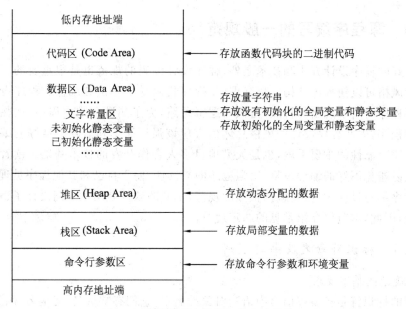

**图 4-6　可执行程序的详细内存布局情况**

### 4.2.3　举例说明

下面以一个简单 C 语言程序为例,说明程序和数据在计算机内存的布局情况。首先编译成功的可执行代码存放在图 4-6 的代码区中,而各变量和常量依据具体的存储类型存放在相应的区域中,具体参见程序中的注释部分。

```
1    #include <stdio.h>
2    #include <string.h>
3    int a=0;                    //全局初始化区,数据区
4    static int b=20;            //全局初始化区,数据区
5    char * p1;                  //全局未初始化区,数据区
6    const int A=10;             //数据区
7    void main( )
8    {
9        int b;                  //栈区
10       char s[]="abc";         //栈区
11       char * p2;              //栈区
12       static int c=0;         //全局(静态)初始化区,数据区
13       char * p3="123456";     //123456\0 在常量区,p3 在栈区中
14       p1=(char * ) malloc(10);    //分配得到的 10 个字节的区域,在堆区中
15       p2=(char * ) malloc(20);    //分配得到的 20 个字节的区域,在堆区中
16       strcpy(p1, "123456");   //123456\0 在数据区
17   }
```

## 4.3　源程序编写的一般规范

除了好的程序设计方法和技术之外,程序设计编码的规范也是很重要的。良好的程序设计风格可以使程序结构清晰合理,使程序代码易于测试和维护。程序设计风格是指编写程序时所表现出的特点、习惯和逻辑思路,为了测试和维护程序,往往还要阅读和跟踪程序,因此程序设计的风格总体而言应该强调简单和清晰。良好的编程风格是提高程序可靠性的重要手段,也是大型项目多人合作开发的技术基础。读者应通过规范定义以避免不好的编程风格,增强程序的易读性,便于自己和其他程序员理解。

在程序编写过程中,需要遵循很多的规范,不同的软件公司也专门设计了适合本公司的规范,因此,本节仅介绍常见的约定规范。

### 4.3.1　标识符命名及书写规则

(1) 规范的基本要求

这里的标识符是指编程语言中语法对象的名字,它们有常量名、变量名、函数名、类型名和文件名等,标识符的基本语法是以字母开始,由字母、数字及下划线组成的单词。

标识符本身最好能够表明其自身的含义,以便于使用和他人阅读;按其在应用中的含义可由一个或多个词组成,可以是英文词或中文拼音词。

当标识符由多个词组成时,建议每个词的第一个字母大写,其余全部小写,常量标识符全部大写。中文词由中文描述含义的每个汉字的第一个拼音字母组成;英文词尽量不缩写,如果有缩写,在同一系统中对同一单词必须使用相同的表示法。标识符的总长度一般不要超过 32 个字符。

(2) 特殊约定

有的编程工具或软件企业对标识符的命名有特定的规定。例如,把标识符分为两部分:规范标识前缀和含义标识。其中规范标识前缀用来标明该标识的归类特征,以便与其他类型的标识符互相区别。可将实型标识符的前缀为 f,表示身高的实型变量可命名为 fHeight;整型标识符的前缀为 i,表示年龄的整型变量可命名为 iAge;字符型标识符的前缀为 c,表示性别的字符型变量可命名为 cSex。含义标识用来标明该标识所对应的被抽象的实体,以便记忆,上面例子中"fHeight"的"Height"就是含义标识。

(3) 源代码文件标识符命名规则

源代码文件标识符分为两部分,即文件名前缀和后缀,其格式规则为××…××.×××。前缀部分通常与该文件所表示的内容或作用有关;后缀部分通常表示该文件的类型,用户可以自己给定,具体的编程环境有特殊规定的以编程环境的规定为准,如 Visual C++6.0 中默认的后缀为 cpp。

前缀和后缀这两部分字符应仅使用字母、数字和下划线;文件标识的长度不能超过 32 个字符,以便于识别。

### 4.3.2　注释及格式要求

注释总是位于程序需要作一个概括性说明、不易理解或易理解错的地方。注释应做到语言简练、易懂而又准确,所采用的语种可以是中文,如有输入困难、编译环境限制或特殊需求,也可采用英文。

（1）源代码文件的注释

一般在文件的头部加上注释,用来标明程序名称,说明程序所完成的主要功能,文件的作者及完成时间等;标明阶段测试结束后,主要修改活动的修改人、时间、简单原因说明列表,以及维护过程中需要修改程序时,应在被修改语句前面注明修改时间和原因说明。

（2）函数（过程）的注释

一般在函数头部加上必要的注释,用来说明函数的功能和参数（值参、变参）。如算法复杂时,需在函数的主体部分进行注释,用来对其算法思路与结构作出必要说明。

（3）语句的注释

需要进行语句注释的场合包括:对不易理解的分支条件表达式加注释;不易理解的循环应说明出口条件;对于过长的函数实现,应将其语句按实现的功能分段加以概括性说明;供其他文件或函数调用的函数,建议杜绝使用全局变量进行数据交换。

（4）常量和变量的注释

建议在常量名字（或有宏机制语言中的宏）声明后应对该名字作适当注释,注释说明的要点包括被保存值的含义,合法取值的范围等。变量的注释也作类似处理。

### 4.3.3　缩进规则

（1）控制结构的缩进

程序应以缩进形式展现程序的块结构和控制结构,在不影响展示程序结构的前提下尽可能地减少缩进的层次。常采用的两种缩进形式如下:

```
缩进方式 1                          缩进方式 2
if(expression)                     if (expression){
{                                      statements
    statements                     }
}                                  else{
else                                   statements
{                                  }
    statements
}
```

（2）缩进的限制

一个程序的宽度如果超出页宽或屏宽,这将是很难读的,所以必须使用折行缩进的方法、合并表达式或编写函数的方法来限制程序的宽度。

【注意】　任何一个程序最大行宽不得超过 80 列,超过者应折行书写;一个函数的缩进一般不得超过 5 级,超过者应将其子块写为函数;算法或程序本身的特性有特殊要求时,可以超过 5 级。

### 4.3.4 代码的排版布局

在使用 C 语言开发集成环境进行源程序代码编写时,建议采用如下的代码排版规范:① 关键词和操作符之间加适当的空格;② 相对独立的程序块与块之间加空行;③ 较长的语句、表达式等要分成多行书写;④ 划分出的新行要进行适当的缩进,使排版整齐,语句可读;⑤ 长表达式要在低优先级操作符处划分新行,操作符放在新行之首;⑥ 循环、判断等语句中若有较长的表达式或语句,则要进行适当的划分;⑦ 若函数中的参数较长,则要进行适当的划分;⑧ 不允许把多个短语句写在一行中,即一行只写一条语句;⑨ 函数的开始、结构的定义及循环、判断等语句中的代码都要采用缩进风格;⑩ C 语言是用大括号"{"和"}"界定一段程序块的,编写程序块时"{"和"}"应各独占一行并且位于同一列,同时与引用它们的语句左对齐。在函数体的开始结构的定义、枚举的定义以及 if,for,do,while,switch,case 语句中的程序尽量采用缩进方式 1 排版。

### 4.3.5 函数的编写规范

C 语言是一种结构化的程序设计语言,结构化在 C 语言中的体现是通过函数表示的,即 C 语言源程序通过函数来组织代码,最简单的程序也应至少包含一个名为 main 的函数。因此,非常有必要了解 C 语言中函数的编写规范。具体来说,应注意以下几点:① 函数的规模尽量限制在 200 行以内;② 一个函数最好仅完成一件功能;③ 为简单和共性的功能编写函数;④ 用注释详细说明每个参数的作用、取值范围及参数间的关系;⑤ 函数名应准确描述函数的功能等。

## 本章小结

本章对程序设计的相关必备基础知识进行了介绍,具体包括基本的软硬件知识、程序在内存中布局情况以及源代码的一般约定规范等,目的是做好编程前的准备工作。本章更多的是思想和方法上指引,通过后续章节的学习去更好地领悟本章内容,这将为以后更好地学习程序设计奠定必要的理论和方法基础,同样适合其他语言的学习。

习题 4

1. 在计算机信息处理中,为什么需要对处理的数据进行编码?
2. ASCII 码的编码方式是什么?
3. 计算机的基本硬件组成包括哪些? 各部分的功能是什么?
4. 简述计算机中的指令执行过程。
5. 简述程序在内存中布局情况。
6. 源程序的编写规范常包括哪些内容?

# 第 5 章　C 语言基础

通过前面的学习，读者对 C 语言程序的基本组成和形式——程序结构有了初步的了解。下面给出一个 C 语言程序基本框架，如图 5-1 所示。

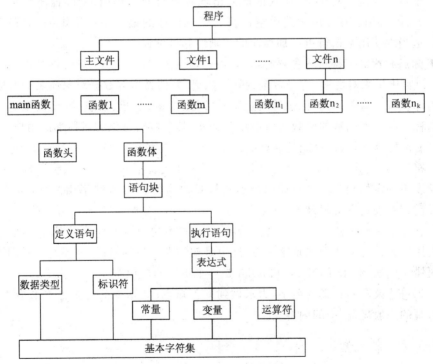

**图 5-1　C 语言程序基本框架**

由图 5-1 可以看出，C 程序由函数构成，C 语言是函数式的语言，函数是 C 程序的基本单位。一个 C 源程序必须包含且仅包含一个 main 函数，除此之外还可包含若干个其他函数。main 函数是一个独立应用程序的主体结构，它被操作系统调用。一个 C 程序总是从 main 函数开始执行，而不论 main 函数在程序中的位置，故此可以将 main 函数放在整个程序的最前面，也可以放在整个程序的最后，或者放在其他函数之间。函数是由多种语句(包含变量定义语句)组成的，语句由各种表达式构成，表达式由运算符、常量和变量构成。

因此,根据 C 语言程序的构成层次,需先介绍 C 语言的基本构成元素标识符、常量、变量、基本数据类型、运算符和表达式。

## 5.1　基本字符集、标识符、常量和变量

### 5.1.1　基本字符集及标识符

字符是组成语言的最基本的元素。C 语言字符集由字母、数字、空白符、标点和特殊字符组成。在字符常量、字符串常量和注释中还可以使用汉字或其他可表示的图形符号。

- 字母——小写字母 a～z 共 26 个,大写字母 A～Z 共 26 个。
- 数字——0～9 共 10 个。
- 空白符——空格符、制表符和换行符等统称为空白符。空白符只在字符常量和字符串常量中起作用,在其他地方出现时只起分隔作用,编译程序对它们忽略不计。因此,在程序中使用空白符与否对程序的编译不产生影响,但在程序中适当地使用空白符可增加程序的清晰性和可读性。
- 标点和特殊字符——主要有,,',",:,?,$,%,|,&,-,+等。

C 语言中用来对变量、符号常量、函数、数组、数据类型等数据对象命名的有效序列统称为标识符。简单地说,标识符就是符号常量、变量、函数、数组、数据类型等数据对象的名称。除了库函数的函数名由系统定义外,其余数据对象的名称都由用户定义。

C 语言规定,标识符只能是字母(A～Z,a～z)、数字(0～9)、下划线(_)3 种字符组成的字符串,并且其第一个字符必须是字母或下划线。不同的编译系统所规定的标识符的长度不一定相同。需注意标识符不能与 C 语言的保留关键字相冲突,如 if 等,详细的关键字列表见本书附录 B。

C 语言是一种区分大小写的语言,因此大小写不同的标识符是不相同的,以后在定义和使用标识符时应特别注意这一点,这也是初学者常犯的错误,编译时经常因为这种情况报错。例如 NUIST,Nuist 和 nuist 是 3 个不同的标识符。

标识符建议取有意义的名字,力求做到见名知意;具体规范可参见本书第 4 章"源程序编写的一般规范"中的内容。

### 5.1.2　常　量

在程序的运行过程中其值不能改变的量被称为常量,分为直接常量和符号常量。

1. 直接常量

直接常量有整型常量、实型常量、字符常量和字符串常量 4 种类型。常量是不需要事先定义的,只要在程序中需要的地方直接写出该常量即可。常量的类型也不需要事先声明,它们的类型是由系统根据书写方法自动默认的。

例如:

- 整型常量:12,0,-3,070(数字前有 0,表示八进制数),0x80(数字前有 0x,表示

十六进制数);

■ 实型常量:4,6,-1.23;

■ 字符常量:′a′,′d′;

■ 字符串常量:"nuist","bjxy"。

直接常量可以从字面形式直接判断,也称为字面常量。

2. 符号常量

C 语言源代码中常常用一个标识符来代表一个常量,称为符号常量。符号常量在使用之前要先定义。

【注意】　习惯上符号常量的标识符用大写字母表示,变量的标识符用小写字母表示,以示区别。

定义格式如下:

　　　　#define　符号常量名　常量

其中#define 是一条预处理命令(预处理命令都以"#"开头),称为宏定义命令(在后面预处理程序中将进一步介绍),其功能是把该标识符定义为其后的常量值。一经定义,以后在源代码中所有出现该标识符的地方就表示该常量值,既可以是数值常量,也可以是字符等常量。在程序编译时,编译器首先将符号常量用所定义的常量值替换,即预处理宏替换,再进行其他编译工作。

采用符号常量具有下述几个优点:

(1) 书写简单、不易出错。使用符号常量可以将复杂的常量定义为简明的符号常量,使得书写简单,而且不易出错。例如:

　　　　#define　PI　3.14159265

这里符号常量 PI 被定义为 3.14159265,在程序中书写 PI 显然比书写 3.14159265 要简明。

(2) 修改程序方便,一改全改。采用符号常量会给修改程序带来方便,例如,在一个程序中使用了某个符号常量共 10 次,如果需要对这一常量值进行修改,只需在宏定义命令中对定义的常量值进行一次修改。否则,应在程序中出现这一常量的 10 处都进行修改,这不仅带来一定的麻烦,还易于出错。

(3) 增加可读性和移植性。符号常量通常含义清楚,见名知意。例如,在前面的宏定义命令中用 PI 表示圆周率 π,所以其可读性好。使用符号常量可将程序中影响环境系统的参数,如字长等,定义在一个可被包含的文件(头文件)中,在不同的环境系统下,通过修改包含文件中符号常量的定义值达到兼容的目的,可提高程序的移植性。

【例 5-1】　符号常量的使用。求一个半径为 R 的圆的周长和面积。

(1) 采用符号常量的源代码:

```
1    #include <stdio.h>
2    #define  PI  3.14159265
3    #define R  3
4    int main( )
5    {
6        double circumference, area;
```

```
7        circumference=2.0 * PI * R;
8        area =PI * R * R;
9        printf("周长=%f,面积=%f\n",circumference,area);
10       return 0;
11   }
```

（2）当上述程序在系统执行预处理命令＃define(即宏替换后)的对应代码如下：

```
1    #include <stdio. h>
2    int main( )
3    {
4        double circumference,area;
5        circumference=2.0 * 3.14159265 * 3;
6        area = 3.14159265 * 3 * 3;
7        printf("周长=%f,面积=%f\n",circumference,area);
8        return 0;
9    }
```

执行该程序输出结果如下：

```
周长=18.849556,面积=28.274334
```

### 5.1.3 变 量

相对常量而言,在程序的运行过程中值可以改变的量称为变量。

变量是一块有名称的连续存储空间,在源代码中通过定义变量来申请并命名这样的存储空间,并通过变量的名称来使用这块存储空间。变量是程序中数据的临时存放场所。在代码中变量中可以存放单词、数值、日期以及属性等。一个变量应该有一个名称,是对在内存中占据一定的存储单元的命名。变量内存状态图如表 5-1 所示。

表 5-1　变量内存状态

| 变量名 | 地　址 | 存储单元(变量值) |
| --- | --- | --- |
| … | … | … |
| iYear | 1F06 | 2011 |
| iMonth | 1F0A | 8 |
| … | … | … |

变量定义必须放在变量使用之前,一般放在函数体的开始部分,也称为定义语句。需要注意的是,变量名和变量值是两个不同的概念。

【说明】（1）变量的 3 个属性:变量名、变量的地址、变量值。变量在程序运行过程中一旦定义且分配后,变量名与地址不可更改,但变量的值可以改变;变量名遵守标识符准则。

（2）C 语言中变量遵循"先定义,后使用",即 C 语言要求对所有用到的变量作强制定义。

- 只有定义过的变量才可以在程序中使用。
- 定义的变量属于确定的类型,编译系统可方便地检查对变量所进行运算的合法性。
- 在编译时根据变量类型可以为变量确定存储空间,"先定义,后使用"使程序效率提高。

(3) 变量赋初值:C 语言允许在定义变量的同时对变量进行初始化。

例如:

```
1   int a=8;               //定义 a 为整型变量,初值为 8
2   float f=108.56;        //定义 f 为实型变量,初值为 108.56
3   char c='A';            //定义 c 为字符型变量,初值为'A'
4   int a,b=2,c=5;         //可以只对定义的一部分变量赋初值
5   //定义 a,b,c 为整型变量,只对 b,c 初始化,b 的初值为 2,c 的初值为 5
```

【注意】 初始化不是在编译阶段完成的,而是在程序运行时执行本函数时赋予初值的,相当于有一个赋值语句。

例如:

```
        int a=3;
```

等价于:

```
        int a;
        a=3;
```

## 5.2　基本数据类型

程序中算法处理的对象是数据。数据以某种特定的形式(如整数、实数、字符等)和结构存在(如数组、链表等),计算机内部都是以二进制数存储数据的;而用户信息的表现形式是多种多样的,在使用计算机编程解决问题时,要选用合适的数据表示方式——数据结构。处理同样的问题时,如果数据结构不同,其算法也不同,一个程序的好坏是由处理信息的数据结构的优劣和处理业务逻辑的算法共同决定的,应当综合考虑算法和数据结构,以选择最佳的数据结构和算法。

C 语言的数据结构是以数据类型的形式体现的,也就是说 C 语言中数据是有类型的,数据的类型简称数据类型。例如,整数类型、实数类型、整型数组类型、字符数组类型(字符串)分别代表我们常说的整数、实数、数列、字符串。

C 语言的数据类型如表 5-2 所示,表 5-3 是常用基本类型的分类及特点,具体说明如下。

(1) 基本类型:该类型最主要的特点是其值不可以再分解为其他类型。

表 5-2　C 语言的数据类型

（2）构造类型：它是根据已定义的一个或多个数据类型用构造的方法来定义的。也就是说，一个构造类型的值可以分解成若干个"成员"或"元素"。每个"成员"都是一个基本数据类型或一个构造类型。在 C 语言中，构造类型有数组类型、结构体类型和共用体类型等。

（3）指针类型：它是一种特殊的，同时又是具有重要作用的数据类型，其值用来表示某个变量在内存储器中的地址。虽然指针变量的取值类似于整型量，但这是两个类型完全不同的量，因此不能混为一谈。

（4）空类型：在调用函数时，通常应向调用者返回一个函数值。这个返回的函数值是具有一定的数据类型的，应在函数定义及函数说明中予以说明，例如在例题中给出的 add 函数定义中，函数头为 int add(int a,int b)；，其中"int"类型说明符即表示该函数的返回值为整型量。但有一类函数在调用后并不需要向调用者返回函数值，这种函数可以定义为"空类型"，其类型说明符为 void，这在后面函数中将详细介绍。

表 5-3  常用基本数据类型

| 数据类型 | 类型说明符 | 字节 | 数值范围 |
|---|---|---|---|
| 字符型 | char | 1 | C 字符集 |
| 基本整型 | int | 4 | $-2\ 147\ 483\ 648 \sim 2\ 147\ 483\ 647$，即 $-2^{31} \sim (2^{31}-1)$ |
| 短整型 | short | 2 | $-32\ 768 \sim 32\ 767$，即 $-2^{15} \sim (2^{15}-1)$ |
| 长整型 | long | 4 | $-214\ 783\ 648 \sim 214\ 783\ 647$，即 $-2^{31} \sim (2^{31}-1)$ |
| 无符号型 | unsigned int | 4 | $0 \sim 4\ 294\ 967\ 295$，即 $0 \sim (2^{32}-1)$ |
| 无符号长整型 | unsigned long | 4 | $0 \sim 4\ 294\ 967\ 295$，即 $0 \sim (2^{32}-1)$ |
| 单精度实型 | float | 4 | $-3.4 \times 10^{38} \sim 3.4 \times 10^{38}$ |
| 双精度实型 | double | 8 | $-2.3 \times 10^{308} \sim 1.7 \times 10^{308}$ |

注：数值型数据在计算机内表示时是有精度和范围的。

下面依次介绍整型、实型和字符型数据，其他类型在以后章节中介绍。

### 5.2.1  整型数据

整型数据包括整型常量与整型变量两类。

1. 整型常量

整型常量就是整常数。在 C 语言中，使用的整常数有八进制、十六进制和十进制 3 种。默认情况下，整数为 int 类型。

（1）十进制：例如 123，$-456$，0。

（2）八进制：以 0 开头，后面跟几位的数字（0～7）。例如：$0123=(123)_8=(83)_{10}$；$-011=(-11)_8=-9$。

（3）十六进制：以 0x 开头，后面跟几位的数字（0～9，A～F）。例如：$0x123=291$，$-0x12=-18$。

【注意】 整型常量后可以用 u 或 U 明确说明为无符号整型数，用 l 或 L 明确说明为长整型数。

例如:158L(十进制为 158),012L(十进制为 10);358u,0x38Au,235Lu 均为无符号数。

**2. 整型变量**

(1) 整型数据在内存中的存放形式

数据在内存中以二进制形式存放,事实上是以补码形式存放的。

(2) 整型变量的分类

整型变量包括整型、无符号整型、短整型、无符号短整型、长整型、无符号长整型等,其长度和取值范围参见表 5-3。

(3) 整型变量的定义与初始化

其格式为:

**数据类型名　变量名表;**

**【例 5-2】**

```
1    #include <stdio.h>
2    int main()                          //主函数
3    {                                   //main 函数体开始
4        int a,b,c,d,i=1,j=0;            //定义整型变量 a,b,c,d,i,j 并且对 i,j 赋初值
5        unsigned u;                     //定义无符号整型变量 u
6        a=12; b=-24; u=10;              //对 a,b,u 赋值
7        c=a+u; d=b+u;
8        printf("%d,%d\n",c,d);          //屏幕输出 c,d
9        return 0;
10   }                                   //main 函数体结束
```

**【程序分析】**　变量定义时,可以说明多个相同类型的变量。各个变量用“,”分隔。类型说明与变量名之间至少有一个空格间隔;最后一个变量名之后必须用“;”结尾;变量说明必须在变量使用之前;允许在定义变量的同时对变量进行初始化,如int i=1, j=0;。

### 5.2.2　实型数据

**1. 实数的表示形式**

实数(浮点数)有两种表示形式:

(1) 十进制小数形式。它由正负号、数字和小数点组成(必须有小数点)。

例如:.123,123.,-123.0,0.0。

(2) 指数形式。其格式为:aEn。

例如:123e3,123E3 都是实数的合法表示。

**【注意】**　① 字母 e 或 E 之前必须有数字,e 后面的指数必须为整数。

例如:e3,2.1e3.5,.e3,e 都不是合法的指数形式。

② 规范化的指数形式。对于在字母 e 或 E 之前的小数部分,其小数点左边应当有且只能有一位非 0 数字。系统用指数形式输出时,是按规范化的指数形式输出的。

例如:2.3478e2,3.0999E5,6.46832e12 都属于规范化的指数形式。

③ 实型常量默认情况下为双精度类型,如果要指定它为单精度,可以加后缀 f。

**2. 实型数据在内存中的存放形式**

一个实型数据一般在内存中占 4 个字节(32 位)。与整数存储方式不同,实型数据是按照指数形式存储的。系统将实型数据按小数部分和指数部分分别存放。实型数据 3.14159 存放的示意如表 5-4 所示。

表 5-4　实型数据存放的示意

| 数符 | 小数部分 | 指数 | 备注 |
|---|---|---|---|
| ＋ | .314159 | 1 | |
| 正数 | .314159× | $10^1$ | ＝ 3.14159 |

**3. 实型变量的分类**

实型变量分为单精度(float)、双精度(double)、长双精度(long double)。表 5-5 列出微机上常用的 C 编译系统的情况,不同的系统会有差异。

表 5-5　类型取值范围

| 类　　型 | 比特数 | 有效数字 | 数值范围 |
|---|---|---|---|
| float | 32 | 6～7 | $-3.4\times10^{38}\sim 3.4\times10^{38}$ |
| double | 64 | 15～16 | $-2.3\times10^{308}\sim 1.7\times10^{308}$ |
| long double | 64 | 15～16 | $-2.3\times10^{308}\sim 1.7\times10^{308}$ |

对于每一个实型变量也都应该先定义后使用。例如:

```
float x,y;
double z;
long double t;
```

**4. 实型数据的舍入误差**

实型变量是用有限的存储单元存储的,因此提供的有效数字是有限的,在有效位以外的数字将被舍去,由此可能会产生一些误差。这与整型数据的溢出是不一样的。

【例 5-3】 实型数据的舍入误差(实型变量只能保证 7 位有效数字,后面的数字无意义)。

```
1   #include <stdio.h>
2   int main()
3   {
4       float a,b;
5       a=123456.789e5;
6       b=a+20;
7       printf("a=%f,b=%f\n",a,b);
8       printf("a=%e,b=%e\n",a,b);
9       return 0;
10  }
```

程序运行结果如下：

```
a=12345678848.000000,b=12345678868.000000
a=1.234568e+010,b=1.234568e+010
```

由于实数存在舍入误差，使用时要注意以下几点：

■ 不要试图用一个实数精确表示一个大整数，记住浮点数是不精确的。

■ 避免直接将一个很大的实数与一个很小的实数相加减，否则会"丢失"小的数。

■ 根据要求选择单精度、双精度。

### 5.2.3　字符型数据

字符常量是用西文单引号(″)括起来的一个字符，一般指 ASCII 码字符，字符常量主要用下面几种形式表示：

(1) 可显示的字符常量直接用单引号括起来，如′a′，′x′，′D′，′?′，′$′ 等都是字符常量。

(2) 所有字符常量(包括可以显示的、不可显示的)均可以使用字符的转义表示法表示(ASCII 码表示)。转义表示格式为：′\ddd′ 或 ′\xhh′(其中 ddd，hh 是字符的 ASCII 码，ddd 为八进制、hh 为十六进制)。注意：不可写成′\0xhh′ 或′\0ddd′(它们表示一个整数)。

(3) 预先定义的一部分常用的转义字符。如′\n′ 表示换行，′\t′ 表示水平制表，具体可参见表 5-6。

表 5-6　常用的转义字符及其含义

| 转义字符 | 转义字符的意义 | ASCII 代码(十进制) |
| --- | --- | --- |
| \n | 回车换行 | 10 |
| \t | 横向跳到下一制表位置 | 9 |
| \b | 退格 | 8 |
| \r | 回车 | 13 |
| \f | 走纸换页 | 12 |
| \\ | 反斜线符′\′ | 92 |
| \′ | 单引号符 | 39 |
| \" | 双引号符 | 34 |
| \a | 鸣铃 | 7 |
| \ddd | 1～3 位八进制数所代表的字符 | |
| \xhh | 1～2 位十六进制数所代表的字符 | |

字符型变量用于存放字符数据，它只能存放一个字符。所有编译系统都规定以一个字节来存放一个字符，或者说一个字符变量在内存中占一个字节。

字符数据在内存中按字符的 ASCII 码，以二进制形式存放，占用一个字节，以 char ch=′a′; 为例，则变量 ch 存储如表 5-7 所示。

表 5-7  字符型变量内存存放示意

| 变量名 | 地址 | 存储单元(变量值) | 备注 |
|---|---|---|---|
| … | … | | |
| ch | 01F06 | 01100001 | ′a′ |
| | … | … | |

对于定义的字符变量 ch 赋初值′a′,实际上是在变量 ch 所在的存储空间存放了对应的二进制数 01100001,也就是十进制的 97,十六进制的 0x61。′a′是二进制数 01100001 的一种对应的字符表现形式。

由上可以看出,字符数据以 ASCII 码存储的形式与整数的存储形式类似,这使得字符型数据和整型数据之间可以通用(当作整型量)。具体表现为:

(1) 可以将整型量赋值给字符变量,也可以将字符量赋值给整型变量。

(2) 可以对字符数据进行算术运算,相当于对它们的 ASCII 码进行算术运算。

(3) 一个字符数据既可以以字符形式输出(ASCII 码对应的字符),也可以以整数形式输出(直接输出 ASCII 码)。

【注意】 尽管字符型数据和整型数据之间可以通用,但是字符型只占一个字节,即如果作为整数使用范围是 0~255(无符号),−128~127(有符号)。

【例 5-4】 给字符变量赋以整数(字符型、整型数据通用)。

```
1    #include <stdio.h>
2    int main()                                    //字符′a′的各种表达方法
3    {
4        char c1=′a′;                              //字符常量
5        char c2=′\x61′;                           //十六进制字符常量
6        char c3=′\141′;                           //八进制字符常量
7        char c4=97;                               //十进制数转换成字符变量
8        char c5=0x61;                             //十六进制数转换成字符变量
9        char c6=0141;                             //八进制数转换成字符变量
10       printf("\nc1=%c,c2=%c,c3=%c,c4=%c,
11       c5=%c,c6=%c\n",c1,c2,c3,c4,c5,c6);        //字符形式输出
12       printf("c1=%d,c2=%d,c3=%d,c4=%d,
13       c5=%d,c6=%d\n",c1,c2,c3,c4,c5,c6);        //数值形式输出
14       return 0;
15   }                                             //main 函数体结束
```

程序运行结果如下:

```
c1=a,c2=a,c3=a,c4=a,c5=a,c6=a
c1=97,c2=97,c3=97,c4=97,c5=97,c6=97
```

整型数据在机内用 4 个字节表示,取低 8 位赋值给字符变量。

【例 5-5】 大小写字母的转换(ASCII 码表中,小写字母比对应的大写字母的

ASCII 码大 32。)

```
1    #include <stdio. h>
2    int main()
3    {
4        char c1,c2,c3;
5        c1='a';
6        c2='b';
7        c1=c1-32;
8        c2=c2-32;
9        c3=130;
10       printf("\n%c %c %c\n",c1,c2,c3);        //字符形式输出
11       printf("%d %d %d\n",c1,c2,c3);          //数值形式输出
12       return 0;
13   }
```

程序运行结果如下：

```
A B ?
65 66 -126
```

本例还可以看出，系统允许字符数据与整数直接进行算术运算，运算时字符数据用 ASCII 码值参与运算。

请读者自行分析 C3 字符输出的值为什么是－126。

## 5.3　运算符与表达式

运算符从狭义的概念讲是表示各种运算的符号。C 语言运算符丰富，范围很广，把除了控制语句和输入/输出以外的几乎所有基本操作都作为运算符处理，所以 C 语言运算符可以看作是操作符。C 语言的丰富运算符是构成 C 语言丰富表达式的基础。

在 C 语言中除了提供一般高级语言的算术、关系、逻辑运算符外，还提供赋值符运算符、位操作运算符、自增自减运算符等，其至数组下标、函数调用都可作为运算符。

C 语言的运算符可分为以下几类：

（1）算术运算符：用于各类数值运算。包括加（＋）、减（－）、乘（＊）、除（/）、求余（或称模运算，％）、自增（＋＋）、自减（－－）共 7 种。

（2）关系运算符：用于比较运算。包括大于（＞）、小于（＜）、等于（＝＝）、大于等于（＞＝）、小于等于（＜＝）和不等于（!＝）6 种。

（3）逻辑运算符：用于逻辑运算。包括与（＆＆）、或（||）、非（!）3 种。

（4）位操作运算符：参与运算的量按二进制位进行运算。包括位与（＆）、位或（|）、位非（～）、位异或（∧）、左移（＜＜）、右移（＞＞）6 种。

（5）赋值运算符：用于赋值运算。包括简单赋值（＝）、复合算术赋值（＋＝，－＝，＊＝，/＝，％＝）和复合位运算赋值（＆＝，|＝，∧＝，＞＞＝，＜＜＝）3 类共 11 种。

(6) 条件运算符(?:):这是一个三目运算符,用于条件求值。

(7) 逗号运算符(,):用于把若干表达式组合成一个表达式。

(8) 指针运算符:包括取内容( * )和取地址(&)两种运算。

(9) 求字节数运算符(sizeof):用于计算数据类型所占的字节数。

(10) 特殊运算符:有括号(),下标[],成员(—>,.)等几种。

本节主要介绍算术运算符(包括自增自减运算符)、赋值运算符、逗号运算符,其他运算符在以后相关章节中结合有关内容进行介绍,详细解释可参照本书附录 E。

表达式是由常量、变量、函数和运算符组合起来,符合 C 语法规则的式子。每个表达式都有一个值和类型,它们等于计算表达式所得结果的值和类型。表达式求值按运算符的优先级和结合性规定的顺序进行。单个的常量、变量、函数可以看作是表达式的特例。

### 5.3.1 算术运算符与表达式

**1. C 语言算术运算符**

(1) 加法运算符"+":加法运算符为双目运算符,即应有两个量参与加法运算。

(2) 减法运算符"-":减法运算符为双目运算符。但"-"也可作负值运算符,此时为单目运算,如-x,-5 等具有左结合性。

(3) 乘法运算符" * ":双目运算符,具有左结合性。与数学运算符的表示形式不同。

(4) 除法运算符"/":双目运算符,具有左结合性。参与运算量均为整型时,结果也为整型,舍去小数。如果运算量中有一个是实型,则结果为双精度实型。

(5) 模运算符"%":双目运算符,也称求余运算符,要求两侧均为整型数据。如 7%4 的值为 3。

下面详细介绍除法运算符"/"和模运算符"%"的用法:

(1) 当参与除法运算的两个数为整数时,则相除的结果为整数,舍去小数部分,如 5/2 的结果为 2;当参与运算的两个数有实数时,则相除的结果为实数,例如 5.0/2 的结果为 2.5。

(2) 求余运算符%要求两个操作数均为整型,结果为两数相除所得的余数。求余也称求模。一般情况下,余数的符号与被除数符号相同,例如 -8%5=-3;8%-5=3;。

**2. 算术表达式**

简单的算术表达式通常由常量、变量、算术运算符和括号等进行连接,例如a * b/c-1.5+'a'是一个合法的 C 算术表达式。

**3. 算术运算符的优先级与结合性**

C 语言规定了进行表达式求值过程中,各运算符的"优先级"和"结合性"。

(1) C 语言规定了运算符的"优先级"和"结合性"。在表达式求值时,将按运算符的"优先级别"次序执行。

(2) 如果在一个运算对象两侧的运算符的优先级别相同,则按规定的"结合方向"处理。

■ 左结合性(自左向右结合方向):运算对象先与左面的运算符结合。

■ 右结合性(自右向左结合方向):运算对象先与右面的运算符结合。

(3) 在书写多个运算符的表达式时,应当注意各个运算符的优先级,确保表达式中的运算符能以正确的顺序参与运算。对于复杂表达式,为了清晰起见可以加圆括号"()"强制规定计算顺序。

### 5.3.2　逻辑运算符与表达式

#### 1. 逻辑运算符

逻辑运算符用于对包含关系运算符的表达式进行合并或取非。C 语言中提供了 3 种逻辑运算符:

(1) &&:与运算。

(2) ||:或运算。

(3) !:非运算。

图 5-2　运算符的优先级

"&&"和"||"均为双目运算符,具有左结合性;"!"为单目运算符,具有右结合性。逻辑运算符和其他运算符优先级的关系见图 5-2。

按照运算符的优先顺序可以得出:

■ a>b && c>d　　　　　　等价于　　　　(a>b)&&(c>d)

■ ! b==c||d<a　　　　　　等价于　　　　((! b)==c)||(d<a)

■ a+b>c&&x+y<b　　　　等价于　　　　((a+b)>c)&&((x+y)<b)

#### 2. 逻辑表达式

用逻辑运算符将关系表达式或逻辑量连接起来的式子称为逻辑表达式。逻辑表达式的一般形式为:

　　　　表达式　逻辑运算符　表达式

逻辑表达式的运算数和值均为布尔值:true 或 false。下面是 3 种最基本的逻辑表达式:

■ A&&B:表示只有 A 和 B 的值都为 true 时,表达式的值为 true,否则其值为 false。

■ A||B:表示只有 A 和 B 的值都为 false 时,表达式的值为 false,否则其值为 true。

■ ! A:表示对 A 取反,即如果 A 为 true,则表达式的值为 false;如果 A 为 false,则其值为 true。

【注意】　在 C 语言中,布尔值 true(真)和 false(假)分别用数值 1 和 0 表示。在进行逻辑值的"真"和"假"判断时,若非 0 则判断为"真",0 则判断为"假"。

为了提高运算速度,在计算含有多个"&&"运算符的表达式时,只要其中一个运算数的值为 false,表达式的值就为 false,不再对后面的运算数进行计算。例如:表达式 A&&B&C,如果 a 的值为 false,表达式的值就为 false,不再计算 b 和 c。同理,在计算含有多个"||"运算符的表达式时,只要其中一个运算数的值为 true,表达式就为 true,不再计算后面的其他运算数。

【例 5-6】

```
1    #include <stdio. h>
2    int main()
```

```
3    {
4        char c='k';
5        int i=1,j=2,k=3;
6        float x=3e+5,y=0.85;
7        printf("%d,%d\n",!x*!y,!!!x);
8        printf("%d,%d\n",x||i&&j-3,i<j&&x<y);
9        printf("%d,%d\n",i==5&&c&&(j=8),x+y||i+j+k);
10       return 0;
11   }
```

程序运算结果如下：

```
0,0
1,0
0,1
```

本例中!x 和!y 分别为 0,!x * !y 也为 0,故其输出值为 0。由于 x 为非 0,故 !!!x 的逻辑值为 0。对于x|| i && j-3,先计算j-3 的值为非 0,再求i&& j-3 的逻辑值为 1,故x||i&&j-3 的逻辑值为 1。对于i<j&&x<y,因i<j的值为 1,而x<y 的值为 0,故表达式的值为 1、0 相与,最后为 0。对于i==5&&c&&(j=8),由于 i==5 为假,即值为 0,该表达式由两个与运算组成,所以整个表达式的值为 0。对于 x+ y||i+j+k,因x+y 的值为非 0,故整个或表达式的值为 1。

### 5.3.3 关系运算符与表达式

1. 关系运算符

在程序中经常需要比较两个量的大小关系,以决定程序下一步的工作。比较两个量的运算符称为关系运算符。

在 C 语言中有以下关系运算符:

(1) 小于运算符<,如 a<b 表示 a 小于 b;

(2) 小于等于运算符<=,如 a<=b 表示 a 小于等于 b;

(3) 大于运算符>,如 a>b 表示 a 大于 b;

(4) 大于等于运算符>=,如 a>=b 表示 a 大于等于 b;

(5) 等于运算符==,如 a==b 表示 a 等于 b;

(6) 不等于运算符!=,如 a!=b 表示 a 不等于 b。

关系运算符的优先级:关系运算符都是双目运算符,其结合性均为左结合。关系运算符的优先级低于算术运算符,高于赋值运算符。在 6 个关系运算符中,前 4 种关系运算符(<,<=,>,>=)的优先级别相同,后 2 种(==,!=)也相同,前 4 种的优先级高于后 2 种。

例如:"<"优先于"==",而"<"与">"优先级相同。

| | | |
|---|---|---|
| c>a+b | 等价于 | c>(a+b) |
| a>b==c | 等价于 | (a>b)==c |

【注意】　(1) C 语言中等于运算符与数学运算符中的等于的表示形式不同,C 语言关系运算符中的等于是用两个连在一起的等号表示(==)。一个等号(=)在 C 语言中是表示赋值。

(2) 由于实型数据在计算机内部的表示存在精度问题,因此不能直接使用等于运算符来判断两个实数(float,double 类型)是否相等。一般的处理方法是通过两实数相减后的绝对值是否小于某一正小数(精度要求)来判断。

2. 关系表达式

用关系运算符将两个表达式(可以是关系表达式、逻辑表达式、赋值表达式、字符表达式)连接起来的式子称为关系表达式。

关系表达式的一般形式为:

表达式　关系运算符　表达式

例如,合法的关系表达式如下:

```
a>c
a>(b>c)
```

关系表达式的值是"真"和"假",用数值"1"和"0"表示。如5>0 的值为"真",即为 1。

### 5.3.4　自增、自减运算符

自增、自减运算符是单目运算符,使得变量的值增 1 或减 1。

(1) 自增、自减运算分为以下两种:

① ++i(--i),称为前置运算,i 的值增加 1(减少 1),表达式++i(--i) 的值为 i 加(减)1 之后的值。即先自增(自减),再参与运算。

② i++(i--),称为后置运算,i 的值增加 1(减少 1),表达式 i++(i--) 的值为 i 加(减)1 之前的值。即先参与运算,再自增(自减)。

例如

```
i=3,j=++i;   //i 值为 4,j 值为 4
```

而

```
i=3,j=i++;   //i 值为 4,j 值为 3
```

(2) 自增、减运算符只用于变量,而不能用于常量或表达式。

例如:6++,(a+b)++,(-i)++ 都不合法。

(3) ++,-- 的结合方向是"自右向左"(与一般算术运算符不同)。

例如,-i++　等同于 -(i++) 是合法的。

【例 5-7】　自增运算符应用实例。

```
1    #include <stdio.h>
2    int main()
3    {
4        int  i=1,j=1;
5        printf("%d,%d\n",i++,++j);        //i 是先引用后加 1,j 是先加 1 再引用
6        printf("%d,%d\n",i,j);
```

```
7      return 0;
8  }
```

程序运行结果如下：

```
1,2
2,2
```

### 5.3.5 逗号运算符与表达式

在 C 语言中逗号(,)也是一种运算符，称为逗号运算符。其功能是把两个表达式连接起来组成一个表达式，称为逗号表达式。根据运算符优先级，"="运算符优先级高于(,)运算符，逗号运算符级别最低。

逗号表达式的一般形式：

表达式 1,表达式 2,…,表达式 n

逗号表达式的求解过程是：自左向右，求解表达式 1，求解表达式 2，…，求解表达式 n。整个逗号表达式的值是表达式 n 的值。

**【例 5-8】** 逗号运算符应用实例。

```
1  #include <stdio.h>
2  int main( )
3  {
4      int a=0,b=0,c=0;
5      c=((a-=a-5),(a=b));
6      printf("%d,%d,%d\n",a,b,c);
7      return 0;
8  }
```

程序运行结果如下：

```
0,0,0
```

### 5.3.6 赋值表达式

由赋值运算符组成的表达式称为赋值表达式。

一般形式：

变量  赋值符  表达式

例如：x=10+23

赋值的含义是将赋值运算符右边的表达式的值存放到左边变量名标识的存储单元中。

赋值表达式是类似这样的句子：a=5，注意后边没有分号，而 a=5;就是一个赋值语句。赋值表达式的结果是最左边赋值运算符右边变量(或者表达式)的值。

例如：x=10+y;执行赋值运算(操作)，将 10+y 的值赋给变量 x，同时整个表达式的值就是刚才所赋的值。

**【注意】**　(1) 赋值运算符左边必须是变量,右边可以是常量、变量、函数调用或常量、变量、函数调用组成的表达式。

例如:x＝10,y＝x＋10,y＝func()都是合法的赋值表达式。

(2) 赋值运算时,当赋值运算符两边数据类型不同时,将由系统自动进行类型转换。转换原则是:先将赋值号右边表达式类型转换为左边变量的类型,然后赋值。

(3) C 语言的赋值符号"＝"除了表示一个赋值操作外,还是一个运算符,也就是说赋值运算符完成赋值操作后,整个赋值表达式还会产生一个所赋的值,这个值还可以利用。

(4) 赋值表达式的求解过程是:先计算赋值运算符右侧的"表达式"的值;将赋值运算符右侧"表达式"的值赋给左侧的变量;整个赋值表达式的值就是被赋值变量的值。

例如:分析 x＝y＝z＝3＋5 这个表达式。根据优先级:原式等同于 x＝y＝z＝(3＋5);根据结合性(从右向左):原式等同于 x＝(y＝(z＝(3＋5))),等同于 x＝(y＝(z＝3＋5)),结果是 x,y,z 都等于 8;

(5) 复合赋值表达式是 C 语言中一种精简的表示形式,体现了 C 语言的特点。一般语法格式为:

　　　　变量双目运算符＝表达式

等价于:变量＝变量双目运算符表达式

例如:

　　　　　　n＋＝1　　等价于　n＝n＋1

　　　　　　x＊＝y＋1　等价于 x＝x＊(y＋1)

赋值运算符、复合赋值运算符的优先级比算术运算符低。

### 5.3.7　类型转换

在进行表达式运算或运行赋值语句时,不同类型的数据先转换成同一类型,然后进行计算或赋值,如:整型(包括 int,short,long)和实型(包括 float,double)数据可以混合运算,另外字符型数据和整型数据可以通用,因此,整型、实型、字符型数据之间可以混合运算。例如:表达式 10＋a＋1.5-8765.1234＊b 是合法的。

具体转换的方法有两种:自动转换和强制转换。

**1. 自动转换(隐式转换)**

C 语言自动转换不同类型的行为称为隐式类型转换,由编译系统自动完成。转换规则:

(1) 在不同类型数据进行混合运算时,先转换为同一类型,然后进行运算。

(2) 低精度类型向高精度类型转换,即数据总是由低级别向高级别转换。即按数据长度增加的方向进行,保证精度不降低。

　　　int→unsigned int→long→unsigned long→long long→

　　　→unsigned long long→float→double→long double

(3) 如字符数据参与运算必定转化为整数,float 型数据在运算时一律先转换为双精度型,以提高运算精度(即使是两个 float 型数据相加,也都要先转换为 double 型,然后再相加)。

　　　char,short→int

（4）赋值运算，如果赋值号"＝"两边的数据类型不同，赋值号右边的类型转换为左边的类型。这种转换是截断型的转换，不会四舍五入。

C 语言这种赋值时的类型转换形式体现了 C 语言灵活性的特点，但初学者需注意这个问题。

2．强制转换

强制转换是通过类型转换运算来实现，在需要强制转换类型的变量或常量前面加上（类型说明符）。

一般形式：

　　　　（类型说明符）表达式

功能：把表达式的结果强制转换为类型说明符所指定的类型。

例如：假设 a，b，x 和 y 均为 double 类型变量，则

```
(int)a            //将 a 的结果强制转换为整型量。
(int)(x+y)        //将 x+y 的结果强制转换为整型量。
(float)a+b        //将 a 的内容强制转换为浮点数，再与 b 相加。
```

■ 类型说明和表达式都需要加括号（单个变量可以不加括号）。

■ 对变量而言，无论隐式转换还是强制转换都只是临时改变单次运算结果的值，并不改变变量的类型，也不改变变量值。

■ 强制转换的优缺点正好与自动类型转换相反，强制转换需要手动指定一个准确的数据类型；但程序的可读性、可移植性增强，排错相对容易。

【例 5-9】 隐式类型转换。

```
1   #include <stdio.h>
2   int main()
3   {
4       unsigned short a,b;
5       short  i,j;
6       a=65535;
7       i=-1;
8       j=a;
9       b=i;
10      printf("(unsigned)%u→(int)%d\n",a,j);
11      printf("(int)%d→(unsigned)%u\n",i,b);
12      return 0;
13  }
```

程序运行结果如下：

```
(unsigned)65535→(int)65535
(int)-1→(unsigned)65535
```

【例 5-10】 强制类型转换。

```
1   #include <stdio.h>
2   int main()
```

```
3    {
4        float f=5.75;                         //声明部分,定义变量
5        printf("(int)f=%d\n",(int)f);          //将 f 的结果强制转换为整型
6        printf("f=%f\n",f);                    //输出 f 的值
7        return 0;
8    }                                          //main 函数体结束
```

程序运行结果如下:

```
(int)f=5
f=5.750000
```

## 本章小结

本章介绍了 C 语言程序的基本构成和格式,标识符、常量和变量,基本数据类型、运算符与表达式等。重点介绍了常见的数据类型的计算机表示形式,自增自减运算以及运算赋值时的数据类型转换。

## 习题 5

**填空题**

1. 设有语句 int  a=3; ,则执行语句 a+=a-=a*a; 以后变量 a 的值是_____。

2. 在 C 语言中,要求运算数必须是整数的运算符是_____。

3. 以下程序的输出结果是_____。

```
1    #include <stdio.h>
2    void main()
3    {
4        int   i=010 ,j=10;
5        printf("%d,%d\n",++i,j--);
6    }
```

4. 下面程序的输出结果是_____。

```
1    #include <stdio.h>
2    void main()
3    {
4        unsigned   a=32768;
5        printf("a=%d\n",a);
6    }
```

5. 设 X,Y,Z 和 K 是 int 型变量,则执行表达式 X=(Y=4,Z=16,K=32) 后,X

的值为_____。

6. 若有定义变量：int  K=7,X=12；  ，则表达式 (X%=K)-(K%=5) 的值是_____。

7. 以下程序的输出结果是_____。

```
1  #include <stdio. h>
2  void main()
3  {
4    int  a=12，b=12；
5    printf("%d   %d\n"，--a，++b)；
6  }
```

8. 若有以下程序段,其输出结果是_____。

```
1  int  a=0,b=0,c=0;
2  c=(c-=a-5),(a=b,b+3);
3  printf("%d, %d, %d\n", a, b, c);
```

9. 当运行以下程序时,在键盘上从第一列开始输入：9876543210↙,则程序的输出结果是_____ 。

```
1  #include <stdio. h>
2  void main()
3  {
4    int a；  float b，c；
5    scanf("%2d%3f%4f"，&a，&b，&c)；
6    printf("\na=%d, b=%f, c=%f\n"，a，b，c)；
7  }
```

10. 下列程序的输出结果是_____。

```
1  #include <stdio. h>
2  void main()
3  {
4    double d=3.2；
5    int x,y；
6    x=1.2；y=(x+3.8)/5.0；
7    printf("%d \n"，d*y)；
8  }
```

# 第 6 章　顺序结构程序设计

上一章介绍了编程中用到的一些基本要素：常量、变量、运算符、表达式等，它们是构成程序的基本成分。

C 语言是一种结构化语言，它采用结构化程序设计的方法，要求程序设计者按照一定的结构形式来设计和编写程序，要求符合 C 语言的语法规范，不能随心所欲。这种结构化程序是由顺序结构、分支结构和循环结构 3 种基本结构组成的。用这种方法编写出来的程序结构清晰，容易阅读和理解，且便于检查、修改、验证和维护。从本章开始依次介绍这 3 种基本结构。

## 6.1　顺序结构概述

顺序结构的程序设计，是一种最简单的结构化程序结构，只要按照解决问题的顺序写出相应的语句就行，它的执行顺序是自上而下，依次执行，即先执行 A，再执行 B，其流程如图 6-1 所示。这是一般程序都包含的结构。当然在程序中还需要实现数据的输入输出操作，以便计算机接收外部数据进行处理和将结果输出，下面将介绍在 C 语言中如何实现输入输出操作。

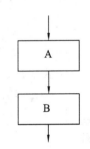

图 6-1　顺序结构流程图

## 6.2　数据输出

所谓数据输出，是指把数据从计算机内部送到计算机外部设备上的操作。例如，把计算机内的运算结果显示在屏幕上，或者送到磁盘上保存起来，或者打印出来等。与此过程相反，数据输入则是指从计算机外部设备将数据送入计算机内部的操作。例如，从终端键盘上读入数据等。

C 语言本身没有专门的输入输出语句，但可以通过调用 C 语言的标准库函数中提供的丰富的输入和输出函数来实现数据的输入和输出操作。在 Visual C++6.0 环境下调用输入和输出库函数之前，要求在源程序中书写包含头文件 stdio.h 的命令行：

```
#include <stdio.h>
```

本节将介绍两个基本的常用输出函数：格式输出函数 printf() 和字符输出函数 putchar()。在输入输出数据时需要告诉程序 3 种信息：一是输入输出哪些数据；二是用何种格式输入输出；三是从什么设备上输入输出。输入输出函数也是从这 3 个方面来定义的。

### 6.2.1 printf 函数的一般调用形式

printf 函数是 C 语言提供的标准输出函数之一,用于实现在标准输出设备(即显示器)上按指定的格式进行数据输出。printf 函数的调用形式如下:

printf(格式控制,输出项 1,输出项 2,…)

其中,"格式控制"是字符串形式,所以也称为格式控制字符串。

【例 6-1】

```
int a=-1,b=2;
printf("a=%d,b=%d", a,b);
```

以上输出语句中,printf 是函数名,"a=%d,b=%d"为输出格式控制,决定了输出数据的内容和格式。后面 a,b 为 2 个输出项,是 printf 函数欲输出的数据,实现将 a 和 b 的值在屏幕上输出,运行结果如下:

```
a=-1,b=2
```

### 6.2.2 printf 函数中常用的格式说明

在 printf 函数中,用双引号括起来的格式控制字符串中包含 2 种字符:

(1)一种是格式说明字符(如例 6-2 中第 4 行带波纹线部分),它们都必须用"%"开头、以一个格式字符结束,在此之间可以根据需要插入"宽度说明"、左对齐符号"−"、前导零符号"0"等,起到控制相应输出项的输出格式的作用;

(2)另一种是普通字符(如例 6-2 中第 4 行带下划线部分),按原样输出。

【例 6-2】

```
1    void main( )
2    {
3        int a=10,b=20,sum=a+b;
4        printf("两者之和 a+b=%d", sum);
5    }
```

程序运行结果如下:

```
两者之和a+b=30
```

printf 的格式控制的完整格式:

% −0 m.n l 或 h 格式字符

下面对组成格式说明的各项加以说明:

(1)% :表示格式说明的起始符号,不可缺少。

(2)− :表示左对齐输出,如省略则表示右对齐输出。

(3)0:表示指定空位填 0,如省略则表示指定空位不填。

(4)m.n:m 指域宽,即对应的输出项在输出设备上所占的字符数。n 指精度,用于说明输出的实型数的小数位数。没有指定 n 时,隐含的精度为 n=6 位。

（5）l或h：对于整型l表示long型，对于实型l表示double型；h用于将整型的格式字符修正为short型。

（6）格式字符：格式字符用以指定输出项的数据类型和输出格式。可用以下几种形式：

① d格式：用来输出十进制整数。有以下几种用法：

%d：按整型数据的实际长度输出。

%md：m为指定的输出字段的宽度。如果数据的位数小于m，则左端补以空格，若大于m，则按实际位数输出。

%ld：输出长整型数据。

② o格式：以无符号八进制形式输出整数。对长整型可以用"%lo"格式输出。同样也可以指定字段宽度用"%mo"格式输出。

【例6-3】 阅读以下程序分析运行结果。

```
1    void main( )
2    {
3        int a=-1;
4        printf("%d, %o", a, a);
5    }
```

程序运行结果如下：

```
-1, 37777777777
```

【程序分析】 -1在内存单元中（以补码形式存放）为(1111 1111 1111 1111 1111 1111 1111 1111)₂，转换为八进制数为(377 7777 7777)₈，所以以上程序按%o格式输出时则为37777777777。

③ x格式：以无符号十六进制形式输出整数。对长整型可以用"%lx"格式输出。同样也可以指定字段宽度用"%mx"格式输出。

④ u格式：以无符号十进制形式输出整数。对长整型可以用"%lu"格式输出。同样也可以指定字段宽度用"%mu"格式输出。

⑤ c格式：输出一个字符。

⑥ s格式：用来输出一个串。可用以下几种形式：

%s：输出一个字符串。

【例6-4】

```
    printf("%s\n","CHINA");        // 输出字符串"CHINA"(不包括双引号)
```

程序运行结果如下：

```
CHINA
```

%ms：输出的字符串占m列，如字符串本身长度大于m，则突破m的限制，将字符串全部输出。若串长小于m，则左补空格。

%-ms：如果串长小于m，则在m列范围内，字符串向左靠，右补空格。

%m.ns：输出占m列，但只取字符串中左端n个字符。这n个字符输出在m列的右侧,左补空格。

%-m.ns:其中 m,n 含义同上,n 个字符输出在 m 列范围的左侧,右补空格。如果 n>m,则自动取 n 值,即保证 n 个字符正常输出。

⑦ f 格式:用来输出实数(包括单、双精度),以小数形式输出。可用以下几种形式:

%f:不指定宽度,整数部分全部输出并输出 6 位小数。

%m.nf:输出共占 m 列,其中有 n 位小数,如数值宽度小于 m,则左端补空格。

%-m.nf:输出共占 m 列,其中有 n 位小数,如数值宽度小于 m,则右端补空格。

**【注意】** 输出实数时,其数据的实际精度并不完全取决于格式控制中的域宽和小数的域宽,而是取决于数据在计算机内的存储精度。通常系统只能保证 float 类型有 7 位有效数字,double 类型有 15 位有效数字。

因此,若程序中指定的域宽和小数的域宽超过相应类型数据的有效数字,输出的多余数字是没有意义的,只是系统用来填充域宽而已。对于单精度数,使用%f 格式符输出时,仅前 7 位是有效数字,小数 6 位。对于双精度数,使用%lf 格式符输出时,前 16 位是有效数字,小数 6 位。

⑧ e 格式:以指数形式输出实数。可用以下几种形式:

%e:数字部分(又称尾数)输出 6 位小数,指数部分占 5 位,其中小数点占一位。且小数点前必须有且只有 1 位非零数字。

%m.ne 和%-m.ne:m,n 和"-"字符含义与前相同。此处 n 指数据的数字部分的小数位数,m 表示整个输出数据所占的宽度。

⑨ g 格式:自动选 f 格式或 e 格式中较短的一种输出,且不输出无意义的零。

另外,如果想输出字符"%",则应该在"格式控制"字符串中用连续两个%表示。

**【例 6-5】**

```
printf("%f%%\n",1.0/3);          // 输出 0.333333%
```

程序运行结果如下:

```
0.333333%
```

### 6.2.3  使用 printf 函数时的注意事项

在程序中使用 printf 函数时应该注意以下几个事项:

(1) printf 的输出格式为自由格式,是否在两个数之间留逗号、空格或回车,完全取决于格式控制。如果不注意,很容易造成数字连在一起,使得输出结果没有意义。

**【例 6-6】**

```
1    void main( )
2    {
3        int k=1234; double f=123.456;
4        printf("%d%d%.3f \n",k,k,f);
5    }
```

程序运行结果如下:

72

```
1234123.456
```

由第 4 行语句的输出结果可以看出,无法分辨其中的数字含义。而如果将第 4 行语句改为:

```
printf("%d %d %.3f\n",k,k,f);
```

则其运行结果是:

```
1234 1234 123.456
```

即在相邻数之间加了空格,使结果分开显示,当然也可加其他字符(如分号等)。

(2) 格式控制中必须含有与输出项一一对应的输出格式说明,类型必须匹配。若格式说明与输出项的类型不一一对应匹配,则不能正确输出,而且编译时不会报错。若格式说明个数少于输出项个数,则多余的输出项不予输出;若格式说明个数多于输出项个数,则将输出一些毫无意义的数字乱码。

(3) 在格式控制中除了前面要求的输出格式外,还可以包含任意的合法字符(包括汉字和转义符),这些普通字符输出时将"原样"输出。此外,还可利用'\n'(回车)等一些转义符控制输出格式。

(4) printf 函数有返回值,返回值是本次调用输出字符的个数,包括回车等控制符。

考虑 C 语言学习的侧重点和篇幅限制,printf 函数的其他详细、完整格式(如输出数据时的域宽可以改变等)可参考 C 语言手册和集成环境中的开发文档等。

### 6.2.4 使用 putchar 函数输出字符

putchar 函数是 C 语言提供的标准输出函数之一,实现在标准终端输出设备(即显示器)上输出字符。putchar 函数的调用形式如下:

```
putchar(字符变量或常量)
```

【例 6-7】

```
1   void main( )
2   {
3       char ch='a';
4       putchar('A');           //输出大写字母 A
5       putchar(ch);            //输出字符变量 ch 的值
6       putchar('\101');        //也是输出字符 A
7       putchar('\n');          //换行
8   }
```

程序运行结果如下:

```
AaA
Press any key to continue
```

【注意】 对于控制字符(如例 6-7 中的换行字符'\n'),则仅执行其控制功能(如换行),并不在屏幕上显示其字符。

## 6.3 数据输入

scanf 函数是 C 语言提供的标准输入函数之一,通过该函数实现从终端键盘上读入数据的功能。

### 6.3.1 scanf 函数的一般调用形式

scanf 函数的一般调用形式如下:

scanf(格式控制,输入项 1,输入项 2,…)

【例 6-8】

```
1  void main( )
2  {
3      int x; float y; double z;
4      scanf("%d%f%lf",&x,&y,&z);              //通过键盘输入 x,y,z 值
5      printf("x=%d, y=%f, z=%lf \n",x,y,z);//在显示器上输出 x,y,z 值
6  }
```

从键盘输入如下:

```
1 2.3 4.5
```

相应程序输出如下:

```
x=1, y=2.300000, z=4.500000
```

【程序分析】 例 6-8 中第 4 行通过 scanf 函数分别输入变量 x,y,z 的值。其中 scanf 是函数名,双引号括起来的字符串部分为格式控制部分,其后的 &x,&y,&z 为输入项。

格式控制的主要作用是指定输入时的数据转换格式,即格式转换说明。scanf 的格式转换说明与 printf 类似,也是由"%"开始,其后是格式字符。scanf 函数格式控制的%d,%f(或%e),%lf(或%le)分别用于 int,float 和 double 型数据的输入。

输入项之间用逗号隔开。对于 int,float 和 double 型变量,在变量之前必须加 & 符号作为输入项(& 是 C 语言中的求地址运算符,输入项必须是地址表达式)。

### 6.3.2 scanf 函数中常用的格式说明

每个格式说明都必须用"%"开头,以一个"格式字符"作为结束。通常允许用于输入的格式字符及其对应的功能,与 printf 函数中的格式声明相似,但有以下几点需要注意:

(1) 在格式串中必须含有与输入项一一对应的格式转换说明符。若格式说明与输入项的类型不一一对应匹配,则不能正确输入,且编译时不会报错。若格式说明个数少于输入项个数,scanf 函数结束输入,则多余的输入项将无法得到正确的输入值;若格式转换说明个数多于输入项个数,scanf 函数也结束输入,多余的数据作废,不会作为下一

个输入语句的数据。

（2）在 Visual C++6.0 环境下，输入 short 型整数时，格式控制要求用％hd，输入 double 型数据时，格式控制必须用％lf（或％le）；否则数据不能正确输入。

（3）在 scanf 函数的格式字符前可以加入一个正整数指定输入数据所占的宽度，但不可以对实数指定小数位的宽度。

（4）scanf 函数有返回值，其值就是本次 scanf 调用正确输入的数据项的个数。

### 6.3.3　使用 scanf 函数从键盘输入数据

当用 scanf 函数从键盘输入数据时，每行数据在未按下回车键（Enter 键）之前，可以任意修改。但按下回车键后，scanf 函数即接收了这一行数据，不能再修改。对此类输入，需作如下两方面的说明。

1. 输入数值数据

在输入整数或实数数值型数据时，输入的数据之间必须用空格、回车符或制表符（Tab 键）等默认间隔符隔开，间隔符个数不限。即使在格式说明中人为指定了输入宽度，也可以用此方式输入。

例如：在例 6-8 中，若要给 x 赋值 10，y 赋值 12.3，z 赋值 1234567.89，输入格式可以是：

$$10\sqcup\sqcup12.3\sqcup\sqcup1234567.89\swarrow$$

也可以是：

$$10\swarrow$$

$$12.3\swarrow$$

$$1234567.89\swarrow$$

在输入整数或实数等数值型数据时，输入的数据之间也可以在格式符中指定其他分隔符（如逗号、冒号等）。例如，例 6-8 中的输入语句（第 4 行）可以如下：

```
scanf("%d,%f,%lf ",&x,&y,&z);
```

则输入格式应在每个输入数据之间用指定分隔符（如逗号）分开：

$$10,12.3,1234567.89\swarrow$$

2. 指定输入数据所占的宽度

可以在格式字符前加入一个正整数指定输入数据所占的宽度。例如，例 6-8 中的输入语句（第 4 行）可改为：

```
scanf("%3d%5f%5lf ",&x,&y,&z);
```

若从键盘上从第 1 列开始输入，例如上例输入改为：

$$123456.789.123\swarrow$$

其输出的结果是：

```
x=123, y=456.700012, z=89.120000
```

【程序分析】　（1）由于格式控制是％3d，故把输入数字串的前三位 123 赋值给了 x；

（2）由于对应于变量 y 的格式控制是％5f，故把输入数字串中随后的 5 位数（包括小数点)456.7 赋值给了 y；

(3) 由于格式控制是%5lf,故把数字串中随后的 5 位(包括小数点)89.12 赋值给了 z。

由以上示例可知,在 scanf 函数格式字符中指定输入数据所占宽度的情况下,数字之间不需要间隔符;若插入了间隔符,系统也将按指定的宽度来读取数据,从而会引起输入混乱。除非数字是"粘连"在一起,否则不提倡指定输入数据所占的宽度。

### 6.3.4 使用 getchar 函数从键盘输入数据

getchar 函数也是 C 语言提供的标准输入函数之一,通过该函数实现从终端键盘读字符的功能。getchar 函数的调用形式如下：

```
getchar()
```

getchar 函数有一个 int 型的返回值。当程序调用 getchar 函数时,程序就等待用户按键,用户输入的字符被存放在键盘缓冲区中,直到用户按回车为止(回车字符也放在缓冲区中)。当用户键入回车之后,getchar 函数才开始从键盘缓冲区中每次读入一个字符。getchar函数的返回值是用户输入的第一个字符的 ASCII 码,如出错则返回—1,且将用户输入的字符回显到屏幕。若用户在按回车之前输入多于一个字符,其他字符会保留在键盘缓冲区中,等待后续 getchar 函数调用读取。也就是说,后续的 getchar函数调用不会等待用户按键,而直接读取缓冲区中的字符,直到缓冲区中的字符读完为止,才等待用户按键。

## 6.4 综合程序举例

下面举一个典型的应用例子,使用有格式输入输出功能编写输入输出数据整齐划一的 C 程序。

【例 6-9】 表 6-1 是 1998 年主要气象站汛期雨量统计表：

表 6-1 1998 年主要气象站汛期雨量统计表

| 站　名 | 汛期各月雨量(毫米) | | | | |
| --- | --- | --- | --- | --- | --- |
| | 5 月 | 6 月 | 7 月 | 8 月 | 9 月 |
| 江阴气象站 | 76.8 | 176.5 | 308.1 | 41.0 | 69.6 |
| 定波闸气象站 | 71.5 | 208.5 | 352.1 | 47.2 | 62.6 |
| 肖山气象站 | 65.5 | 200.0 | 239.7 | 44.3 | 63.0 |

输入 3 个气象站 5 个月(汛期)雨量数据,统计每个气象站的总雨量和平均雨量,计算 5 月、6 月、7 月、8 月和 9 月的平均雨量,输出每个气象站每个月的雨量、总雨量和平均雨量。

要求按以下格式输入雨量数据：

|  | 5 月 | 6 月 | 7 月 | 8 月 | 9 月 |
|---|---|---|---|---|---|
| 输入江阴气象站五个月的雨量: | 76.8 | 176.5 | 308.1 | 41.0 | 69.6 |
| 输入定波闸气象站五个月的雨量: | 71.5 | 208.5 | 352.1 | 47.2 | 62.6 |
| 输入肖山气象站五个月的雨量: | 65.5 | 200.0 | 239.7 | 44.3 | 63.0 |

要求按以下格式输出有关数据:

|  | 5 月 | 6 月 | 7 月 | 8 月 | 9 月 | 总雨量 | 平均雨量 |
|---|---|---|---|---|---|---|---|
| 江阴气象站五个月的雨量: | 76.8 | 176.5 | 308.1 | 41.0 | 69.6 | 672.0 | 134.4 |
| 定波闸气象站五个月的雨量: | 71.5 | 208.5 | 352.1 | 47.2 | 62.6 | 741.9 | 148.4 |
| 肖山气象站五个月的雨量: | 65.5 | 200.0 | 239.7 | 44.3 | 63.0 | 612.5 | 122.5 |

**【问题分析】**　根据题意,需要使用 21 个实型变量。设:

$r11, r12, r13, r14, r15, total1, av1$ 分别存放江阴气象站 5 个月的雨量、总雨量和平均雨量。

$r21, r22, r23, r24, r25, total2, av2$ 分别存放定波闸气象站 5 个月的雨量、总雨量和平均雨量。

$r31, r32, r33, r34, r35, total3, av3$ 分别存放肖山气象站 5 个月的雨量、总雨量和平均雨量。

编写程序如下:

```
1   #include<stdio.h>
2   void main()
3   {
4     float r11,r12,r13,r14,r15,total1,av1;
5     float r21,r22,r23,r24,r25,total2,av2;
6     float r31,r32,r33,r34,r35,total3,av3;
7     printf("\t\t\t    5 月   6 月   7 月   8 月    9 月\n");
8     printf("输入江阴气象站五个月的雨量:");
9     scanf("%f%f%f%f%f ",&r11,&r12,&r13,&r14,&r15);
10    printf("输入定波闸气象站五个月的雨量:");
11    scanf("%f%f%f%f%f",&r21,&r22,&r23,&r24,&r25);
12    printf("输入肖山气象站五个月的雨量:");
13    scanf("%f%f%f%f%f",&r31,&r32,&r33,&r34,&r35);
14    total1=r11+r12+r13+r14+r15;
15    av1=total1/5;
16    total2=r21+r22+r23+r24+r25;
17    av2=total2/5;
18    total3=r31+r32+r33+r34+r35;
19    av3=total3/5;
20    printf("           5 月 6 月 7 月 8 月 9 月 总雨量 平均雨量\n");
```

```
21    printf("江阴气象站:       %.1f  %.1f  %.1f  %.1f  %.1f  %.1f
22    %.1f \n",r11,r12,r13,r14,r15,total1,av1);
23    printf("定波闸气象站:     %.1f  %.1f  %.1f  %.1f  %.1f  %.1f
24    %.1f \n",r21,r22,r23,r24,r25,total2,av2);
25    printf("肖山气象站:       %.1f  %.1f  %.1f  %.1f  %.1f  %.1f
26    %.1f \n",r31,r32,r33,r34,r35,total3,av3);
27  }
```

程序运行结果如下:

```
                    5月     6月     7月     8月     9月
输入江阴气象站五个月的雨量:   76.8   176.5   308.1   41.0   69.6
输入定波闸气象站五个月的雨量: 71.5   208.5   352.1   47.2   62.6
输入肖山气象站五个月的雨量:   65.5   200.0   239.7   44.3   63.0
                    5月     6月     7月     8月     9月    总雨量   平均雨量
江阴气象站:  76.8   176.5   308.1   41.0   69.6   672.0   134.4
定波闸气象站: 71.5   208.5   352.1   47.2   62.6   741.9   148.4
肖山气象站:  65.5   200.0   239.7   44.3   63.0   612.5   122.5
```

【程序分析】 由该程序可进一步体会计算机解决问题的环节:输入—处理—输出,理解顺序结构。该程序所处理的数据是在程序运行中从输入设备读取的,处理后再通过输出设备输出结果。

## 本章小结

结构化程序是由顺序、选择和循环3种基本结构组成的,其中顺序结构是最简单的一种,它按语句的先后顺序依次执行。本章主要介绍顺序结构,其中需要用到数据的输入输出操作,然后介绍几种常见的输入输出函数:格式输入输出函数和字符输入输出函数,从而实现数据的输入输出任务。最后给出了一个综合实例说明顺序结构。

在二级等级考试中,本章主要出题方向及考查点如下:

(1) printf 函数的格式考查:

① %d 对应整型;%c 对应字符;%f 对应单精度等。宽度及对齐等修饰。

② %ld 对应 long int;%lf 对应 double。

(2) scanf 函数的格式考查:

① 注意格式控制符(o,d,x,c)

② 几点注意:scanf 没有精度控制;要求给出变量地址;输入多个数据的处理。

(3) putchar 和 getchar 函数的考查:

① char a=getchar()是没有参数的,从键盘得到你输入的一个字符给变量a。

② putchar('y')把字符 y 输出到屏幕中。

## 习 题 6

**一、选择题**

1. 以下程序的输出结果是_____。

```
1   void main()
2   {
3     int i=010, j=10;
4     printf("%d,%d\n", ++i, j--);
5   }
```

　　A. 11,10　　　　　　B. 9,10　　　　　　C. 010,9　　　　　D. 10,9

2. 若 int 类型占两个字节,下面程序的输出结果是_____。

```
1   void main()
2   {
3     unsigned a=32768;
4     printf("a=%d\n",a);
5   }
```

　　A. a=32768　　　B. 32767　　　　　C. a=-32768　　　D. a=-1

3. 以下叙述中正确的是_____。

　　A. 输入项可以是一个实型常量,例如scanf("%f", 3.5);

　　B. 只有格式控制,没有输入项,也能正确输入数据到内存。例如scanf("a=%d, b=%d");

　　C. 当输入一个实型数据时,格式控制部分可以规定小数点后的位数,例如 scanf("%7.2f",&f);

　　D. 当输入数据时,必须指明变量的地址,例如scanf("%f",&f);

4. 当运行以下程序时,在键盘上从第一列开始输入 9876543210↙,则程序的输出结果是_____。

```
1   void main()
2   {
3     int a;   float b,c;
4     scanf("%2d%3f%4f ",&a,&b,&c);
5     printf("\na=%d,b=%f,c=%f \n",a,b,c);
6   }
```

　　A. a=98,b=765,c=4321

　　B. a=10,b=432,c=8765

　　C. a=98,b=765.000000,c=4321.000000

D. a＝98,b＝765,c＝4321.0

5. 若 int 类型占两个字节,则以下程序段的输出结果是_____。

```
1   void main()
2   {
3     int  a=-1;
4     printf("%d,%u\n",a,a);
5   }
```

    A. －1,1        B. －1,32767      C. －1,32768    D. －1,65535

6. 以下程序段的输出结果是_____。

```
1   void main()
2   {
3     int a=2,b=5;
4     printf("a=%%%d,b=%%%d\n",a,b);
5   }
```

    A. a＝%2,b＝%5               B. a＝2,b＝5
    C. a＝%%d,b＝%%d           D. a＝%d,b＝%d

7. x,y,z 被定义为 int 型变量,若从键盘给 x,y,z 输入数据,正确的输入语句是_____。

    A. INPUT x,y,z;              B. scanf("%d%d%d",&x,&y,&z);
    C. scanf("%d%d%d",x,y,z);      D. read("%d%d%d",&x,&y,&z);

**二、编程题**

1. 若 a＝3,b＝4,c＝5,x＝1.2,y＝2.4,z＝－3.6,c＝'a'。若想得到以下的输出格式和结果,请写出程序。

```
a=3, b=4, c=5
x=1.20,y=2.400,z=-3.6
x+y=3.60, y+z=-1.20, z+x=-2.40
c='a' or 97
```

2. 输入一个华氏温度100°,要求输出摄氏温度(公式为 $c=\frac{5}{9}(F-32)$,输出要有文字说明,取1位小数)。

3. 从键盘输入一个二位正整数 n,输出它的十位数 x,以及各位数字之和 sum。

4. 从键盘输入一个正方形的边长 a,求该正方形面积并输出。

5. 从键盘为两个整型变量 a 和 b 输入任意值,实现将两个变量的值交换并输出。

6. 编程实现求银行利息:假设年利率为 6.25%,m 元人民币存一年,到期后领取的总金额是多少?可得利息多少?

# 第7章 分支结构程序设计

## 7.1 分支结构概述

C语言提供了可以进行逻辑判断的若干选择语句,由这些选择语句可构成程序中的分支结构,即根据给定条件是否成立而决定执行不同步骤的算法结构。本章将详细介绍如何在C程序中实现分支结构,它的基本模式分为两种:双分支结构和单分支结构(如图7-1和图7-2所示),执行到分支结构时将在两条可能的路径中,根据条件是否成立而选择其中一条执行。

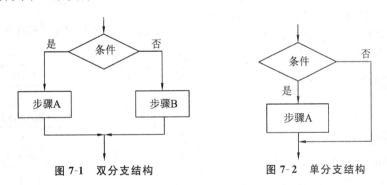

图 7-1 双分支结构          图 7-2 单分支结构

在双分支结构中,对应条件判断的"是"与"否",其结果左右分列;在单分支结构中,条件判断成立时往下执行预定步骤,否则跳过预定步骤。无论是双分支结构还是单分支结构,它们都一定有判断框和汇聚点,判断框是分支结构的开始,汇聚点是分支结构的结束。判断框有一个入口,两个出口,而分支结构只有一个入口(即判断框的入口)和一个出口(即汇聚点的出口)。

## 7.2 if 语句

C语言的 if 语句有以下两种基本形式:

(1) if(表达式) 语句          /* 不含 else 子句的 if 语句 */

(2) if(表达式) 语句 1          /* 含 else 子句的 if 语句 */

　　else 语句 2

### 7.2.1 if 语句

**1. 语句形式**

> if(表达式)　语句

例如：

> if(a<b) { t=a; a=b; b=t; }

其中,if 是关键字,在其后圆括号中的表达式可以是 C 语言中任意合法的表达式。表达式之后只能是一条语句,称为 if 子句。如果该子句中含有多条(两条及以上)语句,则必须使用复合语句,即用花括号把一组语句括起来,因为复合语句可以看成是"一条语句"。

**2. if 语句的执行过程**

if 语句的执行过程如图 7-3 所示。执行 if 语句时,首先计算紧跟在 if 后面一对圆括号中的表达式的值。如果表达式的值为非零("真",即为 1),则执行其后的 if 子句,然后执行 if 语句后的下一条语句;如果表达式的值为零("假",即为 0),则跳过 if 子句,直接执行 if 语句后的下一条语句。

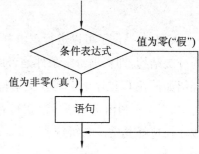

图 7-3　if 语句的执行过程

【例 7-1】 输入两个数,分别放入 x 和 y 中,要求输出其中的大数。

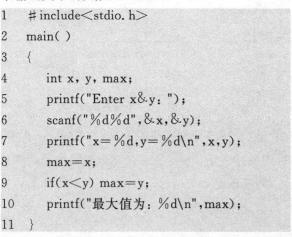

```
1    #include<stdio. h>
2    main( )
3    {
4        int x, y, max;
5        printf("Enter x&y: ");
6        scanf("%d%d",&x,&y);
7        printf("x=%d,y=%d\n",x,y);
8        max=x;
9        if(x<y) max=y;
10       printf("最大值为: %d\n",max);
11   }
```

例 7-1 是一个 if 语句的简单应用,其流程图如图 7-4 所示。

(1) 当执行完第 5 行 printf 语句,在屏幕上显示提示信息：Enter x & y:,之后 scanf 语句等待用户给变量 x,y 输入两个整数,然后把输入的两个数显示在屏幕上。

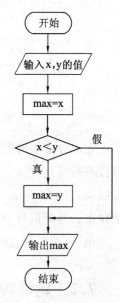

图 7-4　例 7-1 流程图

(2) 执行第 8 行,为 max 赋初值为 x,接下来执行 if 语句,计算表达式 x<y 的值。如果 x 小于 y,表达式的值为 1,则令 max 值为 y;如果 x 大于或等于 y,表达式的值为 0,则跳过此输出语句继续执行下面的语句,即调用 printf 函数,输出 max 的值,程序结束。

程序运行结果如下：

```
Enter x&y:  100    32
x=100,y=32
最大值为:100
```

【程序分析】　以上程序求两个数的最大值,那么求 3 个数或更多数的最大值呢?此时也可以用此类方法即打擂法:先找出任一人站在台上,第 2 人上去与之比武,胜者留在台上;第 3 人与台上的人比武,胜者留在台上,败者下台;以后每一个人都是与当时留在台上的人比武,直到所有人都上台比为止,最后留在台上的是冠军。此处 max 中的值为擂主。

【例 7-2】　输入 3 个整数,分别放在变量 a,b 和 c 中,然后把输入的数据重新按由小到大的顺序放在变量 a,b 和 c 中,最后输出 a,b 和 c 中的值。

【问题分析】　先将 a 和 b 进行比较,若 a＞b,则将 a 与 b 进行值交换,使得 a 值为 a和 b 中的较小值;接着将 a 和 c 进行比较,若 a＞c,则将 a 与 c 进行值交换,此时使得 a 值为 a,b 和 c 中的最小值;最后将 b 和 c 进行比较,若 b＞c,则将 b 与 c 进行值交换,此时使得 b 值为 b 和 c 中的较小值,且 c 值为最大值。其流程图见图 7-5。

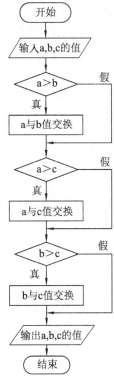

图 7-5　例 7-2 流程图

参考流程图,将其转换成程序如下:

```
1   #include<stdio.h>
2   main( )
3   {
4       int a, b, c, t;
5       printf("input a,b,c;");
```

```
6       scanf("%d%d%d",&a,&b,&c);
7       printf("a=%d,b=%d,c=%d\n",a,b,c);
8       if (a>b)              /* 如果 a 比 b 大,则进行交换,把小的数放入 a 中 */
9       { t=a; a=b; b=t; }
10      if (a>c)              /* 如果 a 比 c 大,则进行交换,把小的数放入 a 中 */
11      { t=a; a=c; c=t; }
12                           /* 此时 a,b,c 中最小的数已放入 a 中 */
13      if (b>c)              /* 如果 b 比 c 大,则进行交换,把小的数放入 b 中 */
14      { t=b; b=c; c=t; }
15                           /* 此时 a,b,c 中的数按由小到大顺序放好 */
16      printf("%d,%d,%d\n",a,b,c);
17   }
```

程序运行结果如下:

```
input a,b,c:  21 45 12
a=21,b=45,c=12
12,21,45
```

以上程序无论给 a,b 和 c 输入什么数,最后总是把最小数放在 a 中,把最大数放在 c 中。当然,此题也可稍作变化,例如不改变输入 a,b,c 的值,而通过改变输出 a,b,c 的顺序来实现对输入数据的有序输出。请读者自行考虑,并编程实现。

### 7.2.2 if…else 语句

1. 语句形式

```
if(表达式)  语句 1
else   语句 2
```

例如:

```
if(a!=0)   printf("a!=0\n");
else   printf("a==0\n");
```

在这里,if 和 else 是 C 语言的关键字。"语句 1"称为 if 子句,"语句 2"称为 else 子句,这些子句只允许为一条语句。若需要多条语句,则应该使用复合语句。

【注意】 else 不是一条独立的语句,它只是 if 语句的一部分。在程序中 else 必须与 if 配对,共同组成一条 if…else 语句。

2. if…else 语句的执行过程

if…else 的执行过程如图 7-6 所示。执行 if…else 语句时,首先计算紧跟在 if 后面一对圆括号内表达式的值。如果表达式的值为非零,执行 if 子句,然后跳过 else 子句,去执行 if 语句之后的下一条语句;如果表达式的值为零,跳过 if 子句,去执行 else 子句,执行完之后接着去执行 if 语句之后的下一条语句。

【例 7-3】 输入一个数,判别它是否能被 3 整

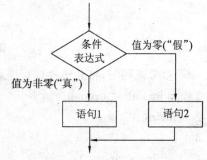

图 7-6  if…else 语句的执行过程

除。若能被 3 整除,输出 YES;不能被 3 整除,输出 NO。

参考例 7-3 的流程图(如图 7-7 所示),将其转换为如下程序:

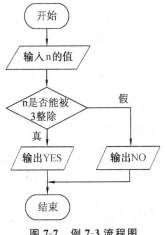

图 7-7　例 7-3 流程图

```
1    #include<stdio.h>
2    main()
3    {
4        int n;
5        printf("input n:");
6        scanf("%d",&n);
7        if(n%3==0)                           /*判断 n 能否被 3 整除*/
8            printf("n==%d YES\n",n);
9        else
10           printf("n==%d NO\n",n);
11   }
```

程序的两种运行结果如下:

```
input n: 6
n==6 YES
```

```
input n: 11
n==11 NO
```

## 7.3　多分支结构

分支结构在现实生活中处处可见。例如,某班级学生上完体育课,如果是上午最后一节,下课后去食堂吃饭,否则进教室上课。其流程如图 7-8 所示,显而易见,这是一个多分支结构。

### 7.3.1　嵌套的 if 语句

if 子句和 else 子句中可以是任意合法的 C 语句,因此当然也可以是 if 语句,通常称此为嵌套的 if 语句。内嵌的 if 语句既可以嵌套在 if 子句中,也可以嵌套在 else 子句中。具体形式有以下几种：

1. 在 if 子句中嵌套具有 else 子句的 if 语句

语句形式如下：

```
if(表达式 1)
    if(表达式 2) 语句 1
    else 语句 2
else 语句 3
```

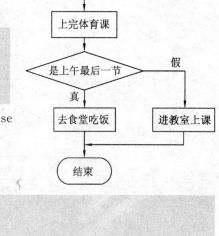

当表达式 1 的值为非 0 时,执行内嵌的 if…else 语句;当表达式 1 的值为 0 时,执行语句 3。

2. 在 if 子句中嵌套不含 else 子句的 if 语句

语句形式如下：

```
if(表达式 1)
{    if(表达式 2) 语句 1    }
else
    语句 2
```

【注意】 在 if 子句中的一对花括号不可缺少。因为 **C 语言的语法规定:else 子句总是与前面最近的不带 else 的 if 相结合,与书写格式无关。**因此,有以下关系：

当用花括号把内层 if 语句括起来后,就使得此内层 if 语句在语法上成为一条独立的语句,从而在语法上使得 else 与外层的 if 配对。

3. 在 else 子句中嵌套 if 语句

语句形式如下：

(1) 内嵌的 if 语句带有 else：

```
if(表达式 1) 语句 1
else
    if(表达式 2) 语句 2
    else 语句 3
```

(2)内嵌的 if 语句不带 else：

```
if(表达式 1) 语句 1
else
    if(表达式 2) 语句 2
```

或写成：

```
if(表达式 1) 语句 1
else if(表达式 2) 语句 2
else 语句 3
```

或写成：

```
if(表达式 1) 语句 1
else if(表达式 2) 语句 2
```

由以上两种语句形式可以看到,内嵌在 else 子句中的 if 语句无论是否有 else 子句,在语法上都不会引起误会,因此建议在设计嵌套的 if 语句时,尽量把内嵌的 if 语句嵌在 else 子句中。

在 else 子句中嵌套 if 语句可形成多层嵌套,这时形成了层次式的嵌套 if 语句,此语句可用以下语句形式表示:

```
if(表达式 1)   语句 1
else if(表达式 2)   语句 2
else if(表达式 3)   语句 3
else if(表达式 4)   语句 4
        …
else   语句 n
```

这样使程序读起来既层次分明,又不占太多的篇幅。

以上形式嵌套 if 语句执行过程如下:从上向下逐一对 if 后的表达式进行检测,当某一个表达式的值为非零时,就执行与此有关子句中的语句,层次式中的其余部分不执行,直接跳转过去;如果所有表达式的值都为零,则执行最后的 else 子句,此时如果程序中最内层的 if 语句没有 else 子句,即没有最后的那个 else 子句,那么将不进行任何操作。

【例 7-4】　编程实现以下功能:根据输入的学生成绩给出相应的等级,大于或等于 90 分以上的等级为 A,60 分以下的等级为 E,其余每 10 分为一个等级。

【问题分析】　本例是根据输入的学生成绩确定相应的等级,其处理流程见图 7-9 所示。

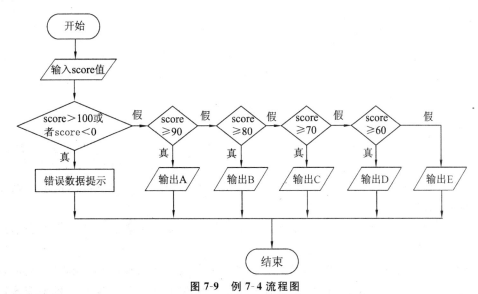

图 7-9　例 7-4 流程图

参考例 7-4 的流程图,将其转换为代码,用 if…else 语句的程序如下:

```
1    #include<stdio.h>
2    void main( )
3    {
```

87

```
4        int score;
5        printf("Enter score:");
6        scanf("%d",&score);
7        printf("score=%d:",score);
8        if(score>100||score<0) printf("Error data! \n");
9        else if(score>=90) printf("A\n");
10       else if(score>=80) printf("B\n");
11       else if(score>=70) printf("C\n");
12       else if(score>=60) printf("D\n");
13       else printf("E\n");
14   }
```

【程序分析】 当执行以上程序时,首先输入学生的成绩,然后进入 if 语句。if 语句中的表达式将依次对学生成绩进行判断,若能使某 if 后的表达式值为 1,则执行与其相应的子句,之后便退出整个 if 结构。例如,若输入的成绩为 86 分,首先输出:score=86:,当从上向下逐一检测时,使 score>=80 这一表达式的值为 1,因此在以上输出之后再输出 B,此后便退出整个 if 结构。如果输入 47 分,则首先输出:score=47:,因为所有 if 子句中的表达式的值都为 0,因此执行最后 else 子句中的语句,接着输出 E,此后退出 if 结构。

### 7.3.2 switch 语句

**1. switch 语句形式**

```
switch(表达式)
{
   case 常量表达式 1:语句 1
   case 常量表达式 2:语句 2
   ...
   case 常量表达式 n:语句 n
   default:语句 n+1
}
```

【说明】 (1) switch 是 C 语言的关键字,switch 后面用花括号括起来的部分称为 switch 语句体。

(2)紧跟在 switch 后一对圆括号中的表达式,可以是整型表达式或字符型表达式等,表达式两边的一对括号不能省略。

(3) case 也是 C 语言关键字,与其后面的常量表达式合称 case 语句标号。常量表达式的类型必须与 switch 后圆括号中的表达式类型相同,各 case 语句标号的值应该互不相同。

(4) default 也是 C 语言关键字,起标号的作用,代表所有 case 标号之外的那些标号。default 标号可以出现在语句体中任何标号位置上,在 switch 语句体中也可以没有 default 标号。

（5）case 语句标号后的语句 1、语句 2 等，可以是一条语句，也可以是若干语句。

（6）必要时，case 语句标号后的语句可以省略不写。

（7）在关键字 case 和常量表达式之间一定要有空格。

2．switch 语句执行过程

当执行 switch 语句时，首先计算紧跟其后的一对括号中的表达式的值，然后在 switch 语句体内寻找与该值吻合的 case 标号。如果有与该值相等的标号，则执行该标号后开始的各语句，包括在其后的所有 case 和 default 中的语句，直到 switch 语句体结束；如果没有与该值相等的标号，并且存在 default 标号，则从 default 标号后的语句开始执行，直到 switch 语句体结束；如果没有与该值相等的标号，同时又没有 default 标号，则跳过 switch 语句体，去执行 switch 语句之后的语句。

【例 7-5】 用 switch 语句改写例 7-4。

参考例 7-4 的流程图，可得本例的流程图，如图 7-9 所示，用 switch 语句实现的程序如下：

```
1    #include<stdio.h>
2    void main( )
3    {
4        int score;
5        printf("Enter a mark:");
6        scanf("%d",&score);                    /* score 中存放学生的成绩 */
7        printf("score=%d:",score);
8        if(score>100||score<0) printf("Error data! \n");
9        else
10       {
11       switch(score/10)
12       {
13           case 10:
14           case 9: printf("A\n");
15           case 8:printf("B\n");
16           case 7:printf("C\n");
17           case 6:printf("D\n");
18           default:printf("E\n");
19       }
20       }
21   }
```

【程序分析】 执行以上程序时，若输入了一个 73 分的学生成绩，则执行 switch 语句。首先计算 switch 之后一对括号中的表达式：73/10，它的值为 7，然后寻找与 7 吻合的 case 分支，开始执行其后的各语句。

输入：

Enter a mark：73✓

输出：

> score＝73：C
> D
> E

在输出了与73分相关的C之后，又同时输出了与73不相关的等级D和E，这显然不符合原意。为了改变这种多余输出的情况，switch 语句常需要与 break 语句配合使用。

3. 在 switch 语句体中使用 break 语句

break 为 C 语言关键字，break 语句又称间断语句。可以将 break 语句放在 case 标号之后的任何位置，通常是在 case 之后的语句最后加上 break 语句。每当执行到 break 语句时，立即跳出 switch 语句体。switch 语句通常与 break 语句联合使用（如图 7-10 所示），使得 switch 语句真正起到分支的作用。

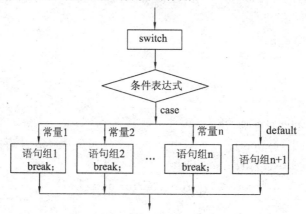

图 7-10 带 break 的 switch 结构流程图

【例 7-6】 现用 break 语句修改例 7-5 的程序。

```
1    #include<stdio.h>
2    void main()
3    {
4        int score;
5        printf("Enter a mark:");
6        scanf("%d",&score);                  /* score 中存放学生的成绩 */
7        printf("score=%d:",score);
8        if(score>100||score<0) printf("Error data!\n");
9        else
10       {
11           switch(score/10)
12           {
13               case 10:
14               case 9:printf("A\n");break;
15               case 8:printf("B\n");break;
```

```
16        case 7:printf("C\n");break;
17        case 6:printf("D\n");break;
18              default:printf("E\n");
19          }
20        }
21 }
```

【程序分析】　程序执行过程如下：

（1）当给 score 输入 100 时，switch 后一对括号中的表达式score/10 的值为 10，因此选择 case 10 分支，因为没有遇到 break 语句，所以继续执行 case 9 分支，输出score=100:A 之后，遇到 break 语句，执行 break 语句，退出 switch 语句体。由此可见，成绩90 到 100 分，执行的是同一分支。

（2）当输入成绩为 38 时，switch 后一对括号中表达式的值为 3，将选择 default 分支，在输出score=38:E 之后，退出 switch 语句体。

（3）当输入成绩为 76 时，switch 后一对括号中表达式的值为 7，因此选择 case 7 分支，在输出score=76:C 之后，执行 break 语句，退出 switch 语句体。

## 7.4　单分支结构

单分支结构是双分支结构的一种特例。例如：如果下雨，带伞后出门，否则直接出门，如图 7-11 所示。

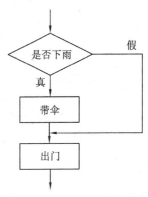

图 7-11　单分支结构的实例流程图

## 7.5　语句标号和 goto 语句

### 7.5.1　语句标号

在 C 语言中，语句标号不必特意加以定义，标号可以是任意合法的标识符，当在标识符后面加一个冒号，如flag1: 或stop0:，该标识符就成了一个语句标号。

【注意】　在 C 语言中，语句标号必须是标识符，因此不能简单地使用10:，15:等形式。标号可以和变量同名。通常标号用作 goto 语句的转向目标。例如：

    goto stop0;

在 C 语言中，可以在任何语句前加上语句标号。例如：

    stop: printf("END\n");

### 7.5.2　goto 语句

goto 语句称为无条件转向语句，goto 语句的一般形式如下：

    goto　语句标号；

goto 语句的作用是把程序的执行转向语句标号所在的位置，这个语句标号必须与此 goto 语句同在一个函数内。滥用 goto 语句将使程序的过程毫无规律,可读性差,因此应尽量不用 goto 语句。

## 7.6 综合程序举例

【例 7-7】 已知函数:

$$y = \begin{cases} x & (x<1) \\ 2x-1 & (1 \leqslant x < 10) \\ 3x-11 & (x \geqslant 10) \end{cases}$$

写一程序,输入 x 值,输出 y 值。

【问题分析】 根据题意,这是一个分段函数,由输入 x 的值,确定 y 的求解公式,从而获得 y 值。其流程图如图 7-12 所示。

参考流程图,将其转换成代码,对应程序代码如下:

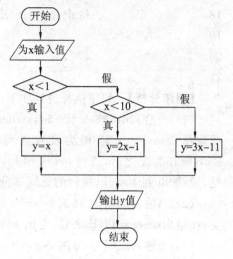

图 7-12 例 7-7 的流程图

```
1   #include<stdio.h>
2   void main()
3   {
4       int x,y;
5       printf("input x:");
6       scanf("%d",&x);
7       if(x<1)                    //当 x<1 时,求对应 y 值
8       {
9           y=x;
10          printf("x=%3d,y=x=%d\n",x,y);
11      }
12      else if(x<10)              //当 1≤x<10 时,求对应 y 值
13      {
14          y=2*x-1;
15          printf("x=%3d,y=2*x-1=%d\n",x,y);
16      }
17      else                       //当 x≥10 时,求对应 y 值
18      {
19          y=3*x-11;
20          printf("x=%3d,y=3*x-11=%d\n",x,y);
21      }
22  }
```

输入 x 的 3 个值,其对应的 3 次程序运行结果如下:

```
input x: -3
x= -3,y=x=-3
input x: 8
x=  8,y=2*x-1=15
input x: 10
x= 10,y=3*x-11=19
```

【程序分析】 对于类似求分段函数的问题,可以采用 if 语句分情况表示相应的求值公式。

 本章小结

本章主要介绍 C 语言中分支结构的控制语句:if 语句和 switch 语句的语法和用法,以及它们的嵌套使用。在二级等级考试中,本章主要出题方向及考查点如下:

(1) if 语句:

① 条件表达式通常是逻辑和关系表达式。

② 条件表达式必须用括号括起来。

③ 如果是多条语句,需加"{}"。

④ if 语句的嵌套情况要注意。else 是与最接近且没有 else 的 if 相组合的。

(2) switch 语句:

① 在 case 后不可以是变量,且各常量表达式的值不能重复。

② 在 case 后可以有多个语句,不用加"{}"。

③ 程序的执行与顺序无关,但是要注意,如果不加 break,则与顺序有关系。

④ 多个 case 可以共用一组执行语句。

 习 题 7

**一、选择题**

1. 在 if 后一对圆括号中表示 a 不等于 0 的关系,则能正确表示这一关系的表达式为 _____ 。

    A. a<>0         B. ! a         C. a=0         D. a

2. 有以下程序:

```
1   #include<stdio.h>
2   void main()
3   {
4       int a=15,b=21,m=0;
5       switch(a%3)
6       {
7           case 0:m++;break;
```

```
8          case 1:m++;
9          switch(b%2)
10         {
11           default:m++;
12           case 0:m++;break;
13         }
14       }
15    printf("%d\n",m);
16  }
```

程序运行后的输出结果是_____。

  A. 1              B. 2              C. 3              D. 4

3. 若变量已正确定义，那么以下语句段的输出结果是_____。

```
1   void main()
2   {
3      int x,y,z;
4      x=0;y=2;z=3;
5      switch(x)
6      {
7        case 0: switch(y==2)
8               {
9                    case 1: printf(" * ");break;
10                   case 2: printf("%");break;
11               }
12       case 1: switch(z)
13               {
14                   case 1: printf(" $ ");
15                   case 2: printf(" * ");break;
16                   default: printf("#");
17               }
18     }
19  }
```

  A. %$           B. #*           C. *#           D. **$

4. 若执行以下程序时从键盘上输入 3 和 4，则输出的结果是_____。

```
1   void main()
2   {
3      int a,b,s;
4      scanf("%d%d",&a,&b); s=a;
5      if(a<b) s=b;
6      s*=s;
```

```
7        printf("%d\n",s);
8    }
```

  A. 14    B. 16    C. 18    D. 20

  5. 下面的程序片段所表示的数学函数关系是_____。

```
1    void main()
2    {
3        int x,y;
4        y=-1;
5        if(x! =0)
6        if(x>0) y=1;
7        else y=0;
8    }
```

A. $y=\begin{cases} -1 & (x<0) \\ 0 & (x=0) \\ 1 & (x>0) \end{cases}$    B. $y=\begin{cases} 1 & (x<0) \\ -1 & (x=0) \\ 0 & (x>0) \end{cases}$

C. $y=\begin{cases} 0 & (x<0) \\ -1 & (x=0) \\ 1 & (x>0) \end{cases}$    D. $y=\begin{cases} -1 & (x<0) \\ 1 & (x=0) \\ 0 & (x>0) \end{cases}$

  6. 已知 grade='B',则下列程序段的运行结果为_____。

```
1    void main()
2    {
3        char grade;
4        grade=getchar();
5        switch(grade)
6        {
7          case 'A': printf ("85~100"); break;
8          case 'B': printf ("70~89");
9          case 'C': printf ("60~69"); break;
10         default: printf ("error");
11        }
12   }
```

  A. 70~84  B. 60~69  C. 85~100  D. 70~84　60~69

  7. 以下程序的输出结果是_____。

```
1    void main()
2    {
3        int    m=5;
4        if(m++>5) printf("%d\n",m);
5        else printf("%d\n",m--);
6    }
```

A. 7        B. 6        C. 5        D. 4

8. 阅读以下程序：

```
1  void main()
2  {
3      int x;
4      scanf("%d",&x);
5      if(x--<5) printf("%d",x);
6      else printf("%d",x++);
7  }
```

程序运行后,如果从键盘上输入 5,则输出的结果是_____。

A. 3        B. 4        C. 5        D. 6

9. 有以下程序：

```
1   void main()
2   {
3       int a=5,b=4,c=3,d=2;
4       if(a>b>c)
5         printf("%d\n",d);
6       else if((c-1>=d)==1)
7         printf("%d\n",d+1);
8       else
9         printf("%d\n",d+2);
10  }
```

执行后输出的结果是_____。

A. 2

B. 3

C. 4

D. 编译时有错,无结果

二、编程题

1. 有一函数如下：

$$y=f(x)=\begin{cases} 0 & (x<0) \\ \dfrac{4x}{3} & (0\leqslant x\leqslant 15) \\ 2.5x-10.5 & (x>15) \end{cases}$$

编写一个程序,要求输入 x 的值(x 为整型),输出 y 的值。

2. 从键盘输入一个年份,判断是否为闰年。

3. 输入 5 个字符,统计其中英文字母、数字字符和其他字符的个数。

4. 假设自动售货机出售 5 种商品:果粒橙(Orange fruit)、脉动(Mizone)维生素饮料、冰红茶(Ice Tea)、可乐(Cola)和矿泉水(Mineral Water),其售价分别是每份 3.5,4.0,2.5,3.5 和 2 元。在屏幕上显示以下菜单,用户可以连续查询商品的价格,当查询次数超过 6 次时,自动退出查询;不到 6 次时,用户可以选择退出。当用户输入编号 1~5,显示相应商品的价格;输入 0,退出查询;输入其他编号,显示价格为 0。

［1］　Select Orange fruit

［2］　Select Mizone

［3］　Select Ice Tea

［4］　Select Cola

［5］　Select Mineral Water

［0］　Exit

# 第8章 循环结构程序设计

## 8.1 循环结构概述

当程序要反复执行同一操作时,就必须使用循环结构。其中,重复执行一组指令(或一个程序段)称为循环操作。循环结构的功能是通过设置执行循环体的条件和改变循环变量,从而重复执行一系列操作。在许多问题中需要用到循环操作,例如:求若干个数之和,输入多个实验数据等等。循环结构是结构化程序设计的 3 种基本结构之一,利用循环结构处理各类重复操作既简单又方便。在 C 语言中构成循环结构的循环语句有 3 种:while,do…while 和 for。

## 8.2 简单循环结构

### 8.2.1 while 循环与执行过程

由 while 语句构成的循环也称"当"循环,while 循环的一般形式如下:

```
while(表达式)
    循环体语句
```

【例 8-1】 阅读下面包含循环语句的程序,分析结果。

```
1   #include<stdio.h>
2   void main()
3   {
4     int i=0;
5     while (i<10)
6     {
7       printf(" * "); i++;
8     }
9     printf("\n");
10  }
```

程序段将重复执行输出语句 printf,输出结果如下(输出 10 个星号):

```
**********
```

while 循环的执行过程如图 8-1(a)所示,程序的执行流程如图 8-1(b)所示。

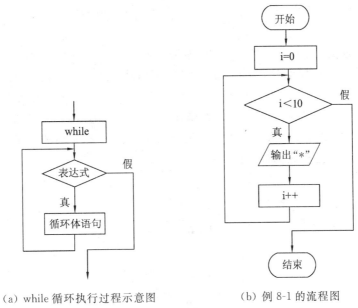

(a) while 循环执行过程示意图　　(b) 例 8-1 的流程图

**图 8-1　while 循环执行过程及流程图**

具体如下:

(1) 计算 while 后圆括号中表达式的值,当值为非 0 时,执行步骤(2);当值为 0 时,执行步骤(4)。

(2) 执行循环体一次。

(3) 转向执行步骤(1)。

(4) 退出 while 循环。

由此可见,while 后圆括号中表达式的值决定了循环体是否将被执行。因此,进入 while 循环后,一定要有能使此表达式的值变为 0 的操作,否则循环将会无限制地进行下去,成为无限循环(死循环)。若此表达式的值不变,则循环体内应有在某种条件下强行终止循环的语句(如 break 等),应避免死循环的发生。

【说明】　(1) while 是 C 语言的关键字。

(2) while 后圆括号中的表达式可以是 C 语言中任意合法的表达式(但不能为空),由它来控制循环体是否执行。

(3) 在语法上循环体只能是一条可执行语句,若循环体内有多条语句,应该使用复合语句。

【注意】　(1) while 语句的循环体可能一次都不执行,因为 while 后圆括号中的条件表达式可能一开始就为 0。

(2) 不要把由 if 语句构成的分支结构与由 while 语句构成的循环结构混同起来。若 if 后条件表达式的值为非 0,其后的 if 子句只可能执行一次;而 while 后条件表达式的值为非 0 时,其后的循环体语句可能重复执行。在设计循环时,通常应在循环体内改变条件表达式中有关变量的值,使条件表达式的值最终变成 0,以便能结束循环。

(3) 当循环体需要无条件循环时,条件表达式可以设为 1(恒真),但在循环体内要有带条件的非正常出口(如 break 等)。

【例 8-2】编写程序,求 $1+2+3+\cdots+n$,直到累加和大于或等于 5 000 为止,输出 n 的值及其累加和。

【问题分析】 这是一个求 n 个数的累加问题,所加数从 1 变化到 n,且加数是有规律变化的,第一个加数为 1,后一个加数比前一个加数增加 1。因此,编写程序时可以在循环中使用一个整型变量 i,每循环一次使 i 增加 1,同时使用一个整型变量 sum 存放累加和,每循环一次使 sum 增加 i,一直循环到 sum 的值超过 5 000 为止。本例事先并不知道该循环要执行多少次。但需特别注意的是,变量 i 和累加和变量 sum 需要有一个正确的初值,在这里它们的初值都设定为 0。

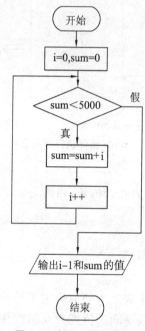

图 8-2 例 8-2 的流程图

程序流程图如图 8-2 所示,用 while 语句实现的程序如下:

```
1   #include<stdio. h>
2   void main()
3   {
4     int i,sum;
5     i=0; sum=0;                /*i和 sum 的初值为 0*/
6     while(sum<5000)
7     {                          /*当 sum 小于 5000 时执行循环体*/
8       sum+=i;                  /*sum 累加 i*/
9       i++;                     /*在循环体中每累加一次后,i 增加 1*/
10    }
11    printf("n=%d sum=%d \n",i-1,sum);
12  }
```

程序运行后的输出结果如下(其中 n 代表最后一项的值):

n=100 sum=5050

【注意】　可把上述累加求和的思想推广到数据累乘求积等类似问题。例如,求 s=1×2×3×…×n 的值,其中 n 由键盘输入。

### 8.2.2　do…while 语句与执行过程

do…while 循环结构的形式如下:

do
　　循环体
while(表达式);

do…while 循环执行过程如图 8-3 所示。

图 8-3　do…while 循环执行过程示意图

do…while 循环的执行过程如下:

(1) 执行 do 后面循环体中的语句。

(2) 计算 while 后圆括号中表达式的值。当值为非 0 时,转向执行步骤(1);当值为 0 时,执行步骤(3)。

(3) 退出 do…while 循环。

【说明】　(1) do 是 C 语言的关键字,必须和 while 联合使用。

(2) do…while 循环由 do 开始,至 while 结束。必须注意的是,在 while(表达式) 后的";"不可丢,它表示 do…while 语句的结束。

(3) while 后圆括号中的表达式可以是 C 语言中任意合法的表达式,由它控制循环是否执行。

(4) 按语法规则,在 do 和 while 之间的循环体只能是一条可执行语句。若循环体内需要多条语句,应该使用复合语句。

例如,将例 8-1 改用 do…while 循环结构表示如下:

```
1    #include<stdio.h>
2    void main()
3    {
4      int k=0;
5      do
6      {
```

101

```
7        printf(" * ");
8        k++;
9    }while(k<10);
10   printf("\n");
11   }
```

do…while 构成的循环与 while 循环的区别：

（1）while 循环的控制出现在循环体之前，只有当 while 后面条件表达式的值为非 0 时，才可能执行循环体，因此循环体可能一次都不执行。

（2）在 do…while 构成的循环中，总是先执行一次循环体，然后再求条件表达式的值，因此，无论条件表达式的值是 0 还是非 0，循环体至少要被执行一次。

（3）和 while 循环一样，在 do…while 循环体中一定要有能使 while 后面的表达式的值变为 0 的操作，否则循环将会无止境地进行下去，除非循环体中有带条件的非正常出口（如 break 等）。

**【例 8-3】** 计算 Fibonacci 数列，直到某项大于 500 为止，并输出该项的值。其中，Fibonacci 数列如下：

$$\begin{cases} F_1 = 1 & (n=1) \\ F_2 = 1 & (n=2) \\ F_n = F_{n-1} + F_{n-2} & (n \geqslant 3) \end{cases}$$

**【问题分析】** 程序中定义 3 个变量 f1, f2, f, 给 f1 赋初值 1, f2 赋初值 1, 然后进行以下步骤（其流程图见图 8-4）：

（1）f1＝f1＋f2, f2＝f2＋f1。

（2）判断 f2 是否大于 500, 若不大于 500, 重复步骤(1)继续循环; 否则执行步骤(3)。

（3）循环结束，输出 f2 的值。

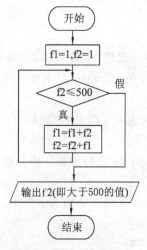

**图 8-4 例 8-3 的流程图**

参考如图 8-4 所示的流程图，将其转换为程序如下：

```
1    #include<stdio.h>
2    void main( )
```

```
3  {
4    int f1,f2;
5    f1=1; f2=1;
6    do
7    {
8      f1=f1+f2;
9      f2=f2+f1;
10   }while(f2<=500);
11   printf("F=%d\n",f2);
12 }
```

程序执行后输出以下结果：

```
F=610
```

### 8.2.3　for 语句与执行过程

for 语句构成的循环结构通常称为 for 循环。for 循环的一般形式如下：

　　for(表达式 1；表达式 2；表达式 3)
　　　　循环体

例如，将例 8-1 改用 for 循环结构表示如下：

```
1  #include<stdio.h>
2  void main()
3  {
4    int i;
5    for(i=0;i<10;i++) printf(" * ");
6    printf("\n");
7  }
```

for 循环的执行过程如图 8-5 所示。

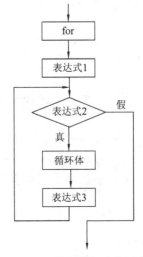

图 8-5　for 循环执行过程示意图

① 计算表达式 1。

② 计算表达式 2。若其值为非 0,转向步骤③;若其值为 0,转向步骤⑤。

③ 执行一次 for 循环体。

④ 计算表达式 3,转向步骤②。

⑤ 结束循环。

【**说明**】 (1) for 是 C 语言的关键字,其后的一对圆括号中通常含有 3 个表达式,各表达式之间用";"隔开。这 3 个表达式可以是任意形式的表达式,通常主要用于 for 循环的控制。紧跟在 for 之后的循环体语句在语法上要求是一条语句,若在循环体内需要多条语句,应该使用复合语句。

(2) for 循环的一般形式等价于下面的程序段(如图 8-6 所示):

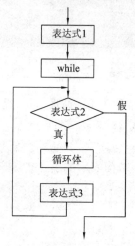

图 8-6  等价于 for 循环的 while 循环结构示意图

```
表达式 1;
while(表达式 2)
{
    循环体;
    表达式 3;
}
```

(3) for 语句中的表达式可以部分或全部省略,但两个";"不可省略。例如:

```
for(; ;) printf(" * ");
```

3 个表达式均可省略,但因循环条件永远为真,循环将会无限制地执行,形成无限循环,因此应该避免这种情况的发生。

(4) for 后面的一对圆括号中的表达式可以是任意有效的 C 语言表达式。例如:

```
for(sum=0,i=1;i<=100;sum=sum+i, i++) {…}
                        //表达式 1 和表达式 3 都是一个逗号表达式
```

## 8.2.4  break 和 continue 语句

### 1. break 语句

用 break 语句可以使流程跳出 switch 语句体,也可用 break 语句在循环结构中终止本层循环体,从而提前结束本层循环。图 8-7 为 break 语句在 3 种循环语句中的流程图。

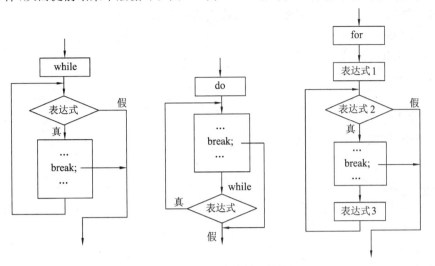

**图 8-7　带 break 的循环结构**

【**例 8-4**】　输入一个正整数 m,判断它是否为素数。

【**问题分析**】　如果一个数只能被 1 和它本身整除,则这个数是素数;反过来,如果一个数 m 能被 2 与 m−1 之间的某个数整除,则这个数 m 就不是素数。假设 i 取值为 [2,m−1],如果 m 不能被该区间上的任何一个数整除,即对每个 i,m%i 都不为 0,则 m 是素数。因此,只要找到一个 i,使 m%i 为 0,则 m 肯定不是素数。i 取值可以是 [2,m−1] 或 [2,m/2] 或 $[2,\sqrt{m}]$。其求解流程见图 8-8。

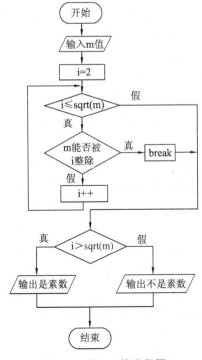

**图 8-8　例 8-4 的流程图**

【注意】 m 的平方根使用 C 语言的 sqrt() 函数实现。

参考如图 8-8 所示的流程图,将其转换成的程序如下:

```
1    #include<stdio.h>
2    #include<math.h>
3    void main()
4    {
5        int i, m,k;
6        printf("Enter a number: ");
7        scanf ("%d", &m);
8        k=sqrt(m);
9        for (i=2; i<=k; i++)
10           if (m%i==0) break;
11       if (i>k)
12           printf("%d is a prime number!\n", m);
13       else
14           printf("%d is not a prime number!\n",m);
15   }
```

程序运行结果如下:

```
Enter a number: 6
6 is not a prime number!
```

【程序分析】 在例 8-4 中,如果没有 break 语句,程序将多做一些不需要的重复工作。如输入 78,当出现能被 2 整除时就说明它不是一个素数,于是执行 break 语句,跳出 for 循环,从而终止循环,减少循环次数。

【注意】 (1) 只能在循环体内和 switch 语句体内使用 break 语句。

(2) 当 break 出现在循环体中的 switch 语句体内时,其作用只是跳出该 switch 语句体,并不能中止循环体的执行。若想强行中止循环体的执行,可以在循环体中,但并不在 switch 语句中设置 break 语句,满足某种条件则跳出本层循环体。

2. continue 语句

continue 语句的作用是跳过本次循环体中余下尚未执行的语句,立刻进行下一次的循环条件判定,可以理解为仅结束本次循环。执行 continue 语句并没有使整个循环终止。图 8-9 为 continue 语句在 3 种循环语句中的流程图。

图 8-9 的 while 和 do…while 循环中,continue 语句使得流程直接跳到循环控制条件的测试部分,然后决定循环是否继续进行。在 for 循环中,遇到 continue 后则跳过循环体中余下的语句,而去对 for 语句中的"表达式 3"求值,然后进行"表达式 2"的条件测试,最后根据"表达式 2"的值来决定 for 循环是否执行。在循环体内,不论 continue 是作为何种语句中的语句成分,都将按上述功能执行,这点与 break 有所不同。

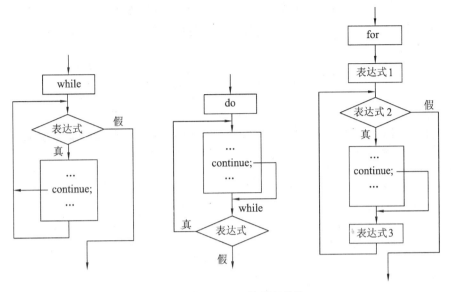

图 8-9　带 continue 的循环结构

【例 8-5】　在循环体中 continue 语句执行示例。

```
1    #include <stdio.h>
2    void main()
3    {
4       int i,sum=0;
5       for(i=1;i<=10;i++)
6       {
7         if(i%2==0) continue;
8         sum+=i;
9       }
10      printf("sum=%d\n",sum);
11   }
```

程序运行结果如下：

```
sum=25
```

【程序分析】　程序运行时,当 i 为偶数时,执行 if 条件为真,所以执行 continue 语句,并跳过其后的 sum+=i; 语句;接着执行 for 后面括号中的 i++,继续执行下一次循环。由输出结果可见,sum 为 1~10 中的奇数之和。

## 8.3　循环的嵌套

在一个循环体内又完整地包含了另一个循环,称为循环嵌套。前面介绍的 3 种类型的循环都可以互相嵌套,循环的嵌套可以多层,但每一层循环在逻辑上必须是完整的。

在编写程序时,循环嵌套的书写应采用缩进形式,以使程序层次分明,易于阅读。

【例 8-6】 使用双层 for 循环打印如下由星号组成的倒三角图形:

```
* * * * * * *
* * * * *
* * *
*
```

【问题分析】 观察要输出的图形,它由二维图形(即行和列)来控制其输出,所以采用双循环,其流程图如图 8-10 所示。

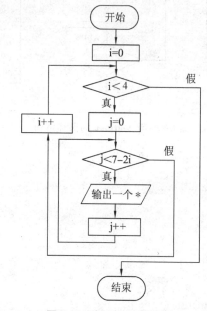

图 8-10　例 8-6 的流程图

参考如图 8-10 所示的流程图,转换为程序如下:

```c
1   #include<stdio.h>
2   void main()
3   {
4       int i,j;
5       for(i=0;i<4;i++)                          //输出行数为 4
6       {
7           for(j=0;j<7-i*2;j++) printf(" * ");   //每行输出星号
8           printf("\n");
9       }
10  }
```

【程序分析】 以上程序中,由 i 控制的 for 循环中内嵌了一个平行的 for 循环,其循环次数控制输出的行数。由 j 控制的 for 循环体只有一个语句,用来输出一个星号,其循环次数控制该行输出的星号个数。

【注意】 以上内嵌的两个 for 循环的循环结束条件都与外循环的控制变量 i 有关。

## 8.4　综合程序举例

【例 8-7】　编程实现求 100～1000 的素数,按照每行 10 个素数的方式输出。

【问题分析】　对 100～1000 之内的每个数采用例 8-4 的判别素数算法进行判别,因为采用一样的方法,这些数之间又是有规律的,所以可以采用循环结构实现。

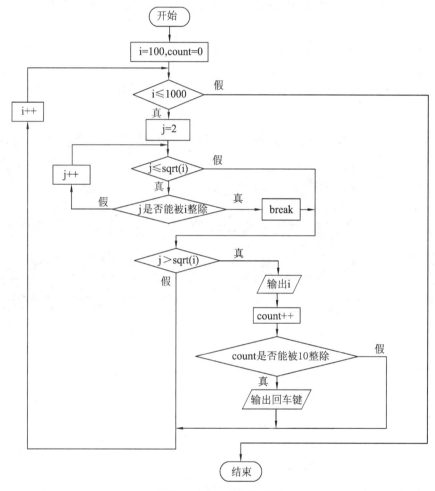

图 8-11　例 8-7 的流程图

参考如图 8-11 所示的流程图,转换为程序如下:

```
1    #include<stdio. h>
2    #include<math. h>
3    void main()
4    {
5      int i,j,count=0;                    //count 用于统计素数的个数
6      for(i=100;i<1000;i++)
7      {
```

```
8        for(j=2;j<=sqrt(i);j++)
9          if(i%j==0) break;              //如果 j 能被 i 整除,则说明不是素数
10         if(j>sqrt(i))
11         {
12            count++;
13            printf("%6d",i);
14            if(count%10==0) printf("\n");//每行输出 10 个素数
15         }
16      }
17      printf("\n");
18   }
```

程序运行结果如下:

```
101    103    107    109    113    127    131    137    139    149
151    157    163    167    173    179    181    191    193    197
199    211    223    227    229    233    239    241    251    257
263    269    271    277    281    283    293    307    311    313
317    331    337    347    349    353    359    367    373    379
383    389    397    401    409    419    421    431    433    439
443    449    457    461    463    467    479    487    491    499
503    509    521    523    541    547    557    563    569    571
577    587    593    599    601    607    613    617    619    631
641    643    647    653    659    661    673    677    683    691
701    709    719    727    733    739    743    751    757    761
769    773    787    797    809    811    821    823    827    829
839    853    857    859    863    877    881    883    887    907
911    919    929    937    941    947    953    967    971    977
983    991    997
```

【例 8-8】 有一个分数序列:2/1,3/2,5/3,8/5,13/8,21/13,…,求出这个数列的前 20 项之和。

【问题分析】 从这个数列中找规律:分母为前一个数的分子,分子为前一个数的分子与分母之和。

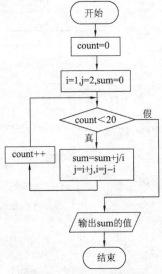

图 8-12 例 8-8 的流程图

参考如图 8-12 所示的流程图,转换为程序如下:

```
1   #include<stdio.h>
2   void main()
3   {
4       int count=0;
5       double i=1,j=2,t,sum=0;
6       for( ;count<20;count++)
7       {
8           t=j/i;                  //t 为数列的每一项
9           sum=sum+t;
10          j=i+j;                  //j 为下一个数列项的分子
11          i=j-i;                  //i 为下一个数列项的分母
12      }
13      printf("数列前 20 项之和为:%.2lf\n",sum);
14  }
```

该程序运行结果如下:

数列前20项之和为: 32.66

【程序分析】 对于类似求数列的问题,一般是找出其每项的表示规律,然后用循环求其和,从而得到所求值。因此,解决有规律数据求和、求积问题的方法是:先考虑数据个数(即循环次数),后分析数据与循环变量的关系。

## 本章小结

本章介绍了 C 语言中循环结构的 3 种实现方法:while 循环、do…while 循环和 for 循环,以及两个辅助语句(break 和 continue)的用法。

至此已经学习了程序算法的 3 大基本结构,随着知识点的逐渐增多,程序也就变得越来越复杂了,读者除了需要掌握本书讲述的内容之外,更需要重视上机调试,毕竟学习一门程序设计语言,最终是为了能够动手编写正确的程序。在二级等级考试中,本章主要出题方向及考查点如下:

(1) 3 种循环结构

① 3 种循环结构分别是:for(),while() 和 do…while()。

② for 循环当中必须是两个分号,千万不要忘记。

③ 编写程序时应注意,循环一定要有结束的条件,否则会成为死循环。

④ do…while() 循环的最后一个 while(); 的分号一定不能够丢。do…while 循环至少执行一次循环。

(2) break 和 continue 的差别

① break 是"打破"的意思,所以遇见 break 就退出它所在的那一整层循环。

② continue 是"继续"的意思,但它结束本次循环,就是循环体内剩下的语句不再执行,跳到循环开始,然后判断循环条件,进行新一轮的循环。

（3）嵌套循环

嵌套循环是指有循环中又包含循环,这种比较复杂,要一层一层、一步一步耐心地计算,一般两层嵌套循环是用来处理二维数组的。

## 习题 8

### 一、选择题

1. 对以下 for 循环,叙述正确的是_____。

```
for(x=0,y=0; (y!=123)&&(x<4); x++,y++);
```

A. 是无限循环　　B. 循环次数不定　　C. 执行了 4 次　　D. 执行了 3 次

2. 若有以下程序段:

```
x=99;
while(x-2) x--;
```

则循环结束时,x=_____。

A. 99　　　　　　B. 2　　　　　　C. 1　　　　　　D. 0

3. 下列程序段的执行结果是输出_____。

```
1    x=3;
2    do
3    {
4      printf("%2d",x--);
5    } while(!x);
```

A. 3  2  1　　B. 3　　　　　C. 2  1　　　　D. 2  1  0

4. 执行下列程序后,i 的值是_____。

```
1    void main()
2    {
3      int i,x;
4      for(i=1,x=1;i<20;i++)
5      {
6        if (x>=10) break;
7        if(x%2==1)
8        {
9          x+=5;
10         continue;
11       }
12       x-=3;
```

```
13      }
14   }
```

A. 4　　　　　　B. 5　　　　　　C. 6　　　　　　D. 7

5. 以下程序段的输出结果是_____。

```
1   void main()
2   {
3      int k,j,s;
4      for(k=2;k<6;k++,k++)
5      {
6         s=1;
7         for(j=k;j<6;j++)
8             s+=j;
9      }
10     printf("%d\n",s);
11
12  }
```

A. 9　　　　　　B. 1　　　　　　C. 11　　　　　　D. 10

6. 以下程序段的输出结果是_____。

```
1   void main()
2   {
3      int x=3;
4      do
5      {
6          printf("%3d",x-=2);
7      } while(!(--x));
8   }
```

A. 1　　　　　　B. 3　 0　　　　　C. 1　 -2　　　　D. 死循环

7. 以下正确的是_____。

A. do…while 语句构成的循环不能用其他语句构成的循环来代替

B. do…while 语句构成的循环只能用 break 语句退出

C. 用 do…while 语句构成循环时,只有在 while 后的表达式非零时结束循环

D. 用 do…while 语句构成循环时,只有在 while 后的表达式为零时结束循环

8. 以下程序的输出结果是_____。

```
1   void main()
2   {
3      int x,i;
4      for(i=1; i<=100; i++)
5      {
6          x=i;
```

# C 语言程序设计

```
7        if(++x%2==0)
8        if(++x%3==0)
9        if(++x%7==0)printf("%d   ",x);
10       }
11     printf("\n");
12   }
```

A. 39  81        B. 42  84        C. 26  68        D. 28  70

9. 以下程序的输出结果是_____。

```
1    void main()
2    {
3      int num=0;
4      while(num<=2)
5      {
6          num++;
7          printf("%d\n",num);
8      }
9    }
```

A. 1        B. 1        C. 1        D. 1
   2           2           2
   3           3
   4

10. 以下程序的输出结果是_____。

```
1    void main()
2    {
3      int a, b;
4      for(a=1, b=1; a<=100; a++)
5      {
6          if(b>=10) break;
7          if (b%3==1)
8          { b+=3; continue; }
9      }
10     printf("%d\n",a);
11   }
```

A. 101        B. 6        C. 5        D. 4

## 二、填空题

1. 执行语句 for(i=1;i++<4;); 后变量 i 的值是_____。

2. 以下程序的功能是:从键盘上输入若干个学生的成绩,统计并输出最高成绩和最低成绩,当输入负数时,结束输入。请填空。

114

```
1    void main()
2    {
3        float x,amax,amin;
4        scanf("%f",&x);
5        amax=x; amin=x;
6        while(_____)
7        {
8            if(x>amax) amax=x;
9            if(_____) amin=x;
10           scanf("%f",&x);
11       }
12       printf("\namax=%f\namin=%f\n",amax,amin);
13   }
```

3. PI 函数可根据下面公式,计算精度满足 eps 时的值。请填空。

$$\frac{PI}{2}=1+\frac{1}{3}+\frac{1}{3}\times\frac{2}{5}+\frac{1}{3}\times\frac{2}{5}\times\frac{3}{7}+\frac{1}{3}\times\frac{2}{5}\times\frac{3}{7}\times\frac{4}{9}+\cdots$$

```
1    void main()
2    {
3        double s=0.0, t=1.0, eps=1E-6; int n;
4        for(_____;t>eps;n++)
5        {
6            s+=t; t=t*n/(2*n+1);
7        }
8        printf ( "PI=%f ", (_____));
9    }
```

4. 有如下一段程序,其运行结果为_____。

```
1    void main()
2    {
3        int y=12;
4        for(;y>0;y--)
5        {   if(y%3==0)
6            {   printf("%d,",--y);   continue;   }
7        }
8    }
```

5. 下面源程序的运行结果为_____。

```
1    void main()
2    {
3        int i;
4        for(i=10; i<100;i++)
```

```
5          if(i%7==0&&i%3!=0)    printf("%4d",i);
6      }
```

6. 以下程序运行后的输出结果是_____。

```
1   void main()
2   {
3       int i=10，j=0；
4       do
5       {
6         j=j+i；
7         i——；
8       } while(i>2)；
9       printf("%d\n",j)；
10  }
```

### 三、编程题

1. 请编写输出以下图案的程序。

```
              1
            2 2 2
          3 3 3 3 3
        4 4 4 4 4 4 4
      5 5 5 5 5 5 5 5 5
```

2. 编程求 1!+2!+3!+4!+…+20! 的值。

3. 打印出所有的"水仙花数"。所谓"水仙花数"是指一个 3 位数，其各位数字立方和等于该数本身。例如，153 是一水仙花数，因为 $1^3+5^3+3^3=153$。

4. 编程实现使用格里高利公式求 π 的近似值，要求精确到最后一项的绝对值小于 $10^{-5}$。

$$\frac{\pi}{4}=1-\frac{1}{3}+\frac{1}{5}-\frac{1}{7}+\cdots$$

5. 编程实现求 1!+ 2!+…+50! 。

6. 编程实现逆序输出一个正整数。

7. 输入若干个整数 x，当输入为 0 时停止输入，求这些输入数据的和 s 及输入数的个数。

# 第 9 章　数　　组

第 6 章到第 8 章主要介绍了 C 语言中的 3 种控制结构,其中顺序结构是最基本的结构,分支结构用以实现对条件的判断和处理,循环结构用来进行重复处理。熟练掌握上述 3 种结构的使用方法是 C 语言程序设计的基础。

利用 3 种控制结构可以解决很多问题,但对一些复杂的问题,如数据的排序和链表的处理等,仅掌握前面的知识是不够的,因此需要进一步学习数组和指针等知识。本章将介绍数组,主要包括一维数组、二维数组及字符数组的定义与使用。

## 9.1　数组概述

数组,顾名思义就是一组数据,在 C 语言中要求这组数据具有相同的数据类型。在 C 语言程序设计中,为了数据表示和处理的方便,常把具有相同类型的若干数据按顺序组织起来,这些按顺序排列的同类数据的集合就称为数组。在 C 语言中,数组属于构造数据类型,也就是说一个数组可以分解为多个构成元素,其中每一个构成元素在数组中具有一个序号,这些构成元素称为数组元素。这些数组元素的类型可以是基本数据类型或构造类型。处理某些问题时,使用数组可以在很大程度上为程序的编写带来方便。例 9-1 对变量和数组的使用进行了比较。

【例 9-1】　通过键盘输入 5 个学生的成绩,并计算这 5 个学生的平均成绩。

方法 1　使用变量来保存每个学生的成绩,程序如下:

```
1    #include <stdio.h>
2    void main( )
3    {
4        int a1,a2,a3,a4,a5;
5        float ave=0;
6        scanf("%d",&a1);
7        scanf("%d",&a2);
8        scanf("%d",&a3);
9        scanf("%d",&a4);
```

```
10        scanf("%d",&a5);
11        ave=ave+a1+a2+a3+a4+a5;
12        ave=ave/5;
13        printf("The average score is %f\n",ave);
14    }
```

**【程序分析】** 程序中定义了 5 个简单变量,用来保存 5 个学生的成绩,对这 5 个变量的操作是一样的,但这些变量无法用循环控制语句统一进行输入和处理,这样的程序书写起来既麻烦又易出错。设想一下:如果要求输入 100 个数据,这种方式就需要定义 100 个变量并书写 100 条输入语句!

方法 2    使用数组来保存数据,程序如下:

```
1     #include <stdio.h>
2     void main( )
3     {
4       int a[5];
5       int i;
6       float ave=0;
7       for(i=0;i<5;i++)
8       {
9         scanf("%d",&a[i]);
10        ave=ave+a[i];
11      }
12      ave=ave/5;
13      printf("The average score is %f\n",ave);
14    }
```

程序运行结果如下:

```
73
85
67
84
70
The average score is 75.800000
```

**【程序分析】** 上面的程序使用包含 5 个元素的数组 a 来存储学生的成绩,可通过下标区分每个学生的成绩,因此可以利用循环控制语句来控制下标的变化,在循环中完成数据的输入和处理。

## 9.2   一维数组

一维数组是连续存储的一组有序数据,除第一个元素外,其他每一个元素有且仅有一个元素是其直接前驱;除最后一个元素外,其他每一个元素有且仅有一个元素是其直接后继。

### 9.2.1 一维数组的定义

与变量类似,C 语言中的数组必须先定义(也就是创建数组),后使用。一维数组定义的一般格式为:

**类型说明符 数组名[常量表达式],……;**

其中,"类型说明符"是任意一种基本数据类型或构造数据类型;"数组名"是用户指定的一个名称;方括号中的"常量表达式"表示数组元素的个数,也称为数组的长度。

例如:

```
int a[10];              // 定义整型数组 a,有 10 个元素。
float b[10],c[20];      // 定义浮点型数组 b,有 10 个元素,定义浮点型数
                        // 组 c,有 20 个元素。
char ch[20];            // 定义字符型数组 ch,有 20 个元素。
```

一维数组各元素在内存中是连续存放的,以数组 a 为例,若 a 的第一个元素的地址为 10000,则数组 a 在内存中的存储见图 9-1。图 9-1 中给出的每个元素的地址为该元素的首地址,因为该数组类型为整型,所以每个元素在内存中占 4 个字节,因此相邻元素的首地址相差 4。

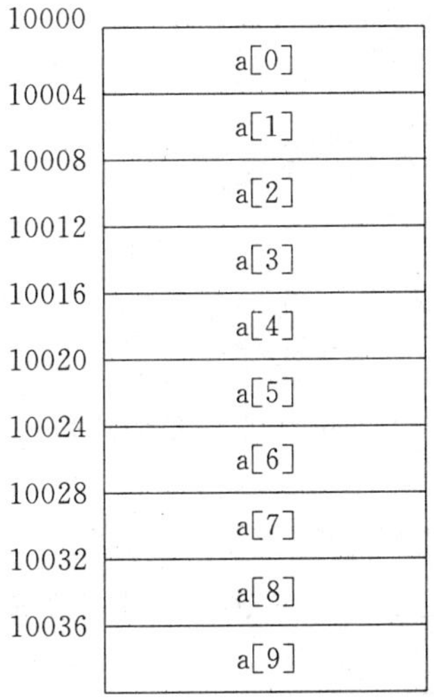

| 10000 | a[0] |
| 10004 | a[1] |
| 10008 | a[2] |
| 10012 | a[3] |
| 10016 | a[4] |
| 10020 | a[5] |
| 10024 | a[6] |
| 10028 | a[7] |
| 10032 | a[8] |
| 10036 | a[9] |

**图 9-1 数组 a 在内存中的存储结构**

对于一维数组的定义,需注意以下几点:

(1) 定义数组时指定的类型实际上是指数组中每个元素的取值类型。对于同一个数组,其所有元素的数据类型都是相同的。

(2) 数组名的命名规则应符合标识符的命名规则。

(3) 数组名不能与其他变量名或数组名等相同,否则系统会认为是重复定义错误。

例如:

```
1    void main()
2    {
3        int t;
4        float t[10];
5        ...
6    }
```

是错误的,在进行程序编译时,编译器会提示出错。

(4) 方括号中常量表达式表示数组元素的个数,如 a[5]表示数组 a 有 5 个元素。

(5) 不能在方括号中用变量或包含变量的表达式来表示元素的个数,但可以是符号常量或常量表达式。

例如:

```
1    #define LEN 5
2    void main()
3    {
4        int a[1+3],b[2+LEN];
5        ...
6    }
```

是正确的。但下面的定义方式是错误的:

```
1    void main()
2    {
3        int n=5;
4        int a[n];
5        ...
6    }
```

(6) 允许在同一个数组定义中同时进行多个数组和变量的定义。

例如:

```
int a,b,c,d,k1[10],k2[20];
```

数组在定义的同时就确定了数组中每个数组元素的数据类型和数组中包含的数组元素的个数。

### 9.2.2 一维数组元素的引用

对数组的使用是通过对数组元素进行操作实现的,那么数组元素如何表示?数组元素是组成数组的基本单元,数组元素也是一种变量,其表示方法为数组名后跟一个下标。下标表示元素在数组中的顺序号。数组元素的一般形式为:

数组名[下标]

其中的"下标"只能为整型常量或整型表达式(注意:这里的整型表达式不仅包括整型常量表达式,还包含变量)。引用数组元素时,下标是从 0 开始的,如果数组有 n 个元素,则下标的变化范围是 0 到 n−1。

例如:a[5],a[i+j],a[i++]都是合法的数组元素的引用。数组元素通常也称为下标变量。用户必须先定义数组,才能使用数组元素。在 C 语言中只能通过下标逐个引用数组元素,而不能一次引用整个数组;换言之,若想达到对整个数组操作统一处理的目的,需借助循环逐一对每个元素操作来实现。例如,输出包含 10 个元素的数组必须使用循环语句逐个输出各下标变量:

```
for (i=0; i<10;i++)
    printf("%d", a[i]);
```

而不能用一个语句输出整个数组,下面的写法是错误的:

```
printf("%d",a);
```

对数组元素的引用可能有两种情况:一种是引用数组元素中的值,另一种是对数组元素进行赋值,如下面的程序就同时进行了这两种操作:

```
1   #include <stdio.h>
2   void main()
3   {
4     int i, a[10];
5     for(i=0; i<10; i++)
6       a[i]=i;                    //对数组元素赋值
7     for(i=0; i<=9; i++)
8       printf("%d\n",a[i]);       //引用数组元素的值
9   }
```

### 9.2.3 一维数组元素的初始化

数组赋值除了用赋值语句对数组元素逐个赋值外,还可以通过定义数组的同时为数组元素指定初始值(即数组元素的初始化)来实现。数组元素的初始化是在编译阶段进行的,这样可以缩短程序的运行时间,提高运行效率。

初始化赋值的一般形式为:

**类型说明符 数组名[常量表达式]={值1,值2,…};**

其中的"类型说明符"、"数组名"及"常量表达式"与上一节中定义数组部分含义相同,不同的是在{ }中的各数据值为各数组元素的初值,各值之间用逗号分隔。

例如:

```
int a[10]={0, 1, 2, 3, 4, 5, 6, 7, 8, 9 };
```

相当于

```
a[0]=0; a[1]=1;…;a[9]=9;
```

对数组初始化应注意以下几点:

(1) 初始化时可以只给部分元素赋初值。当{ }中给出的值的个数少于元素个数时,只给前面部分元素赋值。例如:

```
int a[10]={0,1,2,3,4};
```

表示只给 a[0]～a[4] 这 5 个元素赋值,而后 5 个元素自动赋 0 值。但需要注意的是,若没给任意一个元素赋初值,则系统不会自动给数组元素赋 0 值。

(2) 只能给元素逐个赋值,不能给数组整体赋值。例如给 10 个元素全部赋 1 值,只

能写为：

        int a[10]={1, 1, 1, 1, 1, 1, 1, 1, 1, 1};

不能写为：

        int a[10]=1;

（3）若给全部元素赋初始值，则在数组定义中可不给出数组元素的个数，此时系统根据初始值的个数确定数组元素个数。例如：

        int a[5]={1, 2, 3, 4, 5};

可写为：

        int a[]={1,2,3,4,5};

### 9.2.4 一维数组应用举例

【例 9-2】 通过键盘输入 10 个整数，然后找到并输出这 10 个整数中的最大值。

【问题分析】 该题的关键是查找数组中最大元素，可采用"打擂台"法，即首先假定第一个元素是最大值，然后再将假定最大值依次与数组中其他元素进行比较。如果当前元素比假定最大元素大，则将当前元素的值赋予假定最大值，如此处理，直到所有元素比较结束，此时在假定最大值变量中保存的就是最终的最大值，详细算法见图 9-2。

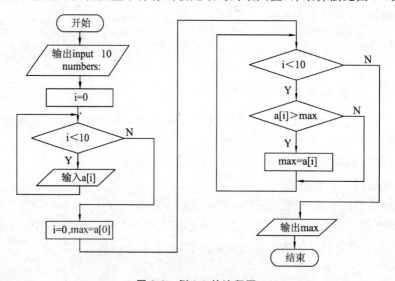

图 9-2 例 9-2 的流程图

程序如下：

```
1   #include <stdio.h>
2   void main()
3   {
4     int i,max,a[10];
5     printf("input 10 numbers:\n");
6     for(i=0;i<10;i++)
7       scanf("%d",&a[i]);
8     max=a[0];
```

```
9      for(i=1;i<10;i++)
10       if(a[i]>max)
11         max=a[i];
12     printf("maxmum=%d\n",max);
13   }
```

**【程序分析】**　本例程序中第一个 for 语句逐个输入 10 个数到数组 a 中。循环结束后把 a[0]送入 max 中。在第二个 for 语句中,从 a[1]到 a[9]逐个与 max 中的内容比较,若其比 max 的值大,则把该数组元素送入 max,因此 max 总是保存已比较过的数组元素中的最大值。比较结束后,输出 max 的值。

程序运行结果如下:

```
input 10 numbers:
11
20
34
25
45
33
56
67
28
49
maxmum=67
```

**【例 9-3】**　通过键盘输入 10 个整数,然后对这 10 个整数按照从大到小的顺序进行排序。

**【问题分析】**　此题的关键是选择排序算法。数组中元素的排序算法有很多,如选择排序、冒泡排序等,本题的排序算法可以归类于选择排序,即将数组中元素分为排好序和未排序两部分。最初所有元素都未排序,后续处理过程中将每次找到未排序元素中的最大值相邻存储于已排好序的元素之后,这样经过若干次选择后即可完成排序过程。流程见图 9-3。

程序如下:

```
1    #include <stdio.h>
2    void main()
3    {
4      int i,j,p,q,s,a[10];
5      printf("\n input 10 numbers:\n");
6      for(i=0;i<10;i++)
7        scanf("%d",&a[i]);
8      printf("The result is:\n");
9      for(i=0;i<10;i++)
10     {
11       p=i;                    // p 指向已排序元素之后的位置
```

```
12      q=a[i];                    //q 为 p 指向位置中存储的数据
13      for(j=i+1;j<10;j++)        //此循环可以在剩余的未排序元素中
14        if(q<a[j])               //找到最大值及其位置
15        {
16          p=j;
17          q=a[j];
18        }
19        if(i!=p)                 //判断找到的位置是否与 i 重合,若未
20        {                        //重合,则交换 i 与 p 中的元素
21          s=a[i];
22          a[i]=a[p];
23          a[p]=s;
24        }
25      printf("%d ",a[i]);
26      }
27    }
```

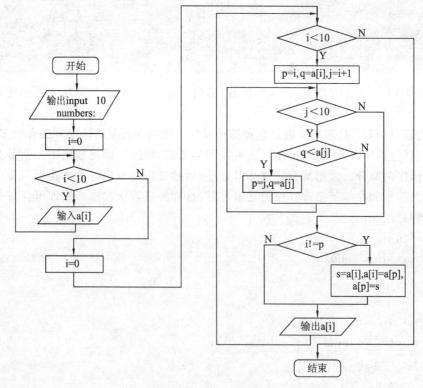

图 9-3    例 9-3 流程图

**【程序分析】**    本程序使用两个并列的 for 循环语句,在第二个 for 语句中又嵌套了一个循环语句。第一个 for 语句用于输入 10 个元素的初值,第二个 for 语句用于排序。本程序的排序采用逐个比较法。在第 i 次循环时,把第 i 个数组元素的下标赋予 p,而把

该数组元素值 a[i]赋予 q。此后程序进入内层循环,从 a[i+1]起到最后一个元素止逐个与 a[i]作比较,若有比 a[i]大者,则将其下标送入 p,数组元素值送入 q。内层 for 循环结束后,p 即为最大元素的下标,q 则为该元素值。若此时 i≠p,则说明 p,q 值均已不是进入内层循环之前所赋的值,应交换 a[i]和 a[p]的值。此时 a[i]为已排序完毕的元素。输出该值之后转入下一次循环,对 i+1 以后各个元素排序。

程序运行结果如下:

```
input 10 numbers:
23
12
35
20
6
78
65
43
32
80
The result is:
80   78   65   43   35   32   23   20   12   6
```

【例 9-4】 对一个已经包含 15 个元素并按照从小到大顺序排序的数组 a,利用折半查找方法查找用户通过键盘输入的数 x 是否在该数组中。若找到,则输出该数值和其在数组中的位置,否则输出"Not found!"。

【问题分析】 折半查找算法只能应用于有序数组,若数组未排序,应用例 9-3 算法进行排序。查找方法如下:

设置 3 个位置变量 top,bot,mid。其中 bot 指向查找范围的末端,top 指向查找范围的起始位置,而 mid=(top+bot)/2 则指向查找范围的中间位置。

图 9-4 给出了数组具有 15 个数时 top,bot,mid 的示意图。当比较 x 与 a[mid]的大小时,有下面 3 种情况:

① 如果 x=a[mid],则已找到,查找过程结束,否则执行②。

② 如果 x<a[mid],则 x 必定位于下标从 top 到 mid-1 的元素范围内,下一步查找只需在该范围内进行,而不必去查找 mid 以后的元素。因此,可以确定新的查找范围为:top(原来位置不动),bot=mid-1,否则执行③。

③ 如果 x>a[mid],则 x 必定在 mid+1 和 bot 的范围之内,下一步的查找应该在此范围内进行,所以新的查找范围为:top=mid+1 和 bot(原来位置不动)。

在确定了新的查找范围后重复上述比较过程,直到满足以下两个条件之一就不再重复:一是已经找到要查找的值;二是没有找到该值,而使得 bot<top。图 9-4 给出了待查找 x=75 时,指针的变化情况。

C 语言程序设计

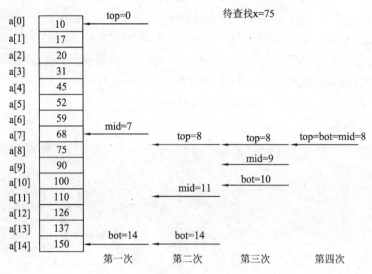

图 9-4　折半查找过程实例图

程序如下：

```
1    #include<stdio.h>
2    void main()
3    {
4        int a[15]={10,17,20,31,45,52,59,68,75,90,100,110,126,137,150};
5        int i,x,mid,top,bot,f=0;
6        printf("The data is:\n");
7        for(i=0;i<15;i++)
8          printf("%d",a[i]);
9        printf("\nPlease input a number to find:\n");
10       scanf("%d",&x);
11       for(top=0,bot=14;top<=bot;)
12       {
13           mid=(top+bot)/2;
14           if (x==a[mid])
15           {
16              printf("%d\n",mid+1);
17              f=1;
18              break;
19           }
20           else if (x>a[mid])
21                   top= mid+1;
22           else
23                   bot=mid-1;
24       }
```

126

```
25      if (f==1)
26          printf("\n%d is at %d\n",x,mid+1);
27      else
28          printf("\nNot found!\n");
29  }
```

程序运行结果如下：

```
The data is:
10  17  20  31  45  52  59  68  75  90  100  110  126  137  150
Please input a number to find:
31

4

31 is at 4
```

【例 9-5】    先将初始整型数组从小到大进行排序，接着从键盘接收一个整型数据，并将此数据插入到刚排好序的数组中，保持原有的顺序，假设整个处理过程中不考虑数组溢出。

【问题分析】    可以将欲插入的数据与数组中各数从后向前依次逐个比较，当找到第一个比所插入数大的第 i 个元素时，第 i+1 个元素即为插入位置；然后从数组最后一个元素开始到第 i+1 个元素为止，逐个后移一个位置；最后把欲插入数据赋予元素 i+1 即可。如果欲插入数据比所有的元素值都小，则插入最后位置，如果欲插入数据比所有的元素值都大，则插入到第一个元素的位置。

程序如下：

```
1   #include <stdio.h>
2   void main()
3   {
4     int i,j,p,q,s,n,a[11]={127,3,6,28,54,68,87,105,162,18};
5     for(i=0;i<10;i++)                    //此循环对数组进行
6     {                                    //排序
7       p=i;
8       q=a[i];
9       for(j=i+1;j<10;j++)
10        if(q<a[j])
11        {
12          p=j;
13          q=a[j];
14        }
15      if(p!=i)
16      {
17        s=a[i];
18        a[i]=a[p];
19        a[p]=s;
```

```
20        }
21      printf("%d ",a[i]);
22    }
23    printf("\ninput number:\n");
24    scanf("%d",&n);
25    for(i=9;i>=0;i--)              //此循环用于确定
26      if(n<a[i])                   //插入位置,并把该位
27      {                            //置及其后的元素向后
28        for(s=9;s>=i+1;s--)        //移动一个位置
29          a[s+1]=a[s];
30        break;
31      }
32    a[i+1]=n;                       //将n插入到适当位置
33    for(i=0;i<=10;i++)
34      printf("%d ",a[i]);
35    printf("\n");
36  }
```

**【程序分析】** 本程序首先对数组 a 中的 10 个数从大到小排序并输出排序结果。然后输入要插入的整数 n,再用一个 for 语句把 n 和数组元素从后向前逐个比较,如果发现有 n<a[i]时,则由一个内循环把 i 以后各元素值依次后移一个位置。后移应从后向前进行(从 a[9]开始到 a[i+1]为止)。后移结束则跳出外循环。插入点为 i+1,把 n 赋予 a[i+1]即可。若所有的元素均大于被插入数,则并未进行过后移工作。此时 i=10,结果是把 n 赋予 a[10]。最后一个循环输出插入数后的数组各元素值。

程序运行结果如下:

```
162    127    105    87    68    54    28    18    6    3
input number:
95
162    127    105    95    87    68    54    28    18    6    3
```

输入整数 95,从运行结果可看出 95 已插入到 105 和 87 之间。

## 9.3 多维数组

前面介绍的数组只有一个下标,称为一维数组,其数组元素通过数组名加一个下标的方式加以引用。在实际问题中有很多数据是二维的或高维的,因此 C 语言允许构造多维数组。多维数组元素有多个下标,其引用方式为数组名加多个下标。

### 9.3.1 二维数组的定义

与一维数组类似,定义二维数组时也需要指定数组名,数组包含的元素个数及每个数组元素的数据类型。二维数组类型定义的一般形式为:

类型说明符　数组名[常量表达式 1][常量表达式 2];

其中,“常量表达式 1”表示第一维下标的长度,“常量表达式 2”表示第二维下标的长度,每一维的下标都从 0 开始变化。

例如:

```
int a[3][4];
```

定义了一个 3 行 4 列的数组,数组名为 a,其数组元素的类型为整型。该数组的元素共有 3×4 个,即

a[0][0] ,a[0][1] ,a[0][2] ,a[0][3]

a[1][0] ,a[1][1] ,a[1][2] ,a[1][3]

a[2][0] ,a[2][1] ,a[2][2] ,a[2][3]

二维数组在概念上是二维的,也就是说其下标在两个方向上变化,数组元素在数组中的位置处于一个平面之中,不像一维数组只是一个向量。但实际的硬件存储器是连续编址的,也就是说存储器单元是按一维线性排列的,那么如何在一维存储器中存放二维数组呢?可有两种方式:一种是按行排列,即存放完一行之后依次放入下一行;另一种是按列排列,即存放完一列之后依次放入下一列。在 C 语言中,二维数组是按行排列的。对上述的 a[3][4]而言,按行顺序存放时,先存放 a[0]行,再存放 a[1]行,最后存放 a[2]行。每行中的 4 个元素也是依次存放,即存放顺序如下:

a[0][0]→a[0][1]→a[0][2]→a[0][3]

a[1][0]→a[1][1]→a[1][2]→a[1][3]

a[2][0]→a[2][1]→a[2][2]→a[2][3]

由于数组 a 定义为 int 类型,该类型占 4 个字节的内存空间(在 Visual C++环境下),所以每个元素均占有 4 个字节。假定该数组第一个元素在内存中的首地址为 10000,则此二维数组在内存中的存储结构如图 9-5 所示。

| | |
|---|---|
| 10000 | a[0][0] |
| 10004 | a[0][1] |
| 10008 | a[0][2] |
| 10012 | a[0][3] |
| 10016 | a[1][0] |
| 10020 | a[1][1] |
| 10024 | a[1][2] |
| 10028 | a[1][3] |
| 10032 | a[2][0] |
| 10036 | a[2][1] |
| 10040 | a[2][2] |
| 10044 | a[2][3] |

**图 9-5　二维数组在内存中的存储示意图**

对二维数组而言,其数组名及数组元素的下标等同样需要满足 9.2 节中对一维数组的要求,在此不再赘述。

### 9.3.2 二维数组元素的引用

二维数组的元素也称为双下标变量,使用二维数组元素时其表示形式为:

数组名[下标][下标]

其中"下标"应为整型表达式。

例如 a[2][3] 表示 a 数组第三行第四列的元素。数组元素和数组说明在形式上有些相似,但两者具有完全不同的含义。数组说明的方括号中给出的是某一维的长度,而数组元素中的下标是该元素在数组中的位置标识。前者只能是常量,后者可以是常量、变量或表达式。使用二维数组的数组元素时,其方式可以是引用数组元素,也可以给数组元素赋值。

【例 9-6】 一个学习小组有 5 个人,每个人有 3 门课的考试成绩(如表 9-1 所示)。求全组分科的平均成绩和各科总平均成绩。

表 9-1 成绩统计表

| 姓名 \\ 课程 成绩 | Math | C | Dbase |
|---|---|---|---|
| 张三 | 80 | 75 | 92 |
| 李四 | 61 | 65 | 71 |
| 王五 | 59 | 63 | 70 |
| 赵六 | 85 | 87 | 90 |
| 周七 | 76 | 77 | 85 |

【问题分析】 设一个二维数组 a[5][3] 来存放 5 个人 3 门课的成绩,再设一个一维数组 v[3] 存放所求得各科平均成绩,并设置一个变量存储全组各科总平均成绩,程序处理的主要工作是求和,可以通过双重循环访问二维数组元素,同时完成求和任务。

程序如下:

```
1    #include<stdio.h>
2    void main()
3    {
4      int i,j,s=0,l,v[3],a[5][3];
5      printf("input score\n");
6      for(i=0;i<3;i++)
7      {
8        for(j=0;j<5;j++)
9        {
10         scanf("%d",&a[j][i]);
11         s=s+a[j][i];
```

```
12        }
13        v[i]=s/5;
14        s=0;
15      }
16      l=(v[0]+v[1]+v[2])/3;
17      printf("\nmath:%d\nc language:%d\ndbase:%d\n",v[0],v[1],v[2]);
18      printf("\ntotal:%d\n",l);
19   }
```

【程序分析】 本程序使用了一个双重循环。在内循环中依次读入某一门课程的各个学生的成绩,并把这些成绩累加起来,退出内循环后再把该累加成绩除以 5 送入 v[i] 中,这就是该门课程的平均成绩。外循环共循环 3 次,分别求出 3 门课各自的平均成绩并存放在 v 数组中。退出外循环之后把 v[0],v[1],v[2] 相加除以 3 即得各科总平均成绩。最后按题意输出各个成绩。

程序运行结果如下:

```
input score
80 61 59 85 76 75 65 63 87 77 92 71 70 90 85

math:72
c language:73
dbase:81

total:75
```

### 9.3.3 二维数组的初始化

类似于一维数组,二维数组的初始化也是指在数组定义时给各数组元素赋初值。二维数组可按行分段赋值,也可按行连续赋值。例如对数组 a[5][3]:

(1) 按行分段赋值可写为:

```
int a[5][3]={ {80,75,92},{61,65,71},{59,63,70},{85,87,90},{76,77,85} };
```

(2) 按行连续赋值可写为:

```
int a[5][3]={ 80,75,92,61,65,71,59,63,70,85,87,90,76,77,85 };
```

这两种赋初值的结果是完全相同的,第一种初始化方式是以行为单位赋值的,而第二种方式则按照二维数组元素的存放顺序依次指定各个元素的初始值。

【例 9-7】 一个学习小组有 5 个人,每个人有 3 门课的考试成绩。求全组分科的平均成绩和各科总平均成绩。

程序如下:

```
1    void main()
2    {
3      int i,j,s=0,l,v[3];
4      int a[5][3]={ {80,75,92},{61,65,71},{59,63,70},{85,87,90},{76,77,85} };
5      for(i=0;i<3;i++)
```

131

```
6      {
7        s=0;
8        for(j=0;j<5;j++)
9          s=s+a[j][i];
10       v[i]=s/5;
11     }
12     l=(v[0]+v[1]+v[2])/3;
13     printf("math:%d\nc language:%d\ndbase:%d\n",v[0],v[1],v[2]);
14     printf("total:%d\n",l);
15   }
```

程序运行结果如下：

```
math:72
c language:73
dbase:81
total:75
```

对于二维数组初始化，需要说明以下几点：

（1）可以只对部分元素赋初值，未赋初值的元素自动取0值。

例如：

```
int a[3][3]={{1},{2},{3}};
```

是对每一行的第一列元素赋值，未赋值的元素取0值。赋值后各元素的值为：1,0,0,2,0,0,3,0,0;而

```
int a[3][3]={{0,1},{0,0,2},{3}};
```

赋值后的元素值为 0,1,0,0,0,2,3,0,0。

（2）若对全部元素赋初值，则第一维的长度可不必给出，但其他维的长度必须给出。

例如：

```
int a[3][3]={1,2,3,4,5,6,7,8,9};
```

可以写为：

```
int a[][3]={1,2,3,4,5,6,7,8,9};
```

数组是一种构造类型的数据，二维数组可以看作是由一维数组嵌套而成的，该一维数组的每个元素又都是一个一维数组，从而构成二维数组，或称一维数组的一维数组。C语言允许这种分解，例如二维数组 a[3][4]可分解为3个一维数组，其数组名分别为a[0],a[1],a[2],不需对这3个一维数组另作说明即可使用。这3个一维数组都有4个元素，例如一维数组 a[0]的元素为 a[0][0],a[0][1],a[0][2],a[0][3]。必须强调的是,a[0],a[1],a[2]不能当作数组元素使用，它们是数组名，不是一个单纯的数组元素。

### 9.3.4 其他高维数组

数组可以是二维、三维甚至是更高维的，如 a[2][3][4],b[3][4][5][6]等，虽然C

语言对数组维数没有上限的要求,但在实际应用中高维数组的处理确实要比一维数组复杂,一般应尽量避免处理四维和四维以上的数组。另外,在处理高维数组时需要特别注意其中数据的存储顺序,避免处理数组时出现错误。下面是一个三维数组元素赋值的例子。

【例9-8】 定义一个三维数组,用于存储操场上2个三行四列方阵中每个同学的年龄,每个同学的年龄从键盘输入。

```
1   main()
2   {
3     int array[2][3][4];
4     int i,j,k;
5     for(i=0;i<2;i++)
6      for(j=0;j<3;j++)
7       for(k=0;k<4;k++)
8         scanf("%d", &array[i][j][k]);
9   }
```

这个三维数组可以看成2个二维数组,每个二维数组又可以看成3个一维数组,而每个一维数组包含4个元素。

高维数组是按照数组元素下标的变化顺序存储的,而C语言中下标的变化顺序为自右向左依次变化,越向右的下标变换频率越快,即数组 array 元素的存储顺序为:array[0][0][0],array[0][0][1],array[0][0][2],array[0][0][3],array[0][1][0],array[0][1][1],array[0][1][2],array[0][1][3],…,array[1][2][0],array[1][2][1],array[1][2][2],array[1][2][3]。

### 9.3.5 多维数组应用举例

【例9-9】 在二维数组 a 中选出各行最大的元素组成一个一维数组 b。

$$a=\begin{bmatrix} 3 & 16 & 87 & 65 \\ 4 & 32 & 11 & 108 \\ 10 & 25 & 12 & 37 \end{bmatrix}, b=\begin{bmatrix} 87 \\ 108 \\ 37 \end{bmatrix}$$

【问题分析】 在数组 a 的每一行中寻找最大的元素,找到之后把该值赋予数组 b 相应的元素即可。

程序如下:

```
1   #include <stdio.h>
2   void main()
3   {
4     int a[][4]={3,16,87,65,4,32,11,108,10,25,12,37};
5     int b[3],i,j,l;
6     for(i=0;i<=2;i++)
7     {
8       l=a[i][0];
```

```
9        for(j=1;j<=3;j++)              //找到每一行的最大
10         if(a[i][j]>l)                //值并保存到 l 中
11           l=a[i][j];
12        b[i]=l;                        //将第 i 行最大值存入 b[i]
13      }
14      printf("\narray a:\n");
15      for(i=0;i<=2;i++)
16      {
17        for(j=0;j<=3;j++)             /* 每行输出 4 个元素 */
18          printf("%5d",a[i][j]);
19        printf("\n");                  /* 换行 */
20      }
21      printf("\narray b:\n");
22      for(i=0;i<=2;i++)                /* 输出每行的最大值 */
23        printf("%5d",b[i]);
24      printf("\n");
25  }
```

【程序分析】 程序使用双重循环完成每行最大元素的查找,外层循环用来控制当前处理的行,内层循环完成本行内最大元素的查找,查找算法通过比较法实现。

程序运行结果如下:

```
array a:
    3    16    87    65
    4    32    11   108
   10    25    12    37

array b:
   87   108    37
```

【例 9-10】 已知南京某气象台站 7 月 17 日至 7 月 21 日每天 4 个观测时间(即 02,08,14,20 时刻)的温度观测值,如表 9-2 所示。

表 9-2 南京 7 月 17 日—7 月 21 日温度观测值

| $T_{ij}$/℃　时间　日期 | 02 | 08 | 14 | 20 |
|---|---|---|---|---|
| 17 | 28.8 | 32.9 | 36.8 | 33.2 |
| 18 | 29.8 | 31.8 | 36.0 | 31.1 |
| 19 | 28.7 | 32.3 | 35.1 | 32.3 |
| 20 | 29.9 | 33.4 | 36.2 | 32.7 |
| 21 | 30.4 | 32.5 | 36.5 | 25.5 |

要求编程实现下列功能:

（1）统计每天的平均温度。

（2）统计 7 月 17 日—7 月 21 日总的温度平均值。

（3）输出每日平均温度的最高值。

（4）统计 5 天中每天 4 个观测时间的温度平均值。

【问题分析】

（1）数据结构:定义一个二维数组 t[5][4]来存放 7 月 17 日—7 月 21 日每天 4 个观测时间的温度值,因需计算每天的平均温度和每个观测时间的平均温度,所以需要:

① 定义一维实型数组 DayAverTemp[5]来存放每天的平均温度值;

② 定义一维实型数组 TimeAverTemp[4]来存放每个时刻的平均温度值;

③ 定义实型 aver 变量存放这 5 天总的温度平均值;

④ 定义实型 MaxTemp 变量来存放每日平均温度的最高值。

（2）算法思路:该题是二维数组在气象上的应用实例,其实质为二维数组的求和问题。

① 统计每天的平均温度需要先求出二维数组 t 每行元素的累加和 RowSum,然后利用 RowSum/4 求出每行的平均值。程序采用双重循环,外循环控制行,内循环控制列。内循环将第 i 行的所有元素累加到 RowSum 中,退出内循环之后用 RowSum/4 赋值给 DayAverTemp[i]。

② 统计 7 月 17 日—7 月 21 日总的温度平均值,需要先求出二维数组 t 所有元素之和 sum,然后除以 20 即为总的温度平均值 aver。

③ 求平均温度的最高值 MaxTemp 即为在一维数组 DayAverTemp 中求最大值。

④ 统计 5 天中每天 4 个观测时间的温度平均值实际上就是求二维数组 t 每一列的元素之和 ColSum,然后再除以行数 5。此算法思路与①类似,不同的是双重循环中外循环控制列,内循环控制行。

```
1    #include <stdio.h>
2    #define M 5        //M:行数
3    #define N 4        //N:列数
4    void main()
5    {
6        float t[M][N]={28.8,32.9,36.8,33.2,29.8,31.8,36.0,31.1,28.7,32.3,
7        35.1,32.3,29.9,33.4,36.2,32.7,30.4,32.5,36.5,25.5};
8        float DayAverTemp[M],TimeAverTemp[N];
9        float sum,aver,RowSum,ColSum,MaxTemp;
10       int i,j;
11       //统计每天的平均温度及总的平均温度
12       sum=0;
13       for(i=0;i<5;i++)
14       {
15           RowSum=0;
16           for(j=0;j<4;j++)
```

```
17          {
18              RowSum=RowSum+t[i][j];
19              sum=sum+t[i][j];
20          }
21          DayAverTemp[i]= RowSum/N;
22      }
23      aver=sum/(M * N);
24      //统计 5 天中每天 4 个观测时间的温度平均值
25      for(j=0;j<4;j++)
26      {
27          ColSum=0;
28          for(i=0;i<5;i++)
29              ColSum = ColSum +t[i][j];
30          TimeAverTemp[j]= ColSum/M;
31      }
32      printf("%10c 日期   02 时刻   08 时刻   14 时刻   20 时刻   日平均温度",' ');
33      for(i=0;i<5;i++)
34      {
35          printf("\n%7c7 月%2d 日",' ',16+i);
36          for(j=0;j<4;j++)
37          {
38              printf("%8.1f",t[i][j]);
39          }
40          printf("%12.1f", DayAverTemp[i]);
41      }
42      printf("\n\n 时刻平均温度:");
43      for(i=0;i<4;i++)
44          printf("%8.1f",TimeAverTemp[i]);
45      //求每日平均温度的最大值
46      MaxTemp= DayAverTemp[0];
47      for(i=1;i<5;i++)
48          if (MaxTemp< DayAverTemp[i])
49              MaxTemp= DayAverTemp[i];
50      printf("\n\n 日平均温度的最大值:%3.1f\n",MaxTemp);
51      printf("\n\n 总平均温度:%3.1f\n",aver);
52  }
```

程序运行结果如下:

## 9.4 字符串与字符数组

前面介绍的数组都是数值型数组，即数组元素是数值，实际上，C 语言中还有一类使用较多的数组，即字符数组。所谓字符数组，就是指数组元素为字符型数据的数组。什么是字符串呢？字符串是由一串字符组成的一种数据，C 语言中使用字符数组来表示和存储字符串。

需要注意的是，标准 C 语言中没有提供字符串数据类型，可现实世界中的数据更多的是字符串数据，如学生的名字、地址和简历等。应该说，字符串是 C 语言字符数组在文本串数据上的一个具体应用，但直接采用字符数组操作字符串过于底层，易导致编程效率低下，也不利于频繁的字符串处理。为弥补标准 C 语言没有字符串基本类型的不足，它增加了字符数组的整体操作的函数，即所谓的字符串处理函数集，包含在"string. h"库函数中。

### 9.4.1 字符串的表示

为了表示和存储字符串，字符数组中每个元素存储字符串中的一个字符，但需要注意的是，当把一个字符串存入一个数组时，应把字符串结束标志'\0'存入数组，并以此作为该字符串是否结束的标志，这样就可以将字符串在字符数组中进行表示。因此，不是所有的字符数组保存的都是字符串数据，只有字符数组以字符串结束标记结束时，其保存的才是字符串。字符串的定义是通过字符数组的定义和初始化来实现的。例如：

```
char c[10]={'H','e','l','l','o','\0'};
char c1[6]={'H','e','l','l','o','\0'}
```

在此需特别强调的是'\0'字符是字符串的一部分，不能省略，否则不能称为字符串。因此，用来存放字符串的数组长度至少为有效字符串最大长度数加 1。所谓字符串的长度是指字符串中包含的有效字符的长度，也就是说字符数组中除'\0'之外的字符的个数。例如上述数组 c 和 c1 中保存的字符串的长度为 5。当然也可以先定义字符数组，然后在程序中给每个数组元素分别赋值。

【例 9-11】 定义字符数组 a，然后给每个数组元素赋值。

```
1    #include <stdio.h>
2    void main()
3    {
4      char a[6];
5      a[0]='H';
6      a[1]='e';
7      a[2]='l';
8      a[3]='l';
9      a[4]='o';
10     a[5]='\0';
11   }
```

### 9.4.2 字符串的输入与输出

1. 字符串的输入

字符串的输入就是将字符串输入并保存到数组中的过程,字符串的输入可以有不同的方法。

(1) 通过 scanf 函数实现字符串的输入

具体实现时还可以有两种方式,即逐个字符输入和字符串输入两种方式。例如:

```
1    #include <stdio.h>
2    void main()
3    {
4      char a[6];
5      int i;
6      for(i=0;i<5;i++)
7        scanf("%c",&a[i]);
8      a[5]='\0';
9    }
```

上面的程序通过逐个字符输入方式实现字符串的输入,但需注意字符串输入完成后应在最后添加'\0'字符。

```
1    #include <stdio.h>
2    void main()
3    {
4      char a[6];
5      int i;
6      scanf("%s",a);
7    }
```

例如输入:Hello↙

以这种方式输入时,不需输入最后的'\0'字符。

上述两种方式的区别是基于 scanf 函数的不同格式控制符实现的,即"%c"实现单个字符的输入,而"％s"实现字符串的输入,而且需注意基于"％s"格式输入时,虽然未输入'\0'字符,但系统会自动在字符串末尾添加'\0'字符。

(2) 通过 gets 函数实现字符串的输入

具体见 9.4.3。

2. 字符串的输出

字符串的输出同样有两种方式,具体如下:

(1) 通过 printf 函数实现字符串的输出

具体实现时还可以有两种方式,即逐个字符输出和字符串输出两种方式。例如:

```
1   #include <stdio.h>
2   void main()
3   {
4     char a[6]={'H','e','l','l','o','\0'};
5     int i;
6     for(i=0;i<5;i++)
7       printf("%c",a[i]);
8   }
```

上面的程序通过逐个字符输出方式实现字符串的输出。

```
1   #include <stdio.h>
2   void main()
3   {
4     char a[6]={ 'H','e','l','l','o','\0'};
5     int i;
6     printf("%s",a);
7   }
```

(2) 通过 puts 函数实现字符串的输出

具体见 9.4.3。

### 9.4.3 字符串处理的函数

C 语言提供了丰富的字符串处理函数,大致可分为字符串的输入、输出、合并、修改、比较、转换、复制、搜索几类。使用这些函数可大大减轻编程的负担。使用用于输入输出的字符串函数前应包含头文件"stdio.h";使用其他字符串函数时,则应包含头文件"string.h"。下面介绍几个最常用的字符串函数。

1. 字符串输出函数 puts

【格式】puts (字符数组名)

【功能】把字符数组中的字符串在屏幕上输出。

```
1   #include <stdio.h>
2   void main()
3   {
4     char c[]="BASIC\ndBASE";
```

```
5      puts(c);
6   }
```

从程序中可以看出,puts 函数可以使用转义字符,因此输出结果成为两行。puts 函数完全可以由 printf 函数取代。当需要按一定格式输出时,通常使用 printf 函数。

2. 字符串输入函数 gets

【格式】gets（字符数组名）

【功能】从键盘上输入一个字符串。

```
1   #include <stdio.h>
2   void main()
3   {
4     char st[15];
5     printf("input string:\n");
6     gets(st);
7     puts(st);
8   }
```

当输入的字符串中含有空格时,输出仍为全部字符串,这说明 gets 函数并不以空格作为字符串输入结束的标志,而只以回车作为输入结束。这是与 scanf 函数不同的。

3. 字符串连接函数 strcat

【格式】strcat（字符数组名 1,字符数组名 2）

【功能】把字符数组 2 中的字符串连接到字符数组 1 中字符串的后面,并删去字符串 1 后的串标志'\0'。本函数返回值是字符数组 1 的首地址。

```
1   #include <string.h>
2   void main()
3   {
4     char st1[30]="My name is";
5     int st2[10];
6     printf("input your name:\n");
7     gets(st2);
8     strcat(st1,st2);
9     puts(st1);
10  }
```

本程序把两个字符串连接起来。需要注意的是,字符数组 1 应足够长,以容纳连接后的字符串。

4. 字符串拷贝函数 strcpy

【格式】strcpy（字符数组名 1,字符数组 2）

【功能】把字符数组 2 中的字符串拷贝到字符数组 1 中。串结束标志'\0'也一同拷贝。字符数组 2 也可以是一个字符串常量,这时相当于把一个字符串赋予一个字符数组。

```
1   #include <string.h>
2   void main()
```

```
3    {
4        char st1[15],st2[]="C Language";
5        strcpy(st1,st2);
6        puts(st1);
7        printf("\n");
8    }
```

本函数要求字符数组 1 应有足够的长度。

5. 字符串比较函数 strcmp

【格式】strcmp(字符数组名 1,字符数组名 2)

【功能】按照 ASCII 码顺序比较两个数组中的字符串,并由函数返回值返回比较结果。

$$字符串 1=字符串 2,返回值=0;$$
$$字符串 1>字符串 2,返回值>0;$$
$$字符串 1<字符串 2,返回值<0。$$

那么,字符串的大小如何比较呢? C 语言中规定字符串的比较方法为自左向右依次比较两个字符串中的对应字符,哪个字符的 ASCII 码大,则哪个字符串大,若两个字符相同,则再比较下一个字符,直到可以比较大小为止。如果最后一个字符仍然相同,则两个字符串相等。

本函数也可用于比较两个字符串常量,或比较数组和字符串常量。

```
1    #include <string.h>
2    main()
3    {
4        int k;
5        char st1[15],st2[]="C Language";
6        printf("input a string:\n");
7        gets(st1);
8        k=strcmp(st1,st2);
9        if(k==0)
10           printf("st1=st2\n");
11       if(k>0)
12           printf("st1>st2\n");
13       if(k<0)
14           printf("st1<st2\n");
15   }
```

【程序分析】 本程序把输入的字符串和数组 st2 中的字符串比较,比较结果返回 k 中,根据 k 值再输出结果提示串。当输入为 Basic 时,由 ASCII 码可知"Basic"小于"C Language",故 k<0,输出结果"st1<st2"。

6. 返回字符串长度函数 strlen

【格式】strlen(字符数组名)

【功能】返回字符串的实际长度(不含字符串结束标志'\0'),并将其作为函数返回值。

```
1    #include <string.h>
2    main()
3    {
4      int k;
5      static char st[]="C language";
6      k=strlen(st);
7      printf("The length of the string is %d\n",k);
8    }
```

### 9.4.4 字符串数组

所谓字符串数组,是指数组中的元素是字符串的情形。处理多个字符串时,需用字符串数组来描述,字符串数组相当于二维字符数组。

例如:

(1) 100 个城市名

```
char city[100][16];    /* 假定城市名不超过 16 个字符 */
```

100 个城市名分别用 city[0],city[1],…,city[i],…,city[99]描述,city[i]相当于一个字符数组。

(2) 1000 本书名

```
char book[1000][30];    /* 假定书名不超过 30 个字符 */
```

1000 本书名分别用 book[0],book[1],…,book[i],…,book[999]描述,book[i]相当于一字符数组。

【例 9-12】 用字符数组输出以下图案:

```
***
*****
***
```

程序如下:

```
1    #include <stdio.h>
2    main()
3    {
4      char ch[3][6]={"***","*****","***"};
5      puts(ch[0]);
6      printf("\n");
7      puts(ch[1]);
8      printf("\n");
9      puts(ch[2]);
10     printf("\n");
11   }
```

142

程序运行结果如下：

```
***

*****

***
```

**【例 9-13】** 通过键盘输入字符串并保存到字符串数组中。

```
1   #include <stdio.h>
2   main()
3   {
4       char s[3][10];
5       int i;
6       for(i=0;i<3;i++)
7           scanf("%s",s[i]);
8       printf("The result is:\n");
9       for(i=0;i<3;i++)
10          printf("%s\n",s[i]);
11  }
```

欲输入：

abc↙

bcd␣␣efg↙

defg↙

程序运行结果如下：

```
abc
bcd efg
The result is:
abc
bcd
efg
```

**【程序分析】** 需注意的是，scanf()函数在输入字符串时是以空格作为字符串的分隔字符的，此处虽然想把"abc"赋值给 s[0]，"bcd␣␣efg"赋值给 s[1]，"defg"赋值给 s[2]，可实际上编译器是这样处理的：把"abc"赋值给 s[0]，把"bcd"赋值给[1]，把"efg"赋值给 s[2]。

实际输出：

abc

bcd

efg

如果希望输入时在字符串中包含空格字符，该如何处理呢？此时可以使用 gets 函数来完成输入，即将上述程序改为：

```
1    #include<stdio. h>
2    void main()
3    {
4        char s[3][10];
5        int i;
6        for(i=0;i<3;i++)
7            gets(s[i]);
8        for(i=0;i<3;i++)
9            printf("%s\n",s[i]);
10   }
```

### 9.4.5 字符串应用举例

【例 9-14】 从存有 n 个字符的字符数组中删去指定的字符。

【问题分析】 (1)数据结构:假定把一串字符"DELEETE"送入字符数组 c 中,字符个数 n=7,从字符数组中删去字母′E′,该字母放在变量 ch 中。图 9-6 是从 c 数组中删去字母′E′前后 c 数组中字符排列的情况,共删除 4 个′E′,最后数组 c 中还剩 3 个字母。

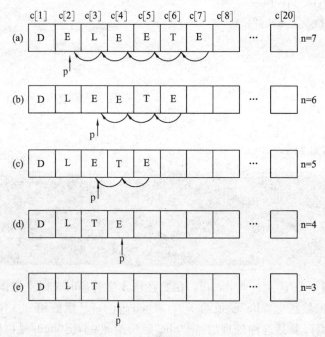

图 9-6 删除过程示意图

(2)算法思路:由图 9-6 可以看到,删除操作需要两步来实现:

①查找待删除字母的位置,可以采用顺序查找算法来实现。

②删除字母操作。例如想把 c[2] 中的字母′E′删掉,只需把 c[3]~c[7] 中的值依次向前移动一个位置即可。

由于被删字符在数组中可能有不止一个,所以上面两步操作应该不断重复,即采用循环来实现。为此,设置变量 n0 代表最初的字符个数,n 代表删除后的字符个数,当因

p>n 退出循环后,如果 n≠n0,则表示已对 c 数组中的字符进行过删除操作;如果n= n0,则表示在 c 数组中没有找到待删除的那个字符,打印出相应的信息。

```c
1    #include <stdio.h>
2    void main()
3    {
4        char c[20],ch,ch1;
5        int p,n,n0,i;
6        printf("请输入字符个数");
7        scanf("%d",&n);
8        printf("请输入%d 个字符",n);
9        getchar();
10       for(i=0;i<n;i++)
11           c[i]=getchar();
12       printf("输入要删除的字符:");
13       getchar();
14       ch=getchar();
15       n0=n;
16       p=0;
17       while(p<n)
18       {
19           while(ch!=c[p]&&p<n)
20               p=p+1;
21           if(ch==c[p])
22           {
23               for(i=p;i<n-1;i++)
24                   c[i]=c[i+1];
25               n=n-1;
26           }
27       }
28       if(n!=n0)
29       {
30           printf("删除之后的字符串:");
31           for(i=0;i<n;i++)
32           printf("%c",c[i]);
33       }
34       else
35           printf("字符%c 未找到",ch);
36   }
```

程序运行结果如下:

```
请输入字符个数5
请输入5个字符hello
输入要删除的字符：l
删除之后的字符串：
heo
```

【例 9-15】 输入一行字符存入数组，然后把它们反序存入到同一数组中。

【问题分析】 为了实现字符串反序，可以将数组中第一个元素与最后一个元素互换位置，第二个元素与倒数第二个元素互换位置，……，a[i]与 a[n-1-i]互换位置，这样互换结束后即可完成字符串的反序。

```
1    #include <stdio.h>
2    main()
3    {
4      char c,stmp,array[80];
5      int i=0,j;
6      printf("请输入字符串:\n");
7      while((c=getchar())!='\n')
8        array[i++]=c;
9      array[i]='\0';
10     for(j=i-1;j>=i/2;j--)
11     {
12       stmp=array[j];
13       array[j]=array[i-1-j];
14       array[i-1-j]=stmp;
15     }
16     printf("反序后字符串:\n");
17     for(i=0;array[i]!='\0';i++)
18       printf("%c",array[i]);
19     printf("\n");
20   }
```

程序运行结果如下：

```
请输入字符串：
This is a test
反序后字符串：
tset a si sihT
```

## 9.5 综合程序举例

【例 9-16】 求斐波那契(Fibonacci)数列的前 20 个数。这个数列有如下特点：第 1,2 两个数为 1,1。从第 3 个数开始，该数是其前面两个数之和，即

$$\begin{cases} F_1=1 & (n=1) \\ F_2=1 & (n=2) \\ F_n=F_{n-1}+F_{n-2} & (n\geq3) \end{cases}$$

146

**【问题分析】**　本题可用一维数组处理,每一个数组元素代表数列中的一个数,依次求出各数并存放在相应的数组元素中。

```
1   #include <stdio.h>
2   void main()
3   {
4       int i;
5       int f[20]={1,1};
6       for(i=2;i<20;i++)
7           f[i]=f[i-2]+f[i-1];
8       for(i=0;i<20;i++)
9       {
10          if(i%5==0) printf(" \n");
11          printf("%12d",f[i]);
12      }
13      printf("\n");
14  }
```

程序运行结果如下:

| | | | | |
|---|---|---|---|---|
| 1 | 1 | 2 | 3 | 5 |
| 8 | 13 | 21 | 34 | 55 |
| 89 | 144 | 233 | 377 | 610 |
| 987 | 1597 | 2584 | 4181 | 6765 |

**【例 9-17】**　有 10 个地区年平均气温,现要求对它们由小到大进行排列。

**【问题分析】**　排序的规律有两种:一种是"升序",从小到大;另一种是"降序",从大到小。此题可抽象为"对 n 个数按升序排序",采用起泡法排序。

将被排序的数组 a[0],…,a[n-1]垂直排列,每个元素 a[i]看作是重量为 a[i]的气泡。根据轻气泡不能在重气泡之下的原则,从上往下扫描数组 a:凡扫描到违反本原则的轻气泡,就使其向上"飘浮"。如此反复进行,直到最后任何两个气泡都是轻者在上,重者在下为止。

(1) 初始时,a[0],…,a[n-1]为无序区。

(2) 第一趟扫描。从无序区顶部向下依次比较相邻的两个气泡的重量,若发现轻者在下、重者在上,则交换二者的位置,即依次比较(a[0],a[1]),…,(a[n-3],a[n-2]),(a[n-2],a[n-1]);对于每对气泡(a[j],a[j+1]),若 a[j]>a[j+1],则交换 a[j]和 a[j+1]的内容。

第一趟扫描完毕时,"最重"的气泡就下降到该区间的底部,即最大值被放在最底位置 a[n-1]上。

(3) 第二趟扫描。扫描 a[1],…,a[n-2]。扫描完毕时,"次重"的气泡下降到 a[n-2]的位置上。

……

最后经过 n−1 趟扫描后,可得到有序区 a[0],…,a[n−1]。

【注意】 第 i 趟扫描时,a[0],…,a[n−i]和 a[n−i+1],…,a[n−1]分别为当前的无序区和有序区。扫描仍是从无序区顶部向下直至该区底部。扫描完毕时,该区中最重气泡下降到底部位置 a[n−i]上,结果是 a[n−i],…,a[n−1]变为新的有序区。

程序如下:

```
1   #include <stdio. h>
2   void main( )
3   {
4     float a[10];
5     int i,j;
6     float t;
7     printf("input 10 numbers :\n");
8     for (i=0;i<10;i++)
9       scanf("%f",&a[i]);
10    printf("\n");
11    for(j=0;j<9;j++)
12      for(i=0;i<9-j;i++)
13        if (a[i]>a[i+1])
14          {
15             t=a[i];
16             a[i]=a[i+1];
17             a[i+1]=t;
18          }
19    printf("the sorted numbers :\n");
20    for(i=0;i<10;i++)
21      printf("%f ",a[i]);
22    printf("\n");
23  }
```

程序运行结果如下:

```
input 10 numbers :
20.1 18.7 23.4 19.6 25.4 22.7 28.6 19.8 25.7 20.8

the sorted numbers :
18.700001 19.600000 19.799999 20.100000 20.799999 22.700001 23.400000 25.400000
25.700001 28.600000
```

【例 9-18】 输入 5 个国家的名称并按字母顺序排列输出。

【问题分析】 5 个国家名可由一个二维字符数组处理,而 C 语言规定可以把一个二维数组当成多个一维数组处理,因此,本题又可以按 5 个一维数组处理,每一个一维数组就是一个国家名字符串。用字符串比较函数比较各一维数组的大小并排序,最后

148

输出结果即可。

程序如下：

```
1    #include <stdio. h>
2    void main()
3    {
4      char st[20],cs[5][20];
5      int i,j,p;
6      printf("input country\'s name:\n");
7      for(i=0;i<5;i++)
8        gets(cs[i]);
9      printf("\n");
10     for(i=0;i<5;i++)
11     {
12       p=i;
13       strcpy(st,cs[i]);
14       for(j=i+1;j<5;j++)
15         if(strcmp(cs[j],st)<0)
16         {
17           p=j;
18           strcpy(st,cs[j]);
19         }
20       if(p!=i)
21         {
22           strcpy(st,cs[i]);
23           strcpy(cs[i],cs[p]);
24           strcpy(cs[p],st);
25         }
26       puts(cs[i]);
27     }
28     printf("\n");
29   }
```

本程序的第一个 for 语句用 gets 函数输入 5 个国家名字符串。由于 C 语言允许把一个二维数组按多个一维数组处理，因此本程序声明 cs[5][20]为二维字符数组，它可分为 5 个一维数组 cs[0],cs[1],cs[2],cs[3],cs[4],在 gets 函数中使用 cs[i]是合法的。在第二个 for 语句中又嵌套了一个 for 语句组成双重循环。这个双重循环完成按字母顺序排序的工作。在外层循环中把字符数组 cs[i]中的国家名字符串拷贝到数组 st 中，并把下标 i 赋予 p。进入内层循环后，把 st 与 cs[i]以后的各字符串作比较，若有比 st 小者，则把该字符串拷贝到 st 中，并把其下标赋予 p。内循环完成后若 p≠i，则说明有比 cs[i]更小的字符串出现，因此交换 cs[i]和 st 的内容。至此已确定了数组 cs 的第 i

号元素的排序值,然后输出该字符串。在外循环全部完成之后即完成全部排序和输出。

程序运行结果如下:

```
input country's name:
china
japan
greek
korea
haiti

china
greek
haiti
japan
korea
```

 本章小结

1. 数组是程序设计中最常用的数据结构。数组可分为数值数组(整数组、实数组)、字符数组以及后面将要介绍的指针数组、结构数组等。

2. 数组可以是一维的、二维的或多维的。

3. 数组的定义由类型说明符、数组名、数组长度(数组元素个数)3 部分组成,其中数组元素又可称为下标变量。数组的类型是指数组元素取值的类型。

4. 对数组元素的赋值可以用数组初始化赋值、输入函数动态赋值和赋值语句赋值 3 种方法实现。对数值数组不能用赋值语句整体赋值、输入或输出,而应用循环语句逐个对数组元素进行赋值。

习 题 ⑨

**一、选择题**

1. 若有说明 int a[3][4]; ,则 a 数组元素的非法引用是_____。

A. a[0][2*1]    B. a[1][3]    C. a[4−2][0]    D. a[0][4]

2. 在 C 语言中,引用数组元素时,其数组下标的数据类型允许是_____。

A. 整型常量              B. 整型表达式

C. 整型常量或整型表达式        D. 任何类型的表达式

3. 执行下面的程序段后,变量 k 中的值为_____。

```
    int k＝3, s[2];
    s[0]＝k; k＝s[1] * 10;
```

A. 不定值　　　　　B. 33　　　　　C. 30　　　　　D. 10

4. 下面说明不正确的是_____。

A. char a[10]＝"china";

B. char a[10], * p＝a;p＝"china";

C. char * a;a＝"china";

D. char a[10], * p;p＝a;p＝"china";

5. 定义如下变量和数组：

```
    int k;
    int a[3][3]＝{9,8,7,6,5,4,3,2,1};
```

则下面语句的输出结果是_____。

```
    for(k=0;k<3;k++)
        printf("%d",a[k][k]);
```

A. 7 5 3　　　　　B. 9 5 1　　　　　C. 9 6 3　　　　　D. 7 4 1

6. 下列程序执行后的输出结果是_____。

```
1   void main()
2   {
3     char arr[2][4];
4     strcpy(arr,"you");
5     strcpy(arr[1],"me");
6     arr[0][3]=' &';
7     printf("%s\n",arr);
8   }
```

A. you&me　　　　B. you　　　　　C. me　　　　　D. err

7. 以下不正确的定义语句是_____。

A. double x[5]＝{2.0,4.0,6.0,8.0,10.0};

B. int y[5]＝{0,1,3,5,7,9};

C. char c1[]＝{'1','2','3','4','5'};

D. char c2[]＝{'\x10','\xa','\x8'};

8. 若有说明 int a[][3]＝{1,2,3,4,5,6,7};，则 a 数组第一维的大小是_____。

A. 2　　　　　B. 3　　　　　C. 4　　　　　D. 无确定值

9. 以下不正确的定义语句是_____。

A. double x[5]＝{2.0,4.0,6.0,8.0,10.0};

B. int y[5.3]＝{0,1,3,5,7,9};

C. char c1[]＝{'1','2','3','4','5'};

D. char c2[]＝{'\x10','\xa','\x8'};

10. 执行下列程序时输入:123␣456␣789↙,则输出结果是_____。

```
1   void main()
2   {
3     char s[100];
```

```
4   int c, i;
5       scanf("%c",&c);
6       scanf("%d",&i); scanf("%s",s);
7       printf("%c,%d,%s\n",c,i,s);
8   }
```

　　A. 123,456,789　　B. 1,456,789　　　C. 1,23,456,789　D. 1,23,456

11. 若二维数组 a 有 m 列,则计算任一元素 a[i][j] 在数组中相对位置的公式为(假设 a[0][0]位于数组的第一个位置上)_____。

　　A. i＊m＋j　　　　B. j＊m＋i　　　　C. i＊m＋j－1　　D. i＊m＋j＋1

12. 若有说明 int a[3][4]＝{0};,则下面正确的叙述是_____。

　　A. 只有元素 a[0][0]可得到初值 0

　　B. 此说明语句不正确

　　C. 数组 a 中各元素都可得到初值,但其值不一定为 0

　　D. 数组 a 中每个元素均可得到初值 0

13. 对下面程序描述正确的一项是(每行程序前面的数字表示行号)_____。

```
1   #include <stdio.h>
2   void main()
3   {
4       float a[3]={0.0};
5       int i;
6       for(i=0;i<3;i++)
7         scanf("%d",&a[i]);
8       for(i=1;i<3;i++)
9         a[0]=a[0]+a[i];
10      printf("%f\n",a[0]);
11  }
```

　　A. 没有错误　　　B. 第 3 行有错误　　C. 第 5 行有错误　　D. 第 7 行有错误

14. 已知 int a[10];,则对 a 数组元素的正确引用是_____。

　　A. a[10]　　　　B. a　　　　　　C. a＋5　　　　　D. a[10－10]

15. 在 C 语言中,一维数组的定义方法为:

类型说明符　数组名_____。

　　A. ［常量表达式］　　　　　　　　B. ［整型常量］

　　C. ［整型变量］　　　　　　　　　D. ［整型常量］或［整型常量表达式］

16. 阅读下面程序,则程序段的功能是_____。

```
1   #include "stdio.h"
2   void main()
3   {
4     int c[]={23,1,56,234,7,0,34},i,j,t;
5     for(i=1;i<7;i++)
```

```
6    {
7        t=c[i];j=i-1;
8        while(j>=0 && t>c[j])
9        {
10           c[j+1]=c[j];
11           j--;
12       }
13       c[j+1]=t;
14    }
15    for(i=0;i<7;i++)
16       printf("%d ",c[i]);
17    putchar('\n');
18  }
```

A. 对数组元素的升序排列　　　　　　　B. 对数组元素的降序排列

C. 对数组元素的倒序排列　　　　　　　D. 对数组元素的随机排列

17. 下列选项中错误的说明语句是_____。

A. char a[]={'t','o','y','o','u','\0'};　　　B. char a[]={"toyou\0"};

C. char a[]="toyou\0";　　　　　　　　D. char a[]='toyou\0';

18. 下述对 C 语言字符数组的描述中错误的是_____。

A. 字符数组的下标从 0 开始

B. 字符数组中的字符串可以进行整体输入/输出

C. 可以在赋值语句中通过赋值运算符"="对字符数组整体赋值

D. 字符数组可以存放字符串

19. 执行以下程序后,程序的运行结果为_____。

```
1  #include "stdio.h"
2  #include "string.h"
3  void main()
4  {
5      char a[30]="nice to meet you!";
6      strcpy(a+strlen(a)/2,"you");
7      printf("%s\n",a);
8  }
```

A. nice to meet you you　　　　　　B. nice to

C. meet you you　　　　　　　　　　D. nice to you

20. 现有如下程序段:

```
1  #include "stdio.h"
2  void main()
3  {
4      int k[30]={12,324,45,6,768,98,21,34,453,456};
```

```
5        int count=0,i=0;6        while (k[i])
7        {
8            if(k[i]%2==0 || k[i]%5==0)
9                count++;
10           i++;
11       }
12       printf("%d,%d\n",count,i);
13   }
```

则程序段的输出结果为_____。

    A. 7,8            B. 8,8            C. 7,10            D. 8,10

## 二、填空题

1. 下列程序的输出结果是_____。

```
1   #include<stdio.h>
2   void main()
3   {
4       char b []="Hello you";
5       b[5]=0;
6       printf ("%s\n",b);
7   }
```

2. strcat 函数的作用是_____。

3. 设有代码 static int a[3][4]={{1},{2},{3}}; ,则 a[1][1]和 a[2][1]的值为_____。

4. 下列程序的功能是把输入的十进制长整型数以十六进制的形式输出,完成程序。

```
1   #include "stdio.h"
2   void main()
3   {
4       char b[17]={"0123456789ABCDEF"};
5       int c[50],d,i=0,base=16;
6       long n;
7       scanf("%ld",&n);
8       do
9       {
10          c[i]=n%base;
11          i++;
12          n=_____;
13      }while(n!=0);
14      for(--i;i>=0;--i)
15      {
```

154

```
16          d=_____;
17          printf("%c",b[d]);
18       }
19     printf("H\n");
20   }
```

5. 下列程序可求出数组 arr 的两条对角线上元素之和,请填空。

```
1    #include "stdio.h"
2    void main()
3    {
4      int arr[3][3]={2,3,4,8,3,2,7,9,8},a=0,b=0,i,j;
5      for(i=0;i<3;i++)
6        for(j=0;j<3;j++)
7          if(_____)
8            a=a+arr[i][j];
9      for(i=0;i<3;i++)
10       for(_____;j>=0;j--)
11         if(_____)
12           b=b+arr[i][j];
13     printf("%d,%d\n",a,b);
14   }
```

6. 以下程序的输出结果是 _____。

```
1    void main()
2    {
3      char a []="abcdefg";
4      char b[10]="abcdefg";
5      printf("%d,%d\n",sizeof(a),sizeof(b));
6    }
```

7. 下列程序的输出的结果是_____,_____。

```
1    void main()
2    {
3      int i,j row,colum,m;
4      static int array[3][3]={{100,200,300},{28,72,-30}{-850,2,6}};
5      m=array[0][0];
6      for(i=0;i<3;i++)
7        for(j=0;j<3;j++)
8          if(array[i][j]<m)
9          {
10           m=array[i][j];
11           colum=j;
```

```
12        row=i;
13      }
14    printf("%d,%d,%d\n",m,row,colum);
15  }
```

8. 以下程序运行后的输出结果是_____。

```
1  void main()
2  {
3      int p[7]={11,13,14,15,16,17,18};
4      int i=0,j=0;
5      while(i<7 && p[i]%2==1)
6        j+=p[i++];
7      printf("%d\n",j);
8    }
```

9. 以下程序从终端读入数据到数组中,统计其中正数的个数,并计算它们的和。请填空。

```
1  void main()
2  {
3      int i,a[20],sum,count;
4      sum=count=0;
5      for(i=0;i<20;i++)
6        scanf("%d",_____);
7      for(i=0;i<20;i++)
8      {
9        if(a>0)
10       {
11          count++;
12          sum+=_____;
13       }
14     }
15    printf("sum=%d,count=%d\n",sum,count);
16  }
```

10. 以下程序运行后的输出结果是_____。

```
1  void main()
2  {
3    int i, n[]={0,0,0,0,0};
4    for(i=1;i<=4;i++)
5    {
6      n[i]=n[i-1] * 2+1;
7      printf("%d ",n[i]);
```

```
8   }
9 }
```

**三、编程题**

1. 求一个 3＊3 矩阵对角线元素之和。

2. 有一个已经排好序的数组。现输入一个数,要求按原来的规律将它插入数组中。

3. 打印出杨辉三角形(要求打印出 10 行,格式如下)。

```
            1
          1   1
        1   2   1
      1   3   3   1
    1   4   6   4   1
  1   5  10  10   5   1
```

4. 不使用字符连接处理函数,编写一个求两个字符串连接程序。

5. 某个公司采用公用电话传递数据,数据是 4 位的整数,在传递过程中是加密的,加密规则如下:每位数字都加上 5,然后用和除以 10 的余数代替该数字,再将第一位和第四位交换,第二位和第三位交换,请编程实现上述加密算法。

# 第 10 章　指针与数组

指针,是 C 语言知识体系中较为灵活、同时也是较难理解和掌握的内容。学习 C 语言,如果不能熟练掌握指针的使用,应该说还没有掌握 C 语言的精髓。指针、数组及其关联是 C 语言中最有特色的部分,本章将对二者之间的关系及它们的联合使用进行深入讨论。如果规范地使用指针,可以使程序简单明了,更加高效;相反,如果对指针理解不够透彻,不能够正确、规范地使用,则会给程序带来问题和隐患。本章将在深入讨论指针和数组相关知识的基础上,对指针、数组的联合使用进行介绍。

## 10.1　指针概述

在计算机中,所有需要使用和处理的数据都要存放到内存中。一般把内存中的一个字节称为一个内存单元,不同的数据类型所占用的内存单元数不等,如整型变量占 2 个字节(Turbo C 环境下)或 4 字节(Visual C++ 环境下),字符型变量占 1 个字节等。为了正确地访问和使用这些内存单元,必须为每个内存单元编号,根据一个内存单元的编号即可准确地找到该内存单元,进而对该内存单元进行访问。内存单元的编号也称为地址,通常把这个地址称为指针。C 语言主要通过变量和数组等对数据进行处理,其中变量是数据最常见的表现形式。变量在计算机内占有一块存储区域(几个内存单元),变量的值就存放在这块区域之中,在计算机内部,通过访问或修改这块区域中的内容来访问或修改相应的变量,也即使用或修改变量对应存储区域中所保存的值。C 语言对于变量的访问形式之一是先求出变量的地址,然后通过地址对它进行访问,也就是这里所要讨论的指针及指针所指向的变量。

严格地说,一个指针是一个地址,是一个常量,而一个指针变量却可以被赋予不同的指针值,是变量。但人们常把指针变量简称为指针。为避免产生混淆,作如下约定:

① "指针"是指变量的地址,是常量;

② "指针变量"是指取值为地址的变量。

使用指针变量的目的是通过指针来访问内存单元。

变量的指针实际上是变量的地址。变量的地址虽然在取值上是整数,但在概念上不同于以前介绍过的整型数据,而是一种新的数据类型,即指针类型。可以这样理解:

① 变量都具有变量名,通过变量名使用变量,可以对变量中保存的值进行操作;

② 指针是变量的地址,不能直接通过指针访问变量的值。

指针是通过指针变量来使用的,而所谓的指针变量就是指可以保存另外一个变量的地址的一种特殊类型的变量。一般把指针变量中保存的地址所对应的变量称为指针变量指向的变量。变量的地址可以使用取地址运算符得到。例如:

```
int   x=2;
int * px;
px=&x;
```

通过变量名访问变量称为直接访问,而通过指针变量也可以访问变量,但必须通过间接方式来访问。图 10-1 为上述程序的内存状况。

图 10-1　指针与变量

## 10.2　指针变量定义

定义指针变量的格式如下:

　　类型标识符 * 标识符;

其中“标识符”是指针变量的名字,标识符前加了 * 号,表示该变量是指针变量,而最前面的“类型标识符”表示该指针变量所指向的变量的类型,又称为指针变量的基类型。一个指针变量只能指向同一种基类型的变量,也就是说,不能定义一个指针变量,使其既指向一整型变量又指向双精度变量。

例如:

```
int * p;
```

首先说明 p 是一个指针类型的变量,此处需注意在定义中不要漏写符号 * ,否则 p 就是一般的整型变量了。另外,定义中的 int 表示该指针变量为指向整型变量的指针变量,有时也可称 p 为指向整型变量的指针。也就是说,p 是一个变量,它用来存放整型变量的地址。

## 10.3　指针变量赋值

指针变量与普通变量一样,使用之前需要定义,而且必须要赋予具体的值,这一点对指针变量尤其重要,因为未经赋值或未正确赋值的指针变量在使用时可能会造成系统混乱,甚至死机。指针变量只能赋予地址,而不能赋予任何其他数据,否则会出现错误。需要注意的是,在 C 语言中变量的地址由编译系统分配,对用户完全透明,用户不知道也不需要知道变量的具体地址。

C 语言中提供了取地址运算符 & 来获取变量的地址。其一般形式为:

　　& 变量名;

例如 &a 表示变量 a 的地址,&b 表示变量 b 的地址。变量本身必须预先定义。对指针变量进行赋值有以下几种方式:

(1) 指针变量初始化的方法

```
int a;
int * p=&a;
```

在定义指针变量的同时,指定指针变量指向变量 a。

(2) 把一个变量的地址赋予一个指针变量的方法

```
int i=100,x;
int *p;
p=&i;
```

定义了两个整型变量 i 和 x,还定义了一个指向整型变量的指针变量 p。i,x 用来存放整型数据,而 p 只能存放整型变量的地址,通过赋值操作把 i 的地址赋给 p。此时指针变量 p 指向整型变量 i,假设变量 i 的地址为 2000,则赋值后 i 和 p 两个变量的关系如图 10-2 所示。

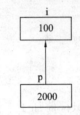

**图 10-2　为指针变量赋值**

C 语言不允许把一个整数直接赋予指针变量,故下面的赋值是错误的:

```
int * p;
p=1000;
```

但如果对整数进行特殊处理——强制类型转换,把整数变为整型指针类型后,就可以进行赋值了,即

```
int * p;
p=(int *)1000;
```

是正确的。

被赋值的指针变量前不能再加 " * " 说明符,如写为 " * p=&a" 也是错误的。

C 语言规定,可为指针变量赋以 NULL 进行初始化,即

```
int * p=NULL;
```

其中 NULL 指针不指向任何有效数据,有时也称 NULL 指针为空指针,实际上,NULL 的值是 0。因此,当调用一个要返回指针的函数时,常使用返回值 NULL 来指示函数调用中某些错误情况的发生。

(3) 把一个指针变量的值赋予另一个指针变量

例如:

```
int i, * pi=&i, * pj;
pj=pi;
```

由于 pi,pj 的基类型相同,所以相互赋值是正确的。

(4) 把数组的首地址赋予指针变量

例如:

```
int array[5], * p;
p=array;
```

此处的赋值是正确的,因为数组名可以表示数组的首地址,即数组名是地址,也是指针,故可将其赋予指针变量。

(5) 把字符串的首地址赋予指向字符类型的指针变量

例如:

```
char * pc;
pc="This is a test";
```

或者采用初始化赋值的方法写为:

```
char * pc="This is a test";
```

这里需注意的是,此处的赋值并不是把整个字符串存入指针变量,而只是把存放该字符串的一系列内存单元的首地址存入指针变量。

## 10.4　指针变量操作

可以对指针变量进行某些操作,但能够进行的操作种类是有限的。除了前面已经介绍的赋值操作外,还可对指针进行部分算术运算(即移动指针)及关系运算(即比较指针)。

### 10.4.1　指针引用

在指针变量指向一个变量后,就可以通过该指针变量来访问其指向的变量了。这时需要应用间接访问运算符"＊"。"＊"是单目运算符,其结合性为自右至左,用来表示指针所指向的变量。其格式为:

```
* 指针变量;
```

例如:

```
int a=1;
int * p=&a;
printf("%d", * p);
```

上述 printf 语句中的 ＊p 就是间接访问运算符的应用。跟在"＊"运算符之后的必须是指针。间接访问运算符"＊"和指针变量定义中的指针说明符"＊"不同:在指针变量定义中,"＊"是类型说明符,表示其后的变量是指针类型;而在表达式中出现的"＊"则是一个运算符,用以表示指针所指向的变量。

【例 10-1】　交换两个指针变量的内容。

```
1   # include <stdio. h>
2   void main()
3   {
4     int a,b;
5     int * pa, * pb, * temp;
6     a=1;
7     b=2;
8     pa=&a;
9     pb=&b;
```

```
10    printf("%d,%d\n", * pa, * pb);
11    temp=pa;
12    pa=pb;
13    pb=temp;
14    printf("Swapped data is %d,%d", * pa, * pb);
15  }
```

【程序分析】 上述程序通过在指针变量之间的赋值实现了指针变量指向变量的交换。程序运行结果如下：

```
1,2
Swapped data is 2,1
```

【例 10-2】 分别使用直接访问和间接访问方式引用变量。

```
1    #include<stdio. h>
2    void main()
3    {
4      int a=5;
5      float b=2.3;
6      int * p=&a;
7      float * q=&b;
8      printf ("%d,%d",a, * p);
9      printf ("%f,%f",b, * q);
10   }
```

程序运行结果如下：

```
5,5
2.300000,2.300000
```

从上述程序的运行结果可知,对变量而言,既可以对其直接引用,也可以通过指针变量间接引用。

【例 10-3】 分别使用直接访问和间接访问方式引用变量。

```
1    #include<stdio. h>
2    void main()
3    {
4      int a=10,b=20,s,t, * pa, * pb;
5      pa=&a;
6      pb=&b;
7      s= * pa+ * pb;
8      t= * pa * * pb;
9      printf("a=%d\nb=%d\na+b=%d\na * b=%d\n",a,b,a+b,a * b);
10     printf("s=%d\nt=%d\n",s,t);
11   }
```

【程序分析】　pa,pb 为整型指针变量,给指针变量 pa 赋值后,pa 指向变量 a,给指针变量 pb 赋值后,pb 指向变量 b。然后求 a+b(*pa 就是 a,*pb 就是 b)及 a*b,并输出结果。以上实例中分别使用变量和指向变量的指针对变量进行访问,可见二者是等价的。但在实际应用中,某些情况下通过指针对变量进行操作可能更灵活一些。

程序运行结果如下:

```
a=10
b=20
a+b=30
a*b=200
s=30
t=200
```

【例 10-4】　通过键盘输入 3 个整数,并且找到其中的最大数和最小数。

【问题分析】　为找到 3 个整数中的最大(最小)值,可以首先找到两个数中的最大(最小)值,然后再将其与第三个数进行比较,从而可确定 3 个数中的最大(最小)值。

```
1    #include<stdio.h>
2    void main()
3    {
4      int a,b,c,*pmax,*pmin;
5      printf("input three numbers:\n");
6      scanf("%d%d%d",&a,&b,&c);
7      if(a>b)
8      {
9        pmax=&a;
10       pmin=&b;
11     }
12     else
13     {
14       pmax=&b;
15       pmin=&a;
16     }
17     if(c>*pmax)
18       pmax=&c;
19     if(c<*pmin)
20       pmin=&c;
21     printf("max=%d\nmin=%d\n",*pmax,*pmin);
22   }
```

程序运行结果如下:

```
input three numbers:
23
34
18
max=34
min=18
```

### 10.4.2　移动指针

指针是地址,也就是变量在内存中的地址,指针变量中保存的是某个变量的地址,那么对指针变量加减一个整数,就可以使指针所指位置发生变化。设 pa 是指向某个变量 a 的指针变量,则 pa+n,pa−n,pa++,++pa,pa−−,−−pa 运算在某些特定情况下都是允许的,指针变量加或减一个整数 n 的意义是把指针指向的当前位置向前或向后移动 n 个位置。应该注意的是,指针变量向前或向后移动一个位置和地址加减 1 在概念上是不同的,因为变量可以有不同的类型,各种类型的变量所占的字节个数是不同的。若指针变量加 1,即向后移动 1 个位置,表示指针变量指向的当前位置加上变量类型所占字节数之后的新地址,而不是在原地址基础上加 1。

【例 10-5】　移动指针,观察其变化。

```
1    #include <stdio.h>
2    void main()
3    {
4      int a=1, * pa;
5      float b=2.3, * pb;
6      char c='a', * pc;
7      pa=&a;
8      pb=&b;
9      pc=&c;
10     printf("\n 变量 a,b,c 的值为%d,%f,%c",a,b,c);
11     printf("\n 指针 pa,pb,pc 的值为%x,%x,%x",pa,pb,pc);
12     printf("\n 指针 pa,pb,pc 修改后的值为%x,%x,%x",pa+1,pb+1,pc+1);
13   }
```

【程序分析】

(1) pa 加 1 后,由于其类型为整型指针,因此地址的变化为原地址加 4(Visual C++ 环境下);

(2) pb 加 1 后,由于其类型为浮点型指针,因此地址的变化为原地址加 4;

(3) pc 加 1 后,由于其类型为字符型指针,因此地址的变化为原地址加 1。

程序运行结果如下:

```
变量 a,b,c 的值为1,2.300000,a
指针 pa,pb,pc 的值为12ff7c,12ff74,12ff6c
指针 pa,pb,pc 修改后的值为12ff80,12ff78,12ff6d
```

### 10.4.3　指针比较

指向相同数据类型变量的两个指针变量进行关系运算可表示它们所指内存位置（或内存地址）之间的关系。例如,对两个相同类型的指针变量 p1 和 p2：

(1) p1==p2 表示 p1 和 p2 指向同一内存位置；

(2) p1>p2 表示 p1 处于高地址位置；

(3) p1<p2 表示 p1 处于低地址位置。

指针变量还可以与 0 比较。设 p 为指针变量,p==0 成立表明 p 是空指针,它不指向任何变量；在 C 语言中,空指针用 NULL 表示,即 NULL=0,p!=NULL 成立表示 p 不是空指针。空指针是由对指针变量赋予 0 值（NULL）而得到的。

例如：

```
int * p=NULL;
```

对指针变量赋以 NULL 和不赋值是不同的。指针变量未赋值时,可以是任意值,是不能使用的,否则可能会出现意外错误。而指针变量赋 NULL 值后,就可以对其进行使用,只是它不指向具体的变量。

## 10.5　一维数组和指针

### 10.5.1　一维数组和数组元素的地址

可以将数组与指针联系起来,为操作数组提供方便。在讨论一维数组和指针变量的联合使用之前,需要明确以下几点：

(1) 一个数组是由连续的一系列内存单元组成的,数组名就是这块连续内存单元的首地址；

(2) 一个数组是由各个数组元素组成的,每个数组元素按其类型不同占有几个连续的内存单元；

(3) 一个数组元素的首地址也是指它所占有的几个内存单元的首地址,如不特别声明,后续内容中所说的数组元素地址均指数组元素的首地址。

### 10.5.2　指针与数组元素操作

一个指针变量既可以指向一个数组元素,也可以指向一个数组。为使指针变量指向数组的第一个元素,可把数组名或第一个元素的地址赋予指针变量。若使指针变量指向第 i 个数组元素,可把第 i 个元素的首地址或把数组名加 i 赋予指针变量,即所谓的"指向数组元素的指针"。具体使用如下：

首先定义一个整型数组和一个指向整型数据的指针变量：

```
int a[10], * p;
```

可以使整型指针 p 指向数组中任何一个元素,假定进行以下赋值运算：

```
p=&a[0];
```

此时,p 指向数组中的第一个元素,即 a[0],指针变量 p 中存储了数组元素 a[0] 的地址,由于数组元素在内存中是连续存放的,因此可以通过指针变量 p 及其有关运算间接访问数组中的任何一个元素。C 语言中,数组名代表数组的第 1 个元素的地址,因此下面两个语句是等价的:

```
    p=&a[0];
    p=a;
```

根据地址运算规则,a+1 为 a[1] 的地址,a+i 为 a[i] 的地址。

下面给出用指针表示数组元素的地址和内容的几种形式:

(1) p+i 和 a+i 均表示 a[i] 的地址,或者说它们都指向了 a[i];

(2) *(p+i) 和 *(a+i) 都表示 p+i 和 a+i 所指对象的内容,即 a[i];

(3) 指向数组元素的指针也可以表示成数组的形式,也就是说,它允许指针变量带下标,如 p[i] 与 *(p+i) 等价。

假如 p=a+1;,则 p[2] 就相当于 *(p+2),由于 p 指向 a[1],所以 p[2] 就相当于 a[3]。而 p[-1] 就相当于 *(p-1),它表示 a[0]。

当指针指向数组元素时,允许进行以下运算:

(1) 加一个整数(用+或+=),如 p+1;

(2) 减一个整数(用-或-=),如 p-1;

(3) 自增运算,如 p++,++p;

(4) 自减运算,如 p--,--p;

(5) 两个指针相减,如 p1-p2(只有 p1 和 p2 都指向同一数组中的元素时才有意义)。

两个指针变量相减所得之差是两个指针所指数组元素之间相差的元素个数,它实际上是两个指针值(地址)的差除以该数组每个元素的字节数的结果。例如 p1 和 p2 是指向同一浮点型数组的两个指针变量,设 p1 的值为 2010H,p2 的值为 2000H,而浮点数组每个元素占 4 个字节,所以 p1-p2 的结果为(2000H-2010H)/4=4,表示 p1 和 p2 之间相差 4 个元素。两个指针变量不能进行加法运算,例如,p1+p2 是错误的,无实际意义。

【例 10-6】 使用指针访问数组元素。

```
1   #include<stdio.h>
2   void main()
3   {
4      int a[5]={3,2,7,6,8};
5      int i,j;
6      for (i=0;i<5;i++)
7        printf("\n%d,%d",a[i], *(a+i));
8   }
```

### 10.5.3 应用举例

【例 10-7】 将数组 a 中 n 个整数按相反顺序存放。

【问题分析】 为达到反序存放的目的,以中间元素 a[(n-1)/2] 为界,将其两侧数

组元素进行交换,即 a[0]与 a[n−1]交换,a[1]与 a[n−2]交换,……,a[(n−1)/2−1]
与 a[(n−1)/2+1]交换。

程序如下:

```
1    #include <stdio.h>
2    void main()
3    {
4      int i, a[10];
5      int * p;
6      int temp,n;
7      p=a;
8      n=10;
9      for(i=0;i<10;i++)
10     {
11       scanf("%d",p);
12       p=p+1;
13     }
14     for(i=0;i<10;i++)
15       printf("%d",a[i]);
16     printf("\n");
17     for(i=0;i<=(n-1)/2;i++)
18     {
19       temp= * (a+i);
20       * (a+i)= * (a+n-1-i);
21       * (a+n-1-i)=temp;
22     }
23     for(i=0;i<10;i++)
24       printf("%d ",a[i]);
25     printf("\n");
26   }
```

程序运行结果如下:

**【例 10-8】**　将数组 a 中 n 个整数按从小到大顺序存放。

【问题分析】 定义数组 a 存放 10 个整数,定义整型指针变量 p 并指向 a[0],用选择法进行排序。选择法排序的基本思想与冒泡排序相似,它将整个数组分为两部分,即已排序的部分与未排序的部分。

(1) 初始时 a[0],…,a[n−1] 为无序区。

(2) 第一趟扫描。从无序区起始位置开始依次比较,即 (a[0],a[1]),…,(a[0], a[n−2]),(a[0],a[n−1]) 两两比较;并假定 k 的初始值为 0,每次比较后若 a[k]> a[i],则更新 k 为 i;所有的元素都比较后,若 k!=0,则交换 a[0] 与 a[k]。

第一趟扫描完毕时,最小的值被放在 a[0] 的位置上。

(3) 第二趟扫描。扫描 a[1],…,a[n−1]。扫描完毕时,"次小"的值放到 a[1] 的位置上。

……

最后经过 n−1 趟扫描后可得到有序区 a[0],…,a[n−1]。

【注意】 第 i 趟扫描时,a[0],…,a[i−2](i>=2) 和 a[i−1],…,a[n−1] 分别为当前的有序区和无序区。扫描仍是从无序区起始位置向后直至该区结束。扫描完毕时,该区中最小值存放到位置 a[i−1] 上,结果是 a[0],…,a[i−1] 变为新的有序区。

程序如下:

```
1   #include <stdio.h>
2   void main()
3   {
4     int i,j,k,t,n;
5     int * p,a[10];
6     n=10;
7     p=a;
8     for(i=0;i<10;i++)
9       scanf("%d",p++);
10    p=a;
11    for(i=0;i<n-1;i++)
12    {
13      k=i;
14      for(j=i+1;j<n;j++)
15        if ( * (p+j)< * (p+k))
16          k=j;
17      if(k!=i)
18      {
19        t= * (p+i);
20        * (p+i)= * (p+k);
21        * (p+k)=t;
22      }
23    }
```

```
24      for(p=a,i=0;i<10;i++)
25      {
26          printf("%d",*p);
27          p++;
28      }
29      printf("\n");
30  }
```

程序运行结果如下：

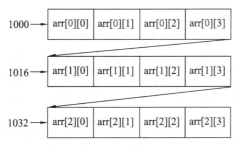

## 10.6　二维数组和指针

### 10.6.1　二维数组和数组元素的地址

与一维数组一样，二维数组的所有元素也连续存放，占用一块连续的内存空间，而且 C 语言中的二维数组是按行存放的，也就是说只有存放完一行的元素后，才去存放下一行的元素。下面以二维数组 a[3][4] 为例，分析其数组元素的地址：

        int arr[3][4];

arr 为二维数组名，假定第一个数组元素的首地址为 1000，此数组有三行四列，共 12 个元素。可这样理解：数组 arr 由 3 个元素组成：arr[0]，arr[1]，arr[2]，每个元素又是一个一维数组，且都含有 4 个元素，例如：arr[0] 所代表的一维数组所包含的 4 个元素为 arr[0][0]，arr[0][1]，arr[0][2]，a[0][3]，整个数组的存储如图 10-3 所示。

```
1000 →  | arr[0][0] | arr[0][1] | arr[0][2] | arr[0][3] |

1016 →  | arr[1][0] | arr[1][1] | arr[1][2] | arr[1][3] |

1032 →  | arr[2][0] | arr[2][1] | arr[2][2] | arr[2][3] |
```

**图 10-3　数组 arr[3][4] 的存储结构**

每个数组元素各占 4 个字节的存储空间，则第一行的 4 个元素的地址分别为 1000，1004，1008，1012，第二行的 4 个元素的地址分别为 1016，1020，1024，1028，第三

169

行的 4 个元素的地址分别为 1032,1036,1040,1044。

数组名代表的是数组的首地址,对二维数组 arr 来讲,arr 代表二维数组的首地址,而 arr 也可看成是二维数组第 0 行的首地址,arr+1 就代表第 1 行的首地址,arr+2 就代表第 2 行的首地址。如果此二维数组的首地址为 1000,由于第 0 行有 4 个整型元素,所以 arr+1 为 1016,arr+2 也就为 1032。

既然可以把 arr[0],arr[1],arr[2]看成是一维数组名,那么就可以认为它们分别代表其所对应的数组的首地址,也就是说,arr[0]代表第 0 行中第 0 列元素的地址,即 &arr[0][0],arr[1]是第 1 行中第 0 列元素的地址,即 &arr[1][0],根据地址运算规则,arr[0]+1 即代表第 0 行第 1 列元素的地址,即 &arr[0][1]。arr[i]+j 即代表第 i 行第 j 列元素的地址,即 &arr[i][j]。

### 10.6.2 指针与数组元素操作

#### 1. 数组元素与指针

在二维数组中,还可以指针形式来表示各元素的地址。以上节中的 arr[3][4]为例,与一维数组类似,arr[0]与 *(arr+0)等价,arr[1]与 *(arr+1)等价,arr[2]与 *(arr+2)等价,因此 arr[i]+j 与 *(arr+i)+j 等价,表示数组元素 arr[i][j]的地址。

arr 表示数组第 0 行的首地址,而 *arr 与 arr[0]等价,arr[0]是数组名,当然也是地址,它就是数组第 0 行第 0 列元素的地址。arr[0]是第 1 个一维数组的数组名和首地址,为 1000。*(arr+0)或 *arr 是与 arr[0]等效的,它表示一维数组 arr[0]的第 0 号元素的首地址,也为 1000;&arr[0][0]是二维数组 arr 的第 0 行第 0 列元素的首地址,同样是 1000。因此,arr,arr[0],*(arr+0),*arr,&arr[0][0]的值是相等的。同理,arr+1 是二维数组第 1 行的首地址,为 1016。arr[1]是第 2 个一维数组的数组名和首地址,也为 1016。&arr[1][0]是二维数组 arr 的第 1 行第 0 列元素地址,也是 1016。因此,arr+1,arr[1],*(arr+1),&arr[1][0]的值是相等的。由此可得到结论:arr+i,arr[i],*(arr+i),&arr[i][0]的值是相等的,而且 &arr[i]和 arr[i]的值也是相等的。因为在二维数组中不能把 &arr[i]理解为元素 arr[i]的地址,不存在元素 arr[i]。

【例 10-9】 求二维数组元素的地址。

```
1    #include<stdio.h>
2    void main()
3    {
4        int a[3][4]={0,1,2,3,4,5,6,7,8,9,10,11};
5        printf("%d,%d,%d,%d,%d,\n",a,*a,a[0],&a[0],&a[0][0]);
6        printf("%d,%d,%d,%d,%d,\n",a+1,*(a+1),a[1],&a[1],&a[1][0]);
7        printf("%d,%d,%d,%d,%d,\n",a+2,*(a+2),a[2],&a[2],&a[2][0]);
8        printf("%d,%d\n",a[1]+1,*(a+1)+1);
9        printf("%d,%d\n",*(a[1]+1),*(*(a+1)+1));
10   }
```

程序运行结果如下:

```
1245008,1245008,1245008,1245008,1245008,
1245024,1245024,1245024,1245024,1245024,
1245040,1245040,1245040,1245040,1245040,
1245028,1245028
5,5
```

从上述结果可看出 arr+i,arr[i],*(arr+i),&arr[i][0]是相同的,也就是说, arr[i]+j就与*(arr+i)+j等价,它表示数组元素 arr[i][j]的地址,而 *(arr[i]+j)与 *(*(arr+i)+j)相同,都表示 arr[i][j]。

2. 行指针

在对二维数组进行处理时还有一类特殊的指针类型,即行指针。什么是行指针呢? 指向一个由 n 个元素所组成的数组的指针称为行指针。行指针的定义格式如下:

　　　　类型标识符　（*指针变量名)[数组包含的元素个数]

例如,

```
        int (*p)[4];
```

指针 p 为指向一个由 4 个元素所组成的整型数组的行指针。在定义中,圆括号是 不能少的,否则它是指针数组。这种行指针不同于前面介绍的整型指针。当整型指针 指向一个整型数组的元素时,进行指针(地址)加 1 运算,它表示指向数组的下一个元 素,地址值增加了 4;而以上所定义的指向一个由 4 个元素组成的行指针进行地址加 1 运算后,其地址值增加了 16。行指针在处理二维数组时有其方便之处。

【例 10-10】　应用行指针引用二维数组的元素。

```
1    #include <stdio.h>
2    void main()
3    {
4      int a[3][4]={ {1,2,3,4}, {5,6,7,8}, {9,10,11,12}};
5      int i,j,(*b)[4];
6      b=a;
7      for(i=0;i<3;i++)
8      {
9        for (j=0;j<4;j++)
10         printf("%3d",*(*(b+i)+j));
11       printf("\n");
12     }
13   }
```

程序运行结果如下:

```
 1  2  3  4
 5  6  7  8
 9 10 11 12
```

【程序分析】　此例之所以可以进行 b=a 的赋值操作,是因为 a 是一个行指针,也 就是说二维数组的数组名是行指针,而访问具体的二维数组元素不能通过行指针直接实现,必须转化为指向数组元素的指针。转换的方法为:若 a+i 是行指针,欲得到第 i 行第 0 个元素的地址,应该使用 * (a+i)。

### 10.6.3 应用举例

【例 10-11】 输出一个二维数组的指定行和指定列。

```
1   #include <stdio.h>
2   void main(  )
3   {
4     int a[ ][5]={1,2,3,4,5,6,7,8,9,10,11,12,13,14,15};
5     int  i,row,col,(*p)[5];
6     p=a;
7     printf("请输入二维数组的行(0~2)列(0~4):");
8     scanf("%d%d",&row,&col);
9     printf("第%d行的数组元素是:",row);
10    for(i=0;i<5;i++)
11      printf("%5d",*(*(p+row)+i));
12    printf("\n第%d列的数组元素是:",col);
13    for(i=0;i<3;i++)
14      printf("%5d",*(p[i]+col));
15    printf("\n");
16  }
```

程序运行结果如下:

```
请输入二维数组的行(0~2)列(0~4):2 3
第2行的数组元素是:   11   12   13   14   15
第3列的数组元素是:    4    9   14
```

## 10.7  指针数组

可以把指向同一种数据类型的多个指针组织在一起,构成一个数组,这就是指针数组。指针数组中的每个元素都是指针,根据数组的定义,指针数组中每个元素都是指向同一数据类型的指针。指针数组的定义格式为:

　　类型标识符　*数组名[整型常量表达式];

例如:

　　int *a[10];

定义了一个指针数组,数组中的每个元素都是指向整型数据的指针,该数组由 10 个元素组成,即 a[0],a[1],a[2],…,a[9],它们均为指针。a 为该指针数组名,和普通数组一样,a 是常量,不能对它进行自增和自减运算。a 为指针数组元素 a[0] 的地址,a+i 为 a[i] 的地址,*a 就是 a[0],*(a+i) 就是 a[i]。

通常可用一个指针数组来指向一个二维数组。指针数组中的每个元素被赋予二维数组每一行的首地址,也可理解为该指针数组中每一个元素指向一个一维数组。

【例 10-12】　分别使用普通指针和指针数组访问数组元素。

```
1   #include <stdio.h>
2   void main()
3   {
4     int i;
5     int a[3][3]={1,2,3,4,5,6,7,8,9};
6     int *pa[3]={a[0],a[1],a[2]};
7     int *p=a[0];
8     for(i=0;i<3;i++)
9       printf("%d,%d,%d\n",a[i][2-i],*a[i],*(*(a+i)+i));
10    for(i=0;i<3;i++)
11      printf("%d,%d,%d\n",*pa[i],p[i],*(p+i));
12  }
```

【程序分析】　本程序中 pa 是一个指针数组,3 个元素分别指向二维数组 a 的各行。然后用循环语句输出指定的数组元素。其中 *a[i] 表示第 i 行第 0 列元素值; *(*(a+i)+i) 表示第 i 行第 i 列的元素值; *pa[i] 表示第 i 行第 0 列元素值;由于 p 与 a[0] 相同,故 p[i] 表示第 0 行第 i 列的值, *(p+i) 表示第 0 行第 i 列的值。

程序运行结果如下:

```
3,1,1
5,4,5
7,7,9
1,1,1
4,2,2
7,3,3
```

在程序设计过程中应注意指针数组和行指针变量的区别。虽然这两者都可用来表示二维数组,但其表示方法和意义是不同的。行指针变量表示的是一个指针,其一般形式中"(*指针变量名)"两边的括号不可少;而指针数组表示的是多个指针(一组有序指针),在其一般形式中"*数组名"两边不能有括号。例如 int (*p)[3];表示一个指向二维数组的行指针变量,该二维数组的列数为 3 或分解为一维数组的长度为 3;int *p[3];表示 p 是一个指针数组,其 3 个下标变量 p[0],p[1],p[2] 均为指针变量。

## 10.8　字符指针

字符串常量是由双引号括起来的字符序列,例如"this is a string"就是一个字符串常量。在程序中使用字符串常量时,C 编译程序为字符串常量安排一个存储区域,这个区域在整个程序运行的过程中始终占用。字符串常量的长度是指该字符串的有效字符个数,但在实际存储时,C 编译程序还会自动在该字符串序列的末尾加上一个特殊字符'\0',用来标志字符串的结束,因此一个字符串常量所占的字节数总比它的有效字符个数多 1。

在 C 语言中使用一个字符串常量的方法有以下几种。

(1) 把字符串常量存放在一个字符数组之中。例如：

```
char s[]="a string";
```

数组 s 共由 9 个元素所组成,其中 s[8]中的内容是'\0'。实际上,在字符数组定义的过程中,编译程序直接把字符串复制到数组中,即对数组 s 进行初始化。

(2) 用字符指针指向字符串,然后通过字符指针来访问字符串存储区域。当字符串常量在表达式中出现时,根据数据的类型转换规则,它被转换成字符指针。因此,可以进行以下定义：

```
char * cp;
cp="a string";
```

这个赋值语句使 cp 指向字符串常量中的第 1 个字符 a,这样就可通过 cp 来访问这一存储区域,如 * cp 或 cp[0]就是字符 a,而 cp[i]或 * (cp+i)就相当于字符串的第 i 个字符,但试图通过指针来修改字符串常量的操作是不允许的。

指向字符串的指针变量的定义与指向字符变量的指针变量的定义是相同的,只能按对指针变量的赋值不同进行区别。指向字符变量的指针变量应赋予该字符变量的地址。例如：

```
char c, * p=&c;
```

表示 p 是一个指向字符变量 c 的指针变量。

而

```
char * s="Language";
```

则表示 s 是一个指向字符串的指针变量,把字符串的首地址赋予 s。

例如：

```
1    #include <stdio.h>
2    void main()
3    {
4        char * ps;
5        ps="Language";
6        printf("%s",ps);
7    }
```

程序运行结果如下：

```
Language
```

【程序分析】 本例中首先定义一个字符指针变量 ps,然后把字符串的首地址赋予 ps。程序中的char * ps;ps="Language";等效于char * ps="Language";。

```
1    #include <stdio.h>
2    void main()
3    {
4        char * ps="this is a book";
5        int n=10;
6        ps=ps+n;
7        printf("%s\n",ps);
```

```
8   }
```

程序运行结果如下:

```
    book
```

【程序分析】　程序在对 ps 初始化时已把字符串首地址赋予 ps,当 ps=ps+10 之后,ps 指向字符'b',因此输出为 book。

```
1    #include <stdio.h>
2    void main()
3    {
4      char st[20], * ps;
5      int i;
6      printf("input a string:\n");
7      ps=st;
8      scanf("%s",ps);
9      for(i=0;ps[i]!='\0';i++)
10       if(ps[i]=='k')
11       {
12         printf("there is a \'k\' in the string\n");
13         break;
14       }
15     if(ps[i]=='\0')
16       printf("There is no \'k\' in the string\n");
17   }
```

【程序分析】　上述程序是在输入的字符串中查找有无'k'字符。

下例是将指针变量指向一个格式字符串,用在 printf 函数中,以输出二维数组的各种地址表示值,但在 printf 语句中用指针变量 PF 代替了格式串。这也是程序中常用的方法。

```
1    #include <stdio.h>
2    void main()
3    {
4      int a[3][4]={0,1,2,3,4,5,6,7,8,9,10,11};
5      char * PF;
6      PF="%d,%d,%d,%d,%d\n";
7      printf(PF,a, * a,a[0],&a[0],&a[0][0]);
8      printf(PF,a+1, * (a+1),a[1],&a[1],&a[1][0]);
9      printf(PF,a+2, * (a+2),a[2],&a[2],&a[2][0]);
10     printf("%d,%d\n",a[1]+1, * (a+1)+1);
11     printf("%d,%d\n", * (a[1]+1), * ( * (a+1)+1));
12   }
```

下面介绍指向字符串的指针变量与字符数组的区别。

字符数组和字符指针变量都可实现字符串的存储和处理,但二者是有区别的,在使用过程中需注意以下问题:

(1)字符串指针变量是一个变量,用于存放字符串的首地址,而字符串本身是存放在以该首地址起始的一块连续的内存空间中并以'\0'作为字符串的结束。字符数组是由若干个数组元素组成的,它可用来存放整个字符串。

(2)对字符串指针方式

```
char * ps=" Language";
```

可以写为:

```
char * ps;ps=" Language";
```

而对数组方式:

```
char st[]={"Language"};
```

不能写为:

```
char st[20];st={" Language"};
```

从以上两点可以看出字符串指针变量与字符数组在使用时的区别。如前所述,一个指针变量在未获得确定地址前使用是危险的,容易引起错误,但对指针变量直接赋以字符串是可以的,因此

```
char * ps="C Language";
```

或者

```
char * ps;
ps="C Language";
```

都是合法的。

【例 10-13】 打印 1 月至 12 月的月名。

```
1   #include <stdio. h>
2   void main()
3   {
4     char * name[]={
5     "Illegal month",
6     "January",
7     "February",
8     "March",
9     "April",
10    "May",
11    "June",
12    "July",
13    "August",
14    "September",
15    "October",
16    "November",
17    "December"
```

```
18      };
19      int i;
20      for(i=0; i<13; i++)
21          printf("%s\n", name[i]);
22  }
```

程序运行结果如下：

```
Illegal month
January
February
March
April
May
June
July
August
September
October
November
December
```

**【例 10-14】**　将字符串"BASIC","ADA","Pascal","C","Fortran"按从小到大的顺序排序后输出。

```
1      #include <stdio. h>
2      #include<string. h>
3      void main()
4      {
5          char * temp, * ps[5]={"BASIC","ADA","Pascal","C","Fortran"};
6          int i,j,k;
7          for(i=0;i<4;i++)
8          {
9              k=i;
10             for(j=i+1;j<5;j++)
11                 if(strcmp(ps[k],ps[j])>0)
12                         k=j;
13             if(k!=i)
14             {
15                 temp=ps[i];
16                 ps[i]=ps[k];
17                 ps[k]=temp;
18             }
19         }
20         for(i=0;i<4;i++)
21             printf("%s,",ps[i]);
22         printf("%s\n",ps[4]);
```

```
23    }
```

程序运行结果如下：

```
ADA,BASIC,C,Fortran,Pascal
```

**【程序分析】**   本程序利用选择法对字符串进行排序,程序利用字符串比较函数 strcmp 来判别两个字符串的大小。比较过程中改变指针数组 ps 元素的指向,最后将使得元素 ps[i]的下标 i 值越小,则 ps[i]指向值越小的字符串。

可以通过指向字符串的指针变量处理字符串,也可以通过字符数组处理字符串。下例通过二维字符数组处理字符串,这时可以把字符型二维数组的每一行作为一维字符数组来处理。

**【例 10-15】**   编写一程序,输入数字星期几,则输出英文对应的星期几。例如,输入"0",则输出"Sunday",若输入"6",输出"Saturday"。

```
1    #include <stdio.h>
2    void main()
3    {
4      char weeks[][10]={"Sunday","Monday","Tuesday","Wednesday",
5      "Thursday","Friday","Saturday"};
6      int i;
7      do
8      {
9        printf("请输入星期几(数字 0~6):");
10       scanf("%d",&i);
11     }while(i<0||i>6);
12     printf("%s\n",weeks[i]);
13   }
```

程序运行结果如下：

```
请输入星期几(数字 0-6):4
Thursday
```

# 10.9  多级指针

由前面的介绍可知,通过指针访问变量的方式称为间接访问。由于指针变量直接指向变量,所以称为单级间接访问,如果通过指向指针的指针变量来访问变量,则构成了二级或多级间接访问。在 C 语言中,对间接访问的级数并未明确限制,但是间接访问级数太多时不容易理解,也容易出错,因此一般很少采用超过二级的间接访问形式。指向指针的指针变量说明的一般形式为：

　　　　类型说明符　　＊＊指针变量名;

　　例如：

```
        int * * pp;
```

表示 pp 是一个指针变量,它指向另一个指针变量,而这个指针变量指向一个整型数据。现举例说明这种关系。

【例 10-16】　二级指针的使用。

```
1    #include <stdio.h>
2    void main()
3    {
4      int x, * p, * * pp;
5      x=10;
6      p=&x;
7      pp=&p;
8      printf("x=%d\n", * * pp);
9    }
```

【程序分析】　本程序中 p 是一个指针变量,指向整型量 x;pp 也是一个指针变量,它指向指针变量 p。通过 pp 变量访问 x 的写法是 * * pp。程序最后输出 x 的值为 10。

程序运行结果如下:

```
x=10
```

## 10.10　动态内存分配与指针

"动态"内存分配是指程序运行时系统根据需要分配存储空间以存储数据。需要注意的是,使用结束后要及时释放所分配的空间,否则剩余内存空间就会越来越少,影响系统运行。C 语言中常用 malloc()和 calloc()函数来动态地分配内存空间。

(1) 函数 malloc()

【功能】　malloc 向系统申请分配指定长度的内存块。返回类型是 void * 类型。void * 表示未确定类型的指针。C 语言规定,void * 类型可以强制转换为任何其他类型的指针。

【原型】　void * malloc(unsigned int num_bytes);

【头文件】　在 Visual C++6.0 中可以用 malloc.h 或者 stdlib.h。

【返回值】　如果分配成功,则返回指向被分配内存块的指针,否则返回空指针 NULL。

当内存不再使用时,应使用 free()函数将内存块释放。

(2) 函数 calloc()

【功能】　在内存的动态存储区中分配 n 个长度为 size 的内存块。

【与 malloc 的区别】　calloc 在动态分配内存后,自动初始化该内存块每一个内存单元为 0,而 malloc 不进行初始化,该内存块的数据是随机的。

【原型】　void * calloc(unsigned n,unsigned size);//分配 n 个长度为 size 的连续空间

【头文件】　stdlib.h 或 malloc.h

【返回值】　如果分配成功,函数返回一个指向该内存块起始地址的指针;如果分

配不成功,返回 NULL。

【例 10-17】 calloc 函数的使用。

```
1   # include <stdlib. h>
2   # include <string. h>
3   # include <stdio. h>
4   void main( )
5   {
6     char * str = NULL;
7     str = (char * )calloc(10, sizeof(char));
8     strcpy(str, "Test");
9     printf("String is %s\n", str);
10    free(str);
11  }
```

程序运行结果如下:

```
String is Test
```

(3) 函数 realloc( )

【功能】 先释放原来 mem_address 所指内存区域,并按照 newsize 指定的大小重新分配空间,同时将原有数据从头到尾拷贝到新分配的内存区域,并返回该内存区域的首地址,即重新分配存储器块。

【原型】 void * realloc(void * mem_address, unsigned int newsize);

【头文件】 stdlib. h 或 malloc. h。

【返回值】 如果重新分配成功,则返回指向被分配内存的指针,否则返回空指针 NULL。

【注意】 这里原始内存中的数据是保持不变的。当内存不再使用时,应使用 free( ) 函数将内存块释放。

【例 10-18】 realloc 函数的使用。

```
1   # include<stdio. h>
2   # include<stdlib. h>
3   void main()
4   {
5     int i;
6     int * pn=(int * )malloc(5 * sizeof(int));
7     printf("%d\n",pn);
8     for(i=0;i<5;i++)
9       scanf("%d",&pn[i]);
10    pn=(int * )realloc(pn,10 * sizeof(int));
11    printf("%d",pn);
12    for(i=0;i<5;i++)
13      printf("\n%d",pn[i]);
```

```
14    printf("\n");
15    free(pn);
16  }
```

程序运行结果如下:

```
3671976
23
32
12
45
56
3671976
23
32
12
45
56
```

## 10.11　综合程序举例

【**例 10-19**】　有 n 个整数排成一个序列,从键盘上接收一个正整数 m,使该序列后移 m 个位置,即最后 m 个数变成前面 m 个数。

【**问题分析**】　此问题是一个典型的"循环移位"问题,可以将移位过程进行分解,如果要求数据依次后移 m 个位置,则可以将移位过程分解为 m 遍移位,在程序中就可以通过 m 遍循环实现,而每一次循环将数组中数据向后移动一个位置,这样就可将复杂的问题简单化了。

程序如下:

```
1   #include <stdio.h>
2   void main()
3   {
4     int number[10]={1,2,3,4,5,6,7,8,9,10}, n, m, i,t;
5     int * p, array_end;
6     n=10;
7     printf("Data before shiftting:\n");
8     for(i=0;i<n;i++)
9       printf("%3d", * (number+i));
10    printf("\n");
11    printf("how many numbers do you want to move?\n");
12    scanf("%d",&m);
13    for(i=0;i<m;i++)
14    {
15      t= * (number+n-1);
16      for(p=number+n-1;p>number;p--)
```

```
17        * p= * (p−1);
18      * number=t;
19    }
20    printf("Data after shiftting:\n");
21    for(i=0;i<n;i++)
22      printf("%3d", * (number+i));
23    printf("\n");
24  }
```

程序运行结果如下：

```
Data before shiftting:
  1 2 3 4 5 6 7 8 9 10
how many numbers do you want to move?
3
Data after shiftting:
  8 9 10 1 2 3 4 5 6 7
```

【例 10-20】 判断一个字符串是否回文（所谓回文就是指字符串顺序输出与逆序输出结果相同，如 aba,abcba 等）。若是回文，输出 yes,否则输出 no。

【问题分析】 回文字符串的特点为该字符串是对称的，即字符串关于中间位置对称。也就是说，如果字符串有 n 个字符，则字符串的第 1 个字符与第 n 个字符相同，第 2 个字符与第 $n-1$ 个字符相同，……，而第 $n/2-1$ 个字符与第 $n/2+1$ 个字符相同。我们就以此为标准判断某字符串是否为回文。

```
1   #include <stdio. h>
2   #include <string. h>
3   void main()
4   {
5     char * a="abcffcba", * p1=a, * p2;
6     int n,i,t=0;
7     puts(a);
8     n=strlen(a);
9     p2=p1+n−1;
10    for(i=0;i<n/2;i++,p1++,p2−−)
11      if( * p1!= * p2)
12      {
13        t=1;
14        break;
15      }
16    if(t==0)
17      printf("yes. \n");
18    else
19      printf("no. \n");
```

20 　}

程序运行结果如下：

```
abcffcba
yes.
```

【例 10-21】　在二维数组 a 中选出各行最大的元素组成一个一维数组 b。

$$a=\begin{bmatrix} 3 & 16 & 87 & 65 \\ 4 & 32 & 11 & 108 \\ 10 & 25 & 12 & 37 \end{bmatrix} \qquad b=\begin{bmatrix} 87 \\ 108 \\ 37 \end{bmatrix}$$

【问题分析】　此题目与第 9 章"数组"中的例子相同，但此处要求使用指针实现，其基本思路相同，即在数组 a 的每一行中寻找最大的元素，找到之后把该值赋予数组 b 相应的元素即可。

程序如下：

```
1    #include <stdio.h>
2    void main()
3    {
4      int a[][4]={3,16,87,65,4,32,11,108,10,25,12,37};
5      int b[3],i,j,l;
6      int (*p)[4];
7      int *p1=b;
8      p=a;
9      for(i=0;i<=2;i++)                          //找到每一行的最大值并
10                                                 //保存到l中
11     {
12       l=*(*(p+i));                              //将第i行最大值存入b[i]
13       for(j=1;j<=3;j++)
14         if(*(*(p+i)+j)>l)
15           l=*(*(p+i)+j);
16         *(p1+i)=l;
17     }                                           /*每行输出4个元素*/
18     printf("\narray a:\n");
19     for(i=0;i<=2;i++)                           /*换行*/
20     {
21       for(j=0;j<=3;j++)
22         printf("%5d",a[i][j]);                  /*输出每行的最大值*/
23       printf("\n");
24     }
25     printf("\narray b:\n");
26     for(i=0;i<=2;i++)
27       printf("%5d",b[i]);
```

```
28    printf("\n");
29  }
```

程序运行结果如下:

```
array a:
    3    16    87    65
    4    32    11   108
   10    25    12    37

array h:
   87   108    37
```

## 本章小结

1. 指针是 C 语言中一个重要的组成部分,使用指针编程具有以下优点:

(1) 提高程序的编译效率和执行速度。

(2) 便于表示各种数据结构,编写高质量的程序。

2. 指针的运算

(1) 取地址运算符 &:求变量的地址

(2) 取内容运算符 *:表示指针所指的变量

(3) 赋值运算

① 把变量地址赋予指针变量

② 同类型指针变量相互赋值

③ 把数组、字符串的首地址赋予指针变量

(4) 加减运算

指向数组、字符串的指针变量可以进行加减运算,如 p+n,p-n,p++,p--等。指向同一数组的两个指针变量可以相减。指向其他类型的指针变量作加减运算是无意义的。

(5) 关系运算

指向同一数组的两个指针变量之间可以进行大于、小于、等于比较运算。指针可与 0 比较,p==0 表示 p 为空指针。

3. 与指针有关的各种说明和意义见下表。

| 说　明 | 意　义 |
| --- | --- |
| int * p | p 为指向整型量的指针变量 |
| int * p[n] | p 为指针数组,由 n 个指向整型量的指针元素组成。 |
| int ( * p)[n] | p 为行指针变量,可以指向一个二维数组中的一行,其列数为 n |
| int * p() | p 为返回指针值的函数,该指针指向整型量 |
| int ( * p)() | p 为指向函数的指针,该函数返回整型量 |
| int * * p | p 为一个指向另一指针的指针变量,该指针指向一个整型量 |

---
习 题 ⑩
---

**一、选择题**

1. 若有下面的程序段：

```
char s[]="china";char *p; p=s;
```

则下列叙述正确的是_____。

A. s 和 p 完全相同

B. 数组 s 中的内容和指针变量 p 中的内容相等

C. s 数组长度和 p 所指向的字符串长度相等

D. *p 与 s[0]相等

2. 若有语句 int *point,a=4; 和 point=&a; ，下面均代表地址的是_____。

A. a,point,*&a                    B. &*a,&a,*point

C. *&point,*point,&a              D. &a,&*point,point

3. 设有定义 int n=0,*p=&n,**q=&p; ，则下列选项中正确的赋值语句是_____。

A. p=1;         B. *q=2;         C. q=p;         D. *p=5;

4. 若说明 int *p,n; ，则通过语句 scanf 能够正确读入数据的程序段是_____。

A. p=&n;scanf("%d",&p);          B. p=&n;scanf("%d",*p);

C. scanf("%d",n);                D. p=&n;scanf("%d",p);

5. 下面程序的输出结果是_____。

```
1    void main()
2    {
3      int a[10]={1,2,3,4,5,6,7,8,9,10},*p=a;
4      printf("%d\n",*(p+2));
5    }
```

A. 3             B. 4             C. 1             D. 2

6. 有如下程序：

```
1    int a[10]={1,2,3,4,5,6,7,8,9,10};
2    int *p=&a[3],b;b=p[5];
```

则 b 的值是_____。

A. 5             B. 6             C. 9             D. 8

7. 下面能正确进行字符串赋值操作的是_____。

A. char s[5]={"ABCDE"};

B. char s[5]={'A','B','C','D','E'};

C. char ＊s;s="ABCDE";

D. char ＊s;char a; scanf("％s",＆s);

8. 执行以下程序后,a,b 的值分别为＿＿＿＿。

```
1   #include <stdio. h>
2   void main()
3   {
4       int a,b,k=4,m=6,＊p1=＆k,＊p2=＆m;
5       a=p1==＆m;
6       b=(＊p1)/(＊p2)+7;
7       printf("a=％d\n",a);
8       printf("b=％d\n",b);
9   }
```

A. －1,5   B. 1,6   C. 0,7   D. 4,10

9. 设有数组定义 char array[]="China"; ,则数组 array 所占的空间为＿＿＿＿。

A. 4 个字节  B. 5 个字节  C. 6 个字节  D. 7 个字节

10. 若已定义:

   int a[]={0,1,2,3,4,5,6,7,8,9}, ＊p=a,i;

其中 0≤i≤9, 则对 a 数组元素不正确的引用是＿＿＿＿。

A. a[p－a]  B. ＊(＆a[i])  C. p[i]  D. a[10]

11. 若有以下程序:

```
1   #include <stdio. h>
2   int a[]={2,4,6,8};
3   main()
4   {
5       int i;
6       int ＊p=a;
7       for(i=0;i<4;i++)a[i]=＊p;
8         printf("％d\n",a[2]);
9   }
```

上面程序输出结果是＿＿＿＿。

A. 6   B. 8   C. 4   D. 2

12. 下面程序段的运行结果是＿＿＿＿。

```
1   char ＊format="％s,a=％d,b=％d\n";
2   int a=11,b=10;
3   a+=b;
4   printf(format,"a+=b",a,b);
```

A. for,"a+=b",ab    B. format,"a+=b"

C. a+=b,a=21,b=10   D. 以上结果都不对

13. 若有说明 int ＊p,m＝5,n；,以下正确的程序段是_____。

A. p＝&n;scanf("%d",&p);　　　　　B. p＝&n;scanf("%d",＊p);

C. scanf("%d",&n);＊p＝n;　　　　D. p＝&n;＊p＝m;

14. 下面程序段的运行结果是_____。

```
1  char a[]="language",＊p;
2  p=a;
3  while(＊p!='u')
4  {
5    printf("%c",＊p-32);
6    p++;
7  }
```

A. LANGUAGE　　　　　B. language

C. LAN　　　　　　　　D. langUAGE

15. 下面程序段的运行结果是_____。

```
1  char str[]="ABC",＊p=str;
2  printf("%d\n",＊(p+3));
```

A. 67　　　　　B. 0　　　　　C. 字符'C'的地址　　　D. 字符'C'

16. 下列程序的输出结果是_____。

```
1  #include<stdio.h>
2  void main()
3  {
4    int a[5]={2,4,6,8,10},＊p,＊＊k;
5    p=a;
6    k=&p;
7    printf("%d",＊(p++));
8    printf("%d\n",＊＊k);
9  }
```

A. 4　　　　　　B. 22　　　　　C. 24　　　　　D. 46

17. 下面程序段的运行结果是_____。

```
1  char ＊p="abcdefgh";
2  p+=3;
3  printf("%d\n",strlen(strcpy(p,"ABCD")));
```

A. 8　　　　　B. 12　　　　　C. 4　　　　　D. 7

18. 下面判断正确的是_____。

A.　char ＊a="china"; 等价于 char ＊a;＊a="china";

B.　char str[5]={"china"}; 等价于 char str[]={"china"};

C.　char ＊s="china"; 等价于 char ＊s;s="china";

D.　char c[4]="abc",d[4]="abc"; 等价于 char c[4]=d[4]="abc";

19. 以下定义中,标识符 prt,其中 int(＊prt)[3]_____。

A. 定义不合法

B. 是一个指针数组名,每个元素都是一个指向整数变量的指针

C. 是一个指针,它指向一个具有 3 个元素的一维数组

D. 是一个指向整型变量的指针

## 二、填空题

1. 下面程序的功能是将从终端读入的 20 个字符放入字符数组中,然后利用指针变量输出上述字符串,请填空。

```
1   #include <stdio. h>
2   void main ()
3   {
4     int i; char s[21], * p;
5     for (i=0;i<20;i++)
6       s[i]=getchar ();
7     s[i]=_____;
8     p=_____;
9     while ( * p)putchar (_____);
10  }
```

2. 设有以下定义和语句,则 * ( * (p+2)+1)的值为_____。

```
1   int a[3][2]={10,20,30,40,50,60},( * p)[2];
2   p=a;
```

## 三、编程题

1. 有 n 个人围成一圈,按顺序排号。从第一个人开始报数(从 1 到 3 报数),凡报到 3 的人退出圈子,问最后留下的是原来第几号的那位?

2. 计算字符串中子串出现的次数。

3. 将一个字符串中的字母、数字字符分离出来,分别放入两个数组之中。

4. 将一个 n＊n 的矩阵转置。

5. 求一个字符串中单词的个数(单词间用一个或多个空格分割)。

# 第11章 函 数

## 11.1 函数概述

    C语言的程序由函数组成,函数是C语言程序的基本单位。C语言中的函数可以分为库函数和用户自定义函数。库函数由系统提供,它是已经被事先编制好并形成标准化的函数,程序员只需要使用(调用)即可;用户自定义函数需要程序员或其他程序编制,一般是指没有标准化的或小范围标准化的自编函数。

    事实上,C语言程序可以只包含一个main函数;但如果要实现的功能比较复杂,从程序的模块化实现、代码重用性等因素考虑,应当定义并实现一些自定义函数,也就是说,一个C语言程序也可以包含一个main函数和若干个其他函数。

    为什么要使用函数来组织代码呢? 主要存在以下几方面的优势:

    (1) 模块化程序设计方法

    人们在求解一个复杂问题时,通常采用的是逐步分解、分而治之的方法,也就是把一个大问题分解成若干个比较容易求解的小问题,然后分别求解。程序员在设计一个复杂的应用程序时,往往把整个程序划分为若干功能较为单一的程序模块,然后分别予以实现,最后再把所有的程序模块像搭积木一样装配起来,这种在程序设计中分而治之的策略被称为模块化程序设计方法。在C语言中,函数是程序的基本组成单位,因此可以很方便地用函数作为程序模块来实现C语言程序。

    (2) 程序的开发可以由多人分工协作

    可将程序划分为若干模块(函数),各个相对独立的模块(函数)可以由多人完成,每个人按照模块(函数)的功能要求、接口要求编制代码、调试,确保每个模块(函数)的正确性。最后将所有模块(函数)合并,统一调试、运行。

    (3) 代码的重用性

    使用函数可以重新利用已有的、调试好的、成熟的程序模块,缩小代码量。

    (4) 提高程序的易读性和可维护性

    利用函数不仅可以实现程序的模块化,程序设计得简单和直观,提高程序的易读性和可维护性,还可以把程序中普遍用到的一些计算或操作编成通用的函数,以供随时调用,这样可以大大地减轻程序员的代码工作量。

    (5) 使用函数可以控制变量的作用范围

    变量在整个模块范围内全局有效,如果将一个程序全部写在main()函数内,可以想象,变量能在main函数内任何位置不加控制地被修改。如果发现变量的值(状态)有问题,程序员可能要在整个程序中查找何处对此变量进行了修改,哪些操作会对此变量有影响。程序员有时改动了一个逻辑错误,一不留神又造成了新的问题,最后程序越改越乱,甚至连程序员自己都不愿意再看自己编写的程序。

总之,由于采用了函数模块式的结构,C 语言易于实现结构化程序设计,使程序的层次结构清晰,便于程序的编写、阅读、调试。

**【例 11-1】** 输入 3 个整数,求 3 个整数中的最大值并打印。

| 不使用自定义函数 | 使用函数 |
|---|---|
| ```c\n#include <stdio.h>\nint main()\n{\n    int i1,i2,i3,imax;\n    scanf("%d%d%d",&i1,&i2,&i3);\n    if(i1>i2)\n        imax=i1;\n    else\n        imax=i2;\n    if(i3>imax)\n        imax=i3;\n    printf("max=%d\\n",imax);\n    return 0;\n}\n``` | ```c\n#include <stdio.h>\nint max(int,int,int);\nint main()\n{\n    int i1,i2,i3,imax;\n    scanf("%d%d%d",&i1,&i2,&i3);\n    imax=max(i1,i2,i3); // 函数调用\n    printf("max=%d\\n",imax);\n    return 0;\n}\nint max(int x,int y,int z) // 定义子函数\n{\n    int m;\n    if(x>y)\n        m=x;\n    else\n        m=y;\n    if(z>m)m=z;\n    return m;\n}\n``` |

比较两种情况可以看出:它们实现同样功能,左边程序比较简单,也适合目前读者的思维方式,但是所有程序都混在一起,如果中间的运算更复杂些,那么这个程序就比较长,较难理清头绪。再看右边程序,使用函数好像使程序更长了,但请思考以下问题:如果程序中要调用多次求 3 个数最大值又会是什么情况呢? 或求多个数的最大值呢?

如果程序的输入输出部分比较复杂,也可以进行进一步的模块化处理:主模块、输入模块、计算模块和输出模块。这样程序结构分明,方便分析、阅读和修改,也方便多人分工合作完成。

**【例 11-2】**

| 主函数部分 | 子函数部分 |
|---|---|
| ```c\n#include <stdio.h>\nint max(int,int,int);\n``` | ```c\n#include <stdio.h>\nint max(int x,int y,int z) // 选择最大数子程序\n``` |

```
datainput();
dataoutput();
int main()
{
  int i1,i2,i3,imax;
  datainput();
  imax=max(i1,i2);
  imax=max(imax,i3);
  dataoutput();
  return 0;
}
```

```
{
  int m;
  if(x>y) m=x; else m=y;
  if(z>m)m=z;
  return m;
}
datainput() // 输入子程序
{
  scanf("%d%d%d",&i1,&i2,&i3);
}
dataoutput() // 输出子程序
{
  printf("max=%d\n ",imax);
}
```

在 C 语言中可从不同的角度对函数进行分类。

(1) 从函数定义的角度看,函数可分为库函数和用户定义函数两种。

■ 库函数:由 C 系统提供,用户无需定义,也不必在程序中作类型说明,只需在程序前包含有该函数原型的头文件,即可在程序中直接调用。在前面各章的例题中反复用到 printf,scanf,getchar,putchar 等函数均属此类。

■ 用户定义函数:由用户按需要编写的函数。对于用户自定义函数,程序员不仅要在程序中定义函数本身,在主调函数模块中还必须对该被调函数进行类型说明,此后才能使用。

(2) C 语言的函数兼有其他语言中的函数和过程两种功能,从这个角度又可把函数分为有返回值函数和无返回值函数两种。

■ 有返回值函数:此类函数被调用执行完后将向调用者返回一个执行结果,称为函数返回值,如数学函数即属此类函数。由用户定义的这种有返回函数值的函数,必须在函数定义和函数说明中明确返回值的类型。

■ 无返回值函数:此类函数用于完成某项特定的处理任务,执行完成后不向调用者返回函数值。这类函数类似于其他语言的过程。由于函数无需返回值,用户在定义此类函数时可指定它的返回为"空类型",空类型的说明符为"void"。

(3) 从主调函数和被调函数之间数据传送的角度,函数又可分为无参函数和有参函数两种。

■ 无参函数:函数定义、函数说明及函数调用中均不带参数。主调函数和被调函数之间不进行参数传送。此类函数通常用来完成一组指定的功能,可以返回或不返回函数值。

■ 有参函数:也称为带参函数。在函数定义及函数说明时都有参数,称为形式参数(简称为形参)。在函数调用时也必须给出参数,称为实际参数(简称为实参)。进行函数调用时,主调函数将把实参的值传送给形参,供被调函数使用。

## 11.2 函数定义

### 11.2.1 函数定义

#### 1. 函数定义的语法

函数遵循"先定义,后调用"的原则,函数由函数头及函数体构成。下面给出函数定义的一般形式:

[函数类型] 函数名([函数参数类型 1 　函数参数名 1][,…,函数参数类型 n

　　函数参数名 n])

{

　　[声明部分]

　　[执行部分]

}

【说明】

(1) 函数头(首部):它说明了函数类型、函数名称及形式参数。

■ 函数类型:函数返回值的数据类型,可以是基本数据类型也可以是构造类型。如果省略,则默认为 int,如果不返回值,定义为 void 类型。函数返回值由 return 语句完成。

■ 函数名:给函数取的名字,以后即可用这个名字调用函数。函数名由用户命名,命名规则同标识符。

■ 形式参数:函数名后面是参数表,无参函数没有参数传递,但"()"号不能省略,这是格式的规定。参数表说明参数的类型和形式参数的名称,各个形式参数用","分隔。

(2) 函数体:它是函数首部下用一对{}括起来的部分。如果函数体内有多个{},最外层是函数体的范围。函数体一般包括声明部分、执行部分两部分。

■ 声明部分:在这部分定义本函数所使用的变量和进行有关声明(如函数声明)。

■ 执行部分:这是程序段,由若干条语句组成命令序列(可以在其中调用其他函数)。

例如:求最大数子函数。

```
1   int max(int x,int y,int z)        //定义函数名、输入参数、输出参数、返回值
2   {
3       int m;
4       if (x>y) m=x; else m=y;
5       if (z>m) m=z;
6       return m;                     //返回结果
7   }
```

【注意】　除主函数外,其他函数不能单独运行,函数可以被主函数或其他函数调用,也可以调用其他函数,但是不能调用主函数 main。

2. 函数定义的位置

在 C 语言中,函数的定义与实现位置比较灵活,但函数不能嵌套定义(即一个函数的定义不能位于另一个函数的函数体中)。常见的函数定义位置有以下几种:

(1) 被调用函数的定义与调用函数在同一文件中;

(2) 在同一文件中,被调用函数的定义在调用函数之前;

(3) 在同一文件中,被调用函数的定义在调用函数之后;

(4) 被调用函数的定义与调用函数不在同一文件中。

### 11.2.2　函数的返回值

函数的实际参数是调用者传递给函数的数据,供函数中的语句使用;函数被调用、执行后,需将执行结果反馈给调用者,函数返回值的功能就在于此。被调函数通过 return 语句为主调函数传递返回值并结束被调函数的执行,但需注意的是,return 语句至多返回一个值。

return 语句的格式:

　　　return 表达式;

【说明】　函数的类型就是返回值的类型,return 语句中表达式的类型应该与函数类型一致;若省略函数类型,则默认为 int;如果函数没有返回值,函数类型应当说明为 void 类型;return 语句在函数中不一定位于该函数的结尾,只要程序执行到 return 语句,函数就结束执行,即返回主调函数,其后面的代码不再执行。因此,在同一个函数中,可根据需要使用多个 return 语句。

## 11.3　函数调用

### 11.3.1　函数调用时的语法要求

1. 函数调用的一般格式

　　　函数名(实参表列);

例如:

```
printf("max=%d",100);
```

2. 函数的参数

函数的参数分为两类:形式参数、实际参数。

(1) 形式参数:简称"形参",它是在定义函数名和函数体时使用的参数,目的是接收调用该函数时传入的参数。形参出现在函数定义中,在整个函数体内都可以使用,离开该函数则不能使用。形参变量只有在被调用时才分配内存单元,在调用结束时即刻释放所分配的内存单元。因此,形参只有在函数内部有效。函数调用结束返回主调函数后则不能再使用该形参变量。

(2) 实际参数:简称"实参",它是在调用时传递给被调函数的参数。实参出现在主调函数中,进入被调函数后,实参变量也不能使用。形参和实参的功能是进行数据传送。发生函数调用时,主调函数把实参的值传送给被调函数的形参,从而实现主调函数向被调函数的数据传送。实参可以是常量、变量、表达式、函数等,无论实参是何种类型的数据,在进行函数调用时它们都必须具有确定的值,以便把这些值传送给形参。因此,应预先用赋值、输入等方法使实参获得确定值。

【例 11-3】 使用一个子函数。

```
1    #include <stdio.h>
2    int add(int a,int b)          //a 和 b 都是形式参数
3    {
4        return a+b;               //这里的 a,b 是采用就近原则
5    }
6    //主程序
7    int main()
8    {
9        int n,a=1,b=2,c,d;        //这里的 a,b 在 add 函数中不起作用,因为有同名的
10       c=1,d=2;
11       n=add(c,d);               //c,d 是实际参数
12       n=add(a,b);               //a,b 是实际参数
13       printf("a=%d,b=%d,c=%d,d=%d,n=%d\n");
14       return 0;
15   }
```

程序运行结果如下:

```
a=1,b=2,c=1,d=2,n=3
```

其中第 2 行 int add(int a,int b)中的 a 和 b 都是形参;第 11,12 行中 a,b,c,d 是实参。函数定义时的参数可以与函数调用时的参数同名,即形参和实参重名不会冲突,因为形参的作用域在被调函数内有效,而实参的作用域在主调函数内有效,所以两者位于不同的作用域内,互不相关。

无参函数调用没有参数,但是"()"不能省略。有参函数若包含多个参数,各参数用","分隔,实参个数与形参个数应相同,类型一致或赋值兼容,并且在顺序上是一一对应的,否则会发生类型不匹配的错误。函数调用中发生的数据传送是单向的,即只能把实参的值传送给形参,而不能把形参的值反向地传送给实参。因此在函数调用过程中,形参的值发生改变,而实参中的值不会变化。

3. 函数调用可以出现的位置

函数可以单独语句形式调用(注意后面要加一个分号,构成语句)。以语句形式调用的函数可以有返回值,也可以没有返回值。

例如:

```
add(x,y);
```

函数也可在表达式中调用(后面没有分号)。在表达式中的函数调用必须有返回值。

例如:

```
if(strcmp(s1,s2)>0)…          //函数调用 strcmp()在关系表达式中。
imax=max(i1,i2,i3);           //函数调用 max()在赋值表达式中,";"是赋值
```

```
                              //表达式作为语句时加的,不是 max 函数调用的。
    fun1(fun2());             //函数调用 fun2()在函数调用表达式 fun1()中。
                              //函数调用 fun2()的返回值作为 fun1 的参数。
```

用户自定义函数一般在调用前应在主调函数中进行说明。使用程序注释可以增加程序的可读性。

### 11.3.2　函数的嵌套调用

函数调用中又包含函数调用,则称为嵌套调用。如函数 1 调用函数 2,函数 2 又调用函数 3 等。函数之间没有从属关系,一个函数可以被其他函数调用,同时该函数也可以调用其他函数。

【例 11-4】　分析程序的执行过程。

```
1    #include <stdio.h>
2    void fun1();                  //fun1 函数声明
3    void fun2();                  //fun2 函数声明
4    void fun3();                  //fun3 函数声明
5    int main()                    //主函数
6    {
7      printf("I am in main\n");
8      fun1();                     //调用函数 fun1
9      printf("I am finally back in main\n");
10     return 0;
11   }
12   void fun1()                   //fun1 函数定义
13   {
14     printf("I am in the first function\n");
15     fun2();                     //在 fun1 函数中调用 fun2 函数
16     printf("I am back in the first function\n");
17   }
18   void fun2()                   //fun2 函数定义
19   {
20     printf("Now I am in the second function\n");
21     fun3();                     //在 fun2 函数中调用 fun3 函数
22     printf("Now I am back in the second function\n");
23   }
24   void fun3()                   //fun3 函数定义
25   {
26     printf("Now I am in the third function\n");
27   }
```

程序运行结果如下:

```
I am in main
I am in the first function
Now I am in the second function
Now I am in the third function
Now I am back in the second function
I am back in the first function
I am finally back in main
```

在这个简单的例子中，main 函数首先调用了 fun1，函数 fun1 中又调用了函数 fun2，函数 fun2 中又调用了函数 fun3。整个程序中函数的嵌套调用过程如图 11-1 所示。

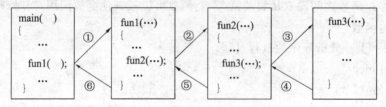

图 11-1　函数嵌套调用过程

若函数的某些语句直接或间接地调用了函数本身，这种嵌套调用就称为递归调用。递归调用又可分为直接递归和间接递归。下面先介绍直接递归。

```
func(…)
{
    …
    func(…)
    …                       // 具有一个判断终止调用
}
```

上述程序中 func 内部的某条语句调用了 func 函数本身，就构成了直接递归。

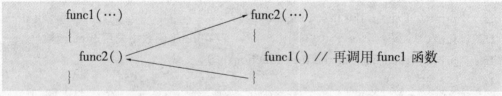

func1 函数内部的某条语句调用了 func2，而 func2 函数的某条语句又调用了 func1，这就构成了间接递归。

在递归调用中，调用函数又是被调用函数，执行递归函数将反复调用其自身。每调用一次就进入新的一层。不论是直接递归还是间接递归，递归都形成了调用的回路。为了防止递归调用无终止地进行，必须在函数内有终止递归调用的手段。常用的办法是加条件判断，满足某种条件后就不再作递归调用，然后逐层返回。

递归调用过程分为两个阶段：

- 递推阶段：将原问题不断地分解为新的子问题，逐渐从未知向已知方向推测，最终达到已知的条件，即递归结束条件，这时递推阶段结束。
- 回溯阶段：从已知条件出发，按照"递推"的逆过程，逐一求值回归，最终到达"递推"的开始处，结束回归阶段，完成递归调用。

递推阶段和回溯阶段的过渡就是结束递归的条件。

现通过一个简单的例子来解释递归调用的过程。

**【例 11-5】** 有 5 个学生坐在一起:

(1) 问第 5 个学生的岁数,他说比第 4 个学生大 2 岁;

(2) 问第 4 个学生的岁数,他说比第 3 个学生大 2 岁;

(3) 问第 3 个学生的岁数,又说比第 2 个学生大 2 岁;

(4) 问第 2 个学生的岁数,他说比第 1 个学生大 2 岁;

最后问第 1 个学生,他说是 10 岁。

请问第 5 个学生多大?

**【问题分析】** 该问题就是一个很好的递推过程,计算过程如图 11-2 所示。

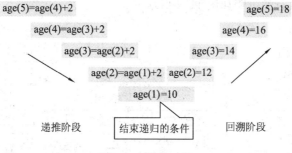

图 11-2 计算过程

可以归纳出计算公式如下,其逆推函数流程如图 11-3 所示。

$$
\begin{cases}
age(n) = age(n-1) + 2 & (n > 1) \\
age(n) = 10 & (n = 1)
\end{cases}
$$

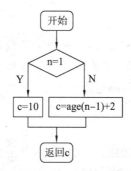

图 11-3 递推函数流程图

程序如下:

```
1   #include <stdio.h>
2   void main()
3   {
4       int age(int n);                    //声明年龄推算函数
5       int iAge;
6       iAge=age(5);                       //调用年龄推算函数
7       printf("NO.5,age:%d\n", iAge);     //输出最后的年龄结果 18
8   }
```

```
9    int age(int n)              //定义年龄推算函数
10   {
11     int c;
12     if (n==1) c=10;            //若推算到第 1 个学生,那么给出其年龄 10 岁
13     else c=age(n−1)+2;         //若推算到不是第 1 个学生,那么给出计算公式
14     return c;                  //返回本次推算结果
15   }
```

程序运行结果如下:

```
NO.5,age:18
```

该题中程序执行的过程如图 11-4 所示。

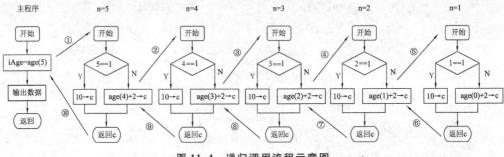

图 11-4 递归调用流程示意图

## 11.4 函数声明

函数定义和函数声明是完全不同的。函数定义包括函数头和函数体,它完整地定义了函数的输入、输出和具体实现,函数定义一定包括一对大括号;而函数声明是为了编译的需要,它只有函数头。声明和定义分开的方式能增强程序可读性,使结构更清晰。

### 11.4.1 函数声明的形式

在主调函数中调用某函数之前应对该被调函数进行声明,这与使用变量之前要进行变量说明是一样的。在主调函数中对被调函数进行说明的目的是使编译系统明确被调函数返回值的类型,以便在主调函数中按此种类型对返回值作相应的处理。

其一般形式为:

    类型说明符 被调函数名(类型 1 形参 1,类型 2 形参 2,…);

或为:

    类型说明符 被调函数名(类型,类型,…);

括号内给出了形参的类型和形参名,或只给出形参类型,这便于编译系统进行检错,以防止可能出现的错误。

例如,main 函数中对 add 函数的说明为:

```
int add(int a,int b);
```

或写为：

```
        int add(int,int);
```

C 语言规定在以下几种情况时，可以省略主调函数中对被调函数的函数说明：

（1）如果被调函数的返回值是整型或字符型时，可以不对被调函数作说明而直接调用。这时系统将自动对被调函数返回值按整型处理。

（2）当被调函数的函数定义出现在主调函数之前时，在主调函数中也可以不对被调函数再作说明而直接调用。

（3）如在所有函数定义之前，在函数外预先说明了各个函数的类型，则在以后的各主调函数中，可不再对被调函数作说明。

例如：

```
    char str(int a);
    float f(float b);
    main()
    {
        ...
    }
    char str(int a)
    {
        ...
    }
    float f(float b)
    {
        ...
    }
```

程序第 1，2 行对函数 str 和函数 f 预先作了说明，因此在以后各函数中无需对函数 str 和 f 再作说明即可直接调用。

（4）对库函数的调用不需再作说明，但必须把该函数的头文件用 include 命令包含在源文件前部。

### 11.4.2　函数声明的位置

在主调函数中调用某函数之前，应对该被调函数进行定义或声明。下面总结声明的几种情况：

（1）函数调用和定义位于同一文件中，如果函数定义在函数调用前，则函数在定义的同时也就起到了函数声明的作用，无需再次声明；

（2）如果函数定义在函数调用后，则在函数调用前必须先声明。

【例 11-6】　一个说明函数声明位置的例子。

```
1   #include <stdio.h>
2   #include "math.h"              //sqrt 函数在此头文件中进行声明
3   float Square(float f);        //声明函数
```

```
4   float GetBevel(float a，float b)//函数定义在其被调用之前,无需再作声明
5   {
6       return sqrt(Square(a)＋Square(b));        //求两个直角边长度对应的斜边长度
7   }
8   int main()
9   {
10      printf("%f\n",Square(1.5));         //调用函数,并输出结果
11      printf("%f\n",GetBevel(3,4));        //调用函数,并输出结果
12      return 0;
13  }
14  float Square(float f)
15  {
16      return f * f;
17  }
```

```
2.250000
5.000000
```

【程序分析】　本例中 Square 函数的声明位于文件的起始位置,这样从该声明的位置到文件结束中的任何函数中都可以调用 Square 函数,GetBevel 函数和 main 函数中都调用了 Square 的语句。此外,也可以将此声明包含于主调函数内部。在调用一个函数时,如果前面的代码没有函数定义或声明,将导致编译出错。

## 11.5　参数传递

参数传递是函数之间进行信息传递的重要渠道,在 C 语言中,参数传递的方式主要有值传递和地址传递两类方式。C 语言中调用函数时,实参代替形参的过程是一个单向的传值过程,在编译技术中称为值传递方式。C 语言中指针类型的参数传递可以看作是传地址方式,具体参见第 10 章内容。

### 11.5.1　值传递方式

将实参以值的方式传递给形参的方式,称为值传递方式(传值)。值传递过程中被调函数的形参作为被调函数的局部变量处理,即在内存的堆栈中开辟空间以存放由主调函数放来的实参的值,从而成为了实参的一个拷贝。此种方式具有如下特点:

(1) 形参与实参各占一个独立的存储空间。

(2) 形参的存储空间是函数被调用时才分配的。调用开始时,系统为形参开辟一个临时存储区,然后将各实参的值传递给形参,这时形参就得到了实参的值。

(3) 函数返回时,临时存储区也被撤销。

【例 11-7】　值传递方式调用示例。

```
1   #include <stdio. h>
2   void change_by_value(int x)
```

```
3    {
4        printf("x=%d\n",x);
5        x=x+10;
6        printf("x=%d\n",x);
7    }
8    int main()
9    {
10       int a=3;
11       printf("a=%d\n",a);            //调用函数前输出 a
12       change_by_value(a);           //按值传递参数方式调用函数
13       printf("a=%d\n",a);           //a 的值并没有改变
14       return 0;
15   }
```

```
     void change_by_value(int x)
     {
         int _x=x;                //拷贝一份传递给临时变量_x
         _x=_x+10;                //改变的是_x,不是 x
     }
```

程序运行结果如下:

```
a=3
x=3
x=13
a=3
```

图 11-5 为按值传递内存示意图。

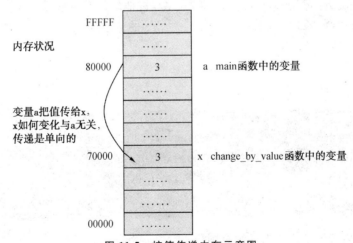

图 11-5　按值传递内存示意图

### 11.5.2　地址传递方式

将实参地址传递给形参的方式,称为地址传递方式(传地址)。在地址传递过程中,

被调函数的形参虽然也作为局部变量在堆栈中开辟了内存空间,但这时存放的是由主调函数传递过来的实参变量的地址。因此,被调函数对形参进行的任何操作都会影响主调函数中的实参变量。

【例 11-8】 地址传递方式调用示例。

```
1    #include <stdio.h>
2    void change_by_value(int x)
3    {
4        printf("x=%d\n",x);
5        x=x+10;
6        printf("x=%d\n",x);
7    }
8    void change_by_address(int * x)
9    {
10       printf(" * x=%d\n", * x);
11        * x= * x+10;
12       printf(" * x=%d\n", * x);
13   }
14   int main()
15   {
16       int a=3;
17       printf("a=%d\n",a);
18       change_by_value(a);         //按值传递参数
19       printf("a=%d\n",a);         //a 的值并没有改变
20       change_by_address(&a);      //按地址传递参数
21       printf("a=%d\n",a);         //a 的值改变
22       return 0;
23   }
```

程序运行结果如下:

```
a=3
x=3
x=13
a=3
*x=3
*x=13
a=13
```

图 11-6 为按地址传递内存示意图。

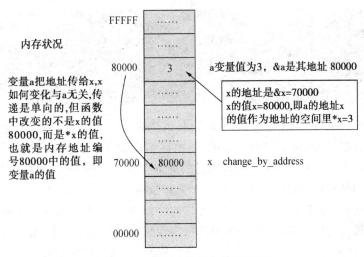

图 11-6　按地址传递内存示意图

下面再用一个实例说明值传递过程和地址传递过程。

【例 11-9】

```
1    #include <stdio.h>
2    void swap(int x,int y)
3    {
4      int temp;
5      temp=x;
6      x=y;
7      y=temp;
8      printf("\n(swap):%d,%d\n",x,y);
9    }
10   int main()
11   {
12     int a,b;
13     printf("please input two numbers\n:");
14     scanf("%d,%d",&a,&b);
15     if (a<b) swap(a,b);
16     printf("\n(main):%d,%d\n",a,b);
17     return 0;
18   }
```

这显然是一个值传递的过程。假设从键盘输入两个数据:6,8,先来看一下程序运行结果:

```
please input two numbers
:6,8

<swap>: 8,6

<main>: 6,8
```

按照值传递的特点，可以很清楚地看到，虽然在 swap 函数中暂时使运行结果显示了交换后的数据，即达到了交换的目的，但实际情况却是随着 swap 函数的结束，作为局部参数的形参 x,y 以及 swap 函数本身的局部参数 temp 都将结束其生存期，在内存中的存储空间被释放，因此，实参 a,b 并未受到影响，依然保持原值。

综上所述，值传递中实参与形参有各自的存储单元，而地址传递中实参和形参其实指向了同一被访问的存储单元，对形参的操作相应地就改变了实参，此时参数传递是双向的，可以传回运算结果。程序员可根据设计需要，灵活选择参数传递方式。

由于前面的 return 语句仅能返回一个数据，若需同时返回多个数据，可采用地址传递的方式加以解决。

## 11.6　函数与数组

现以构造数据类型中的数组为例介绍参数传递方法。

数组用作函数参数有两种形式：一种是把数组元素作为实参使用；另一种是把数组名作为函数的形参和实参使用。

1. 数组元素作为函数实参

数组元素作为参数时，它只能作为实参，与普通变量无差别。当发生函数调用时，把作为实参的数组元素的值传送给形参，以值传递方式传送数据，此时函数的相对应形参需与此数组元素的类型一致。

【例 11-10】　判别一个整数数组中各元素的值，若大于 0，则输出该值；若小于或等于 0，则输出 0 值。编程如下：

```
1    #include <stdio.h>
2    void nzp(int v)
3    {
4      if(v>0)
5          printf("%d",v);
6      else
7          printf("%d ",0);
8    }
9    int main()
10   {
11     int a[5],i;
12     printf("input 5 numbers\n");
```

```
13    for(i=0;i<5;i++)
14    {
15        scanf("%d",&a[i]);
16        nzp(a[i]);
17    }
18    printf("\n");
19    return 0;
20  }
```

程序运行结果如下：

```
input 5 numbers
-1 3 4 -3 5
0 3 4 0 5
```

**【程序分析】**　本程序中首先定义一个无返回值函数 nzp，并说明其形参 v 为整型变量。在函数体中根据 v 值输出相应的结果。在 main 函数中用一个 for 语句输入数组各元素，每输入一个就以该元素作实参调用一次 nzp 函数，即把 a[i] 的值传送给形参 v，供 nzp 函数使用。

2．数组名作为函数参数

由于数组名就是数组的首地址，因此用数组名作函数参数实际上就是地址传递。此时需注意以下几点：

(1) 在用数组名作函数参数时不进行值传送，即不是把实参数组的每一个元素的值都赋予形参数组的各个元素。因为实际上形参数组并不存在，编译系统不为形参数组分配内存。那么，数据的传送是如何实现的呢？前面介绍过，数组名就是数组的首地址，因此数组名作函数参数时所进行的传送只是地址的传送，也就是说，把实参数组的首地址赋予形参数组名。形参数组名取得该首地址也就等于有了实在的数组。实际上形参数组和实参数组为同一数组，共同拥有一段内存空间。

(2) 用数组名作函数参数时，要求形参和相对应的实参都必须是类型相同的数组，都必须有明确的数组说明，否则会发生错误。

(3) 形参数组和实参数组的长度可以不相同，因为在调用时，只传送首地址而不检查形参数组的长度。当形参数组的长度与实参数组不一致时，虽不至于出现语法错误（编译能通过），但程序执行结果将与实际不符，这是应当注意的。

表 11-1 说明了这种情形时数组的内存状况。设 a 为实参数组，类型为整型。a 占有以 2000 为首地址的一块内存区，b 为形参数组名。当发生函数调用时进行地址传送，把实参数组 a 的首地址传送给形参数组名 b，于是 b 也取得该地址 2000。于是 a，b 两数组共同占有以 2000 为首地址的一段连续内存单元。从表 11-1 中还可以看出 a 和 b 下标相同的元素实际上也占相同的 4 个内存单元（整型数组每个元素占 4 个字节）。例如 a[0] 和 b[0] 都占用 2000，2001，2002 和 2003 共 4 个单元，当然 a[0] 等于 b[0]。类推则有 a[i] 等于 b[i]。

# C 语言程序设计

表 11-1　数组 a,b 内存状况

|  | 数组变量 a | 内存空间(变量值) | 数组变量 b |
|---|---|---|---|
| 起始地址 2000→ | a[0] | 2 | b[0] |
|  | a[1] | 4 | b[1] |
|  | a[2] | 6 | b[2] |
|  | a[3] | 8 | b[3] |
|  | a[4] | 10 | b[4] |
| 数组 a 和 b 的地址一样 | a[5] | 12 | b[5] |
|  | a[6] | 14 | b[6] |
|  | a[7] | 16 | b[7] |
|  | a[8] | 18 | b[8] |
|  | a[9] | 20 | b[9] |

【例 11-11】　数组 a 中存放了一个学生 5 门课程的成绩,求平均成绩。

```
1   #include <stdio.h>
2   float aver(float a[5])
3   {
4     int i;
5     float fAver,s=a[0];
6     for (i=1;i<5;i++)
7       s=s+a[i];
8     fAver=s/5;
9     return fAver;
10  }
11  int main()
12  {
13    float sco[5],av;
14    int i;
15    printf("\ninput 5 scores:\n");
16    for (i=0;i<5;i++)
17      scanf("%f",&sco[i]);
18    av=aver(sco);
19    printf("average score is %5.2f\n",av);
20    return 0;
21  }
```

程序运行结果如下:

```
input 5 scores:
4 5 6 3 1
average score is  3.80
```

【**程序分析**】 本程序首先定义了一个实型函数 aver,它有一个形参为实型数组 a,长度为 5。函数 aver 把各元素值相加求出平均值,并返回给主函数。主函数 main 中首先完成数组 sco 的输入,然后以 sco 作为实参调用 aver 函数,函数返回值送给 fAver,最后输出 fAver 值。从运行结果可以看出,程序实现了所要求的功能。

## 11.7  函数与指针

### 11.7.1  指针作为函数参数

如果函数的形参是指针类型,那么实参将一个变量的地址传送给形参,其特点是通过对形参的操作来修改实参的值。

【**例 11-12**】 输入的两个整数,按大小顺序输出。用函数处理,而且用指针类型的数据作函数参数。

```
1   #include <stdio. h>
2   swap(int * p1,int * p2)
3   {
4     int temp;
5     temp= * p1;
6      * p1= * p2;
7      * p2=temp;
8   }
9   int main()
10  {
11    int a,b;
12    int * gP1, * gP2;
13    scanf("%d,%d",&a,&b);
14    gP1=&a;gP2=&b;
15    if(a<b) swap(gP1,gP2);
16    printf("\n%d,%d\n",a,b);
17    return 0;
18  }
```

swap 是用户定义的函数,它的作用是交换两个变量(a 和 b)的值。swap 函数的形参 p1,p2 是指针变量。程序运行时,先执行 main 函数,输入 a 和 b 的值,然后将 a 和 b 的地址分别赋给指针变量 gP1 和 gP2,使 gP1 指向 a,gP2 指向 b。表 11-2 为指针变量内存状况。

表 11-2　指针变量内存状况

| 变量名 | 内存地址 | 变量值 | 备　注 |
|---|---|---|---|
| | …… | …… | |
| gP1 | 2112 | 212E | = &a |
| | …… | …… | |
| gP2 | 2142 | 215E | = &b |
| | …… | …… | |
| | | | |
| a | 212E | 5 | = *gP1 |
| | …… | …… | |
| b | 215E | 9 | = *gP2 |
| | …… | …… | |
| | | | |

接着执行 if 语句,由于 a<b,因此执行 swap 函数。注意实参 gP1 和 gP2 是指针变量,在函数调用时将实参变量的值传递给形参变量,采取的依然是"值传递"方式。因此,虚实结合后形参 p1 的值为 &a,p2 的值为 &b。这时 p1 和 gP1 指向变量 a,p2 和 gP2 指向变量 b。表 11-3 为指针变量内存状况。

表 11-3　指针变量内存状况

| 变量名 | 内存地址 | 变量值 | 备　注 |
|---|---|---|---|
| | …… | …… | |
| p1 | 2100 | 212E | 存放的是 a 的地址 |
| | …… | …… | |
| gP1 | 2112 | 212E | 存放的是 a 的地址 |
| | …… | …… | |
| a | 212E | 5 | *p1 真正的数据 |
| | …… | …… | |
| p2 | 2130 | 215E | 存放的是 b 的地址 |
| | …… | …… | |
| gP2 | 2142 | 215E | 存放的是 b 的地址 |
| | …… | …… | |
| b | 215E | 9 | *p2 真正的数据 |
| | …… | …… | |

再执行 swap 函数的函数体,它使 *p1 和 *p2 的值互换,也就是使 a 和 b 的值互

换。表 11-4 为指针变量内存状况。

表 11-4　指针变量内存状况

| 变量名 | 内存地址 | 变量值 | 备　注 |
|---|---|---|---|
| | …… | …… | |
| p1 | 2100 | 212E | 存放的是 a 的地址 |
| | …… | …… | |
| gP1 | 2112 | 212E | 存放的是 a 的地址 |
| | …… | …… | |
| a | 212E | 9 | ＊p1 真正的数据 |
| | …… | …… | |
| p2 | 2130 | 215E | 存放的是 b 的地址 |
| | …… | …… | |
| gP2 | 2142 | 215E | 存放的是 b 的地址 |
| | …… | …… | |
| b | 215E | 5 | ＊p2 真正的数据 |
| | …… | …… | |

函数调用结束后，p1 和 p2 不复存在。表 11-5 为指针变量内存状况。

表 11-5　指针变量内存状况

| 变量名 | 内存地址 | 变量值 | 备　注 |
|---|---|---|---|
| | …… | …… | |
| gP1 | 2112 | 212E | ＝&a |
| | …… | …… | |
| gP2 | 2142 | 215E | ＝&b |
| | …… | …… | |
| a | 212E | 9 | ＝＊gP1 |
| | …… | …… | |
| b | 215E | 5 | ＝＊gP2 |
| | …… | …… | |
| | | | |

最后在 main 函数中输出的 a 和 b 的值是已经过交换的值。

请注意交换＊p1 和＊p2 的值是如何实现的。试找出下列程序段的错误，请读者自行分析。

```
1    swap(int *p1,int *p2)
2    {
3      int *temp;
4       *temp=*p1;
5       *p1=*p2;
6       *p2=temp;
7    }
```

请考虑下面的函数能否实现实现 a 和 b 互换。

```
1    swap(int x,int y)
2    {
3      int temp;
4      temp=x;
5      x=y;
6      y=temp;
7    }
```

【程序分析】 如果在 main 函数中用 swap(a,b);调用 swap 函数,会有什么结果呢? 请看图 11-7 变量交换示意。

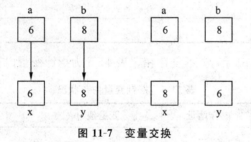

图 11-7 变量交换

请注意,不能企图通过改变指针形参的值而使指针实参的值改变。

【例 11-13】

```
1    swap(int *p1,int *p2)
2    {
3      int *p;
4      p=p1;
5      p1=p2;
6      p2=p;
7    }
8    int main()
9    {
10     int a,b;
11     int *gP1,*gP2;
12     scanf("%d,%d",&a,&b);
13     gP1=&a;gP2=&b;
```

```
14     if(a<b) swap(gP1,gP2);
15     printf("\n%d,%d\n", * gP1, * gP2);
16     return 0;
17   }
```

【程序分析】　如图 11-8 所示,图 11-8(a)为执行第 13 行代码后的指针变量的状态,图 11-8(b)为进入 swap 函数后的形参指针变量的状态,图 11-8(c)为执行完 swap 函数中第 6 行后的形参 p1,p2 的状态,此时执行完 swap 函数后,没有使得 gP1 和 gP2 中的值发生改变,所以不能实现图 11-8(d)的指针状态。

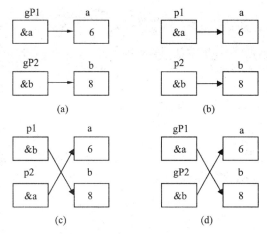

图 11-8　变量交换

【例 11-14】　输入整数 a,b,c,按大小顺序输出。

```
1    #include <stdio.h>
2    swap(int * pt1,int * pt2)
3    {
4      int temp;
5      temp= * pt1;
6       * pt1= * pt2;
7       * pt2=temp;
8    }
9    exchange(int * q1,int * q2,int * q3)
10   {
11     if( * q1< * q2)swap(q1,q2);
12     if( * q1< * q3)swap(q1,q3);
13     if( * q2< * q3)swap(q2,q3);
14   }
15   int main()
16   {
17     int a,b,c, * p1, * p2, * p3;
```

```
18    printf("Please input three numbers:\n");
19    scanf("%d,%d,%d",&a,&b,&c);
20    p1=&a;p2=&b;p3=&c;
21    exchange(p1,p2,p3);
22    printf("\n%d,%d,%d \n",a,b,c);
23    return 0;
24  }
```

程序运行结果如下：

```
Please input three numbers:
1,2,3

3,2,1
```

### 11.7.2  指针型函数与函数指针

1. 指针型函数

指针型函数是指返回值为指针的函数。定义指针型函数的一般形式为：

```
    类型说明符  * 函数名(形参表)
    {
        …       / * 函数体 * /
    }
```

其中"函数名"之前加了" * "号表明这是一个指针型函数，即返回值是一个指针。"类型说明符"表示返回的指针值所指向的数据的类型。下段代码中 ap 是一个返回指针值的指针型函数，它返回的指针指向一个整型变量。

```
    int  * ap(int x,int y)
    {
        …       / * 函数体 * /
    }
```

返回值的处理请参见 11.5 和 11.7.1。

2. 函数指针

函数指针是指向函数的指针变量，即它本质是一个指针变量。

指向函数的指针包含了函数的地址，可以通过它来调用函数。声明格式如下：

```
    类型说明符 ( * 函数名)(参数)
```

其实这里不能称为函数名，应该叫作指针的变量名。这个特殊的指针指向一个返回整型值的函数。指针的声明必须和它指向函数的声明保持一致。

指针名和指针运算符外面的括号改变了默认的运算符优先级。如果没有圆括号，就变成了一个返回整型指针的函数的原型声明。

【例 11-15】  用函数指针实现对函数的调用。

```
1   # include <stdio. h>
2   int max(int a,int b)
```

```
3    {
4        if(a>b) return a;
5        else return b;
6    }
7    int main()
8    {
9        int max(int a,int b);
10       int( * pmax)( int a,int b);              //定义 pmax 为函数指针变量。
11       int x,y,z;
12       pmax=max;                                 //把被调函数的入口地址赋予该
13                                                 //函数指针变量
14       printf("input two numbers:\n");
15       scanf("%d%d",&x,&y);
16       z=( * pmax)(x,y);                         //用函数指针变量形式调用函数:
17                                                 //( * 指针变量名)(实参表)
18       printf("maxmum=%d\n",z);
19       return 0;
20   }
```

程序运行结果如下：

```
input two numbers:
1 2
maxmum=2
```

【注意】　（1）函数指针变量不能进行算术运算,这是与数组指针变量不同的。数组指针变量加减一个整数可使指针移动指向后面或前面的数组元素,而函数指针的移动是毫无意义的。

（2）函数调用中"( * 指针变量名)"的两边的括号不可少,其中的 * 不应该理解为求值运算,在此处它只是一种表示符号。

## 11.8　变量的作用域、存储类型和生存期

### 11.8.1　变量的作用域

编程时应对整个程序进行功能分解,不同的功能通过不同的函数实现。不同的函数都需使用变量,甚至可能出现不同函数中存在同名变量的情形。为避免不同函数变量使用中的混淆和干扰,C 语言中引入了变量作用域的概念,并且作为变量的又一属性,它与之前的变量名、地址及变量值构成变量的基本属性。

C 语言中所有变量都有自己的作用域,定义变量时的类型和位置不同,其作用域也不同。C 语言中的变量按作用域(变量的有效空间范围、可见性)的范围可以分为局部变量、全局变量。

1. 局部变量及其作用域

在 C 语言中以下各位置定义的变量均属于局部变量：

（1）在函数体内定义的变量，只在本函数范围内有效，其作用域局限于函数体内，主函数也不例外；

（2）在复合语句内定义的变量，只在本复合语句范围内有效，其作用域局限于复合语句内；

（3）有参函数的形式参数也是局部变量，只在其所在的函数范围内有效。

【例 11-16】 局部变量的作用域。

```
1    #include <stdio.h>
2    double fun1(int x,int y)        //x,y 局部变量,在 fun1 函数内有效(作用域为 fun1
3                                    //函数)
4    {
5        int m,n;                    //m,n 局部变量,在 fun1 函数内有效
6        …
7    }
8    int fun2(char ch)               //ch 局部变量,在 fun2 函数内有效(作用域为 fun2
9                                    //函数)
10   {
11       int a,b;                    //a,b 局部变量,在 fun2 函数内有效(作用域为 fun2
12                                   //函数)
13       a=11; b=22;
14       …
15       printf("%d %d ",a,b);       //因为在 fun2 函数有同名的变量,按照就近原则,
16                                   //fun2 中使用的 a,b 时,就是其内部的局部变量
17       printf("%d ",c);            //这里的 c 是指主函数中定义的变量
18       printf("%c ",ch);
19   }
20   int main()
21   {
22       int a,b,c;                  //a,b 局部变量,在 main 函数内有效(作用域为
23                                   //main 函数),只是与 fun2 函数中的 a,b 变量名字
24                                   //相同而已,它们实际是不同变量,具有不同的存储
25                                   //空间地址
26       a=1; b=2; c=3;
27       fun2('a');
28       …
29       {
30           int x,y;                //x,y 局部变量,在复合语句中有效(作用域为复合语句)
31           …
```

```
32    }
33    return 0;
34  }
```

2. 全局变量及其作用域

C 语言中的全局变量是在函数的外部定义的,它的作用域为从变量的定义处到本程序文件的末尾。在此作用域内,全局变量可以为本文件中各个函数所引用。编译时将全局变量分配在静态存储区。

【例 11-17】　下面的例子中变量 x,y,z,ch1,ch2,t,p 全部是全局变量,但由于定义的位置不一样,所以它们的作用域也就不一样。

```
int x,y,z;
float f1(float a,float b)
{
   …
}
char ch1,ch2;
int f2(int m)
{
   …
}
double t,p;
main()
{
   …
}
```

如果外部变量不在文件的开头定义,其有效的作用范围只限于从定义处到文件结束。如果在全局变量定义点之前的函数想引用该全局变量,则应在引用之前用关键字 extern 对该变量作外部变量声明,表示该变量是一个将在下面定义的全局变量。有了此声明,就可以从声明处起合法地引用该全局变量,这种声明称为提前引用声明。

【例 11-18】　全局变量的作用域。

```
1   #include <stdio.h>
2   int max(int,int);                    //函数声明
3   int main( )
4   {
5     extern int a,b;                    //对全局变量 a,b 作提前引用声明
6     printf("max=%d",max(a,b));
7     return 0;
8   }
9   int a=15,b=-7;                        //定义全局变量 a,b
10  int max(int x,int y)
```

```
11  {
12      int z;
13      z=x>y? x:y;                          //条件判断语句
14      return z;
15  }
```

程序运行结果如下：

```
max = 15
```

【程序分析】　本例在 main 中定义了全局变量 a,b,但由于全局变量定义的位置在函数 main 之后,因此如果没有程序的第 5 行,在 main 函数中是不能引用全局变量 a 和 b 的。在 main 函数中用 extern 对 a 和 b 作提前引用声明,表示 a 和 b 是将在后面定义的变量。这样在 main 函数中就可以合法地使用全局变量 a 和 b 了。如果不作 extern 声明,编译时会出错,系统认为 a 和 b 未经定义。一般都把全局变量的定义放在引用它的所有函数之前,这样可以避免在函数中多加一个 extern 声明。

对于多源文件程序,使用 extern 声明其他文件中已经定义的全局变量,可以扩大此全局变量的作用域,即 extern 所在的文件可以引用此全局变量。若在定义全局变量时使用修饰关键词 static,则表示此全局变量作用域仅限于本源文件。

【例 11-19】

```
    文件 file1.c            文件 file2.c            文件 file3.c
1   static int x;          extern int x;          int x;
2   int main()             func1(int a)           func2()
3   {                      {                      {
4      …                      …                      …
5   }                         x=x+a;              }
6                          }
```

【程序分析】　上例 3 个源文件中,file1 的变量 x 仅仅是 file1 文件中的全局变量,不能作用于 file2 和 file3,这是因为其定义时使用了 static 关键字。文件 file3 也定义了一个全局变量 x,它作用于整个文件,由于 file2 使用 extern 进行 x 变量的外部声明,因此 file3 中的全局变量 x 的作用域扩展到 file2 中,在 file2 中引用变量 x 时,其实就是引用 file3 的变量 x。

需要补充说明的是,全局变量可以和局部变量同名,当局部变量有效时,同名全局变量不起作用,即同名隐藏。使用全局变量可以增加各个函数之间的数据传输渠道,在一个函数中改变一个全局变量的值,则在另外的函数中就可以对其进行引用;但带来的缺点是严重破坏了函数的独立性,增加了函数间的耦合程度,使得程序的模块化、结构化变差,因此应慎用、少用全局变量。

### 11.8.2　存储类型和生存期

1. 存储空间分类

一个 C 源程序经编译和连接后生成可执行程序文件,要执行该程序,系统需为程序分配存储空间,并将程序装入所分配的存储空间内。一个程序在内存中占用的存储空间可分为 3 个部分:程序区、静态存储区和动态存储区。程序区是用来存放可执行程序的程序代码;静态存储区用来存放静态变量;动态存储区用于存放动态变量。

在程序执行过程中为其分配存储空间的变量,称为动态存储类型变量,简称动态变量。动态变量是在定义变量时才为其分配存储空间的,执行到该变量的作用域的结束处时,系统就收回为该变量分配的存储空间。

在程序开始执行时系统就为变量分配存储空间,直到程序执行结束时,才收回为变量分配的存储空间,这种变量称为静态存储类型变量,简称静态变量。在程序执行的整个过程中,静态变量一直占用为其分配的存储空间,而不考虑其是否处在变量的作用域内。

2. 变量的存储类型

完整的变量定义格式为:

存储类型 类型 变量名表;

在该变量定义中用到了存储类型,事实上变量的存储类型是对变量作用域、存储空间、生存期的规定。在 C 语言中,变量的存储类型分为 4 种:自动类型(auto)、寄存器类型(register)、静态类型(static)、外部类型(extern)。这 4 种类型说明的变量分别称为自动变量、寄存器变量、静态变量与外部变量。

(1) 自动类型(auto)

自动变量的说明格式为:

auto 类型 变量名表;

例如:

```
auto int a,b=3;
```

定义了自动变量 a 与 b,其类型为整型。

在函数内定义的局部变量默认是自动的,它被分配在内存的动态存储区中。

【例 11-20】 自动变量示例。

```
1   #include <stdlib.h>
2   int main()
3   {
4     int x=5, y=10;
5     for ( int k=1; k<=2; k++)
6     {
7       auto int m=0, n=0;
8       m=m+1;
9       n=n+x+y;
10      printf("m=%d,n=%d"m,n);
11    }
12    return 0;
13  }
```

```
m=1,n=15
m=1,n=15
```

【程序分析】 在程序第 7 行与第 10 行之间定义了一个块(即 for 语句的循环体),在循环体内定义了自动变量 m 和 n,他们的作用域为从第 7 行到第 10 行。程序执行到第 7 行时,系统为 m 和 n 动态分配内存空间,到第 10 行收回为 m 和 n 动态分配的内存空间。for 语句循环两次,则系统两次为 m 和 n 分配存储空间,并两次回收存储空间。因此,m,n 的值并没有进行累加,均从初值 0 开始。

(2) 寄存器类型(register)

用寄存器类型关键词 register 说明的变量称为寄存器变量,它属于动态局部变量。这类变量存储在 CPU 的寄存器中,因此存取速度快。寄存器变量的说明格式为:

register 类型 变量名表;

例如:

```
register int a,b=3;
```

定义了寄存器变量 a 与 b,其数据类型为整型。

(3) 静态类型(static)

用静态类型关键词 static 说明的变量称为静态变量,其说明格式为:

static 类型 变量名表;

例如:

```
static int a,b=8;            //该语句说明 a,b 为静态整型变量。
```

static 变量在内存的静态存储区占用固定的内存单元,即使它所在的函数调用结束,也不释放存储单元,它所在单元的值会继续保留,即 static 变量不会重新分配内存及初始化。

【例 11-21】 静态变量示例。

```
1   #include <stdlib.h>
2   void f(int x, int y);
3   int main()
4   {
5     int i=5, j=10, k;
6     for (k=1; k<=3; k++)
7     f(i,j);
8     return 0;
9   }
10  void f(int x, int y)
11  {
12    int m=0;                //定义自动变量 m
13    static int n=0;         //定义静态变量 n
14    m=m+x+y;                //使用自动变量 m 求和
15    n=n+x+y;                //使用静态变量 n 求和
```

```
16    printf("m=%d,n=%d",m,n);
17  }
```

```
m=15,n=15
m=15,n=30
m=15,n=45
```

**【程序分析】** 在函数 f() 中定义了静态变量 n,在程序开始执行时即为静态变量 n 分配存储空间,当调用函数 f() 结束后,系统并不收回变量 n 所占用的存储空间,当再次调用函数 f() 时,变量 n 仍使用相同的存储空间。因此,每次循环调用 f() 时,表达式 n=n+x+y 均对 n 进行累加,使每次调用 f() 后,n 都增加 15。

(4) 外部类型(extern)

用外部类型关键词 extern 说明的全局变量称为外部变量。外部变量的特点是它存放在内存的静态存储区,在整个程序的运行期间一直占用内存单元。其说明格式为:

　　　　extern　类型 变量名表;

例如,下行说明了外部变量 a,b,其数据类型为整型。

　　　　extern int a, b;

**【例 11-22】** 外部变量示例。

```
1   #include<stdlib.h>
2   int max(int x,int y);
3   extern int a=6, b=5;          //说明外部变量 a 和 b
4   int main()
5   {
6     int c;
7     c=max(a, b);                //在主函数中使用外部变量 a 和 b
8     printf("max=%d",c);
9     return 0;
10  }
11  int max(int x, int y)
12  {
13    printf("a=%d,b=%d",a,b)     //在函数 max() 中使用外部变量 a 和 b
14    return x>y? x:y;
15  }
```

```
a=6,b=5
max=6
```

## 11.9  main 函数中的参数

从函数参数的形式上看,main 函数包含一个整型数组和一个指针数组。当一个 C 源程序经过编译、连接后,会生成扩展名为 .exe 的可直接执行的文件。main() 函数不能由其他函数调用和传递参数,只能在运行时传递参数。

```
int main( int argc, char * argv [] )
{
    …          //程序段
}
```

在操作系统环境下,一条完整的运行命令应包括两部分:命令与相应的参数。其格式为:

命令 参数 1 参数 2 … 参数 n

例如,文件拷贝命令如下:

```
C:\>copy a.c b.c_
```

此格式也称为命令行,命令行中的 copy 就是可执行文件的文件名,其后所跟参数(a.c 和 b.c)需用空格分隔,它是对命令的进一步补充,也即传递给 main() 函数的参数。

命令行与 main() 函数的参数存在如下的关系:

设命令行为:

program 参数 1 参数 2 参数 3 参数 4 参数 5

其中 program 为文件名,也就是一个由 program.c 经编译、连接后生成的可执行文件 program.exe,其后跟 5 个参数。对 main() 函数来说,它的参数 argc 记录了命令行中命令与参数的个数,共 6 个,指针数组的大小由参数 argc 决定,即为 char * argv[6],指针数组的取值情况如表 11-6 所示。

表 11-6　命令行与主函数参数比照表

| 命令行 | 程序名 | 参数 1 | 参数 2 | 参数 3 | 参数 4 | 参数 5 |
|---|---|---|---|---|---|---|
| 数组 argv | argv[0] | argv[1] | argv[2] | argv[3] | argv[4] | argv[5] |
| 变量 argc | 6 | | | | | |

数组的各指针分别指向一个字符串。需要注意的是,指针数组的各元素(指针)从命令行的起始位置开始接收,首先接收到的是程序文件名,然后才是参数。

## 11.10　综合程序举例

【例 11-23】　编写子函数实现用选择法对数组中 10 个整数按由小到大进行排序,在主函数中输入数据,调用子函数完成排序。

【问题分析】　所谓选择法,就是指先将 10 个数中最小的数与a[0]对换,再将 a[1]到 a[9]中最小数与 a[1]对换……每比较一轮,找出一个未经排序的数中最小值,共比较 9 轮,如图 11-9 所示。

| a[0] | a[1] | a[2] | a[3] | a[4] | a[5] | a[6] | a[7] | a[8] | a[9] | |
|------|------|------|------|------|------|------|------|------|------|---|
| 5 | 2 | 6 | 3 | 9 | 8 | 10 | 1 | 4 | 21 | 原始状态 |
| **1** | 2 | 6 | 3 | 9 | 8 | 10 | **5** | 4 | 21 | 把最小的数a[7]与a[0]交换 |
| 1 | **2** | 6 | 3 | 9 | 8 | 10 | 5 | 4 | 21 | 不交换 |
| 1 | 2 | **3** | **6** | 9 | 8 | 10 | 5 | 4 | 21 | 把最小的数a[3]与a[2]交换 |

·········

**图 11-9 选择排序**

程序如下：

```
1   #include<stdio.h>
2   int main()
3   {
4       void sort(int array[ ],int n);        //对 sort 函数的声明,参数为不定义长度
5                                             //数组及一个整形变量
6       int a[10],i;                          //定义主调函数数组,一般不与被调函数同名
7       printf("enter the array\n");          //以下循环对数组 a 赋值
8       for(i=0;i<10;i++)
9       scanf("%d",&a[i]);
10      sort(a,10);                           //以数组名为实参调用 sort 函数
11      printf("the sorted array:\n");        //以下循环打印排序后的数组
12      for(i=0;i<10;i++)
13          printf("%d ",a[i]);
14      printf("\n");
15      return 0;
16  }
17  void sort(int array[ ],int n)             //定义 sort 函数,array 数组名为形参,
18                                            //接收 a 数组首地址,这里需要注意
19                                            //的是,形参数据类型必须与形参相同
20  {
21      int i,j,k,t;
22      for(i=0;i<n-1;i++)                     //以下循环对数组 array 从第一个元素到
23                                            //数组倒数第二个元素依次对比
24      {
25          k=i;
26          for(j=i+1;j<n;j++)                //以下循环对数组从第 j 个元素向后对比
27          {
28              if(array[j]<array[k])         //当第 k 个元素值小于第 j 个元素
29                  k=j;                      //k 元素与第 j 元素数组下标对调,
30                                            //k 元素以后的数组元素不变
31              t=array[k];array[k]=array[i]; //k 元素与第 j 元素数组值对调,
32              array[i]=t;                   //其他数组元素值不变
```

```
33        }
34      }
35    }
```

 本章小结

本章介绍了 C 语言的函数定义、调用和声明,调用函数和被调用函数之间的数据传递,数组、指针作为函数参数及返回值,变量的作用域、存储类型和生存期,外部函数,main 函数中的参数等知识点,重点是函数的嵌套调用和递归调用,调用函数之间的数据传递,数组、指针作为函数参数,变量的作用域等。

习题 ⑪

**一、填空题**

1. 以下函数调用语句中,含有的实参个数是_____。

```
func((exp1,exp2),(exp3,exp4,exp5));
```

2. 以下程序的输出结果是_____。

```
1    func(int a,int b)
2    {
3      int c;
4      c=a+b;
5      return c;
6    }
7    int main( )
8    {
9      int x=6,y=7,z=8,r=0;
10     r=func((x--,y++,x+y),z--);
11     printf("%d\n",r);
12     return 0;
13   }
```

3. 以下程序的输出结果是_____。

```
1    func(int a,int b,int c)
2    { c=a*b; }
3    int main()
4    {
5      int c;
6      fun(2,3,c);
```

```
7      printf("%d\n",c);
8      return 0;
9    }
```

4. 以下程序的输出结果是_____。

```
1    double f(int n)
2    {
3      int i;
4      double s;
5      s=1.0;
6      for(i=1;i<=n;i++)
7         s+=1.0/i;
8      return s;
9    }
10   int main( )
11   {
12     int i,m=3;
13     float a=0.0;
14     for(i=0;i<m;i++)
15        a+=f(i);
16     printf("%f\n",a);
17     return  0;
18     }
```

5. C 语言中,形参缺省的存储类别是_____。

6.在调用函数时,如果实参是简单变量,它与对应形参之间的数据传递方式是_____。

7.以下程序段的输出结果是_____。

```
1    fun1(int a,int b)
2    {
3      int c;
4      a+=a;b+=b;
5      c=fun2(a,b);
6      return c * c;
7    }
8    fun2(int a,int b)
9    {
10     int c;
11     c=a * b%3;
12     return c;
13   }
```

```
14    main()
15    {
16        int x=11,y=19;
17        printf("%d\n",fun1(x,y));
18    }
```

8. 以下程序的输出结果是_____。

```
1    unsigned fun6(unsigned num)
2    {
3        unsigned k=1;
4        do
5        {
6            k *= num%10;
7            num/=10;
8        }while(num);
9        return k;
10   }
11   main()
12   {
13       unsigned n=26;
14       printf ("%d\n",fun6(n);
15   }
```

9. 以下程序的输出结果是_____。

```
1    double sub(double x,double y,double z)
2    {
3        y-=1.0;
4        z=z+x;
5        return z ;
6    }
7    main( )
8    {
9        double a=2.5,b=9.0;
10       printf("%f\n",sub(b-a,a,a));
11   }
```

## 二、编程题

1. 输入 10 个整数,将其中最小的数与第一个数对换,把最大的数与最后一个数对换。写 3 个函数分别完成以下功能:

(1) 输入 10 个整数;

(2) 进行处理;

(3) 输出 10 个整数。

2．编写一个函数，使输入的一个字符串按反序存放，在主函数中输入和输出字符串。

3．编写一个函数，求一元二次方程 $ax^2+bx+c=0$ 的根并输出结果，在 main 函数中输入 3 个系数 a,b,c 的值。

4．已有变量定义和函数调用语句 int x＝57;isprime(x); ，函数 isprime 用于判断一个整数 a 是否为素数，若是素数，函数返回 1，否则返回 0。请编写 isprime 函数。

5．输入两个整数，求它们相除的余数。

6．编写一个判断奇偶数的函数，要求在主函数中输入一个整数，通过被调用函数输出该数是奇数还是偶数的信息。

7．已有变量定义和函数调用语句 int a＝1,b＝−5,c; c＝fun(a,b); ，fun 函数的作用是计算两个数之差的绝对值，并将差值返回调用函数，请编写程序。

8．编写函数 fun，它的功能是输出一个 200 以内能被 3 整除且个位数为 6 的所有整数，返回这些数的个数。

9．计算 $|a^3|$，要求编写函数计算 $a^3$，再编写函数调用上述函数计算绝对值，主函数中输入 a 值，并输出结果。

10．用递归函数编程计算 1!＋3!＋5!＋…＋n!（n 为奇数）。

11．设计一个函数找出三个数中的最大数。

12．编写一个程序用于判断一个整数是否是回文数（回文数是关于数字中心对称的，如 12321,123321）。

# 第12章 结构体、共用体、枚举及用户定义类型

## 12.1 概 述

C语言提供了一些基本数据类型,如 int,float,char 等,但实际应用中一些对象需要由不同类型的数据联合描述,若机械地使用基本数据类型来描述这些对象,就会为软件的开发增加很多工作,为此 C 语言提供了一些构造数据类型。这些构造数据类型包括数组、结构体、共用体、枚举及用户定义类型等,使用这些构造类型的数据描述对象,可以有效降低任务开发强度。

本章的重点内容包括结构体类型变量的定义及初始化,结构体变量的引用,结构体数组,结构体指针和链表的使用。

## 12.2 结构体

### 12.2.1 定义结构体类型和结构体变量

前面介绍的数组的是同类型的数据集合,而引入结构体的主要目的是把具有多个不同类型属性的事物作为一个逻辑整体来描述,从而扩展 C 语言的数据类型。显然,结构体是一种构造类型,事物的属性在结构体中使用"成员"或"元素"来表示。每个成员可以是一个基本的数据类型,也可以是一个已经定义的构造类型。

结构体作为一种自定义的数据类型,必须先定义其结构体类型,然后应用结构体类型定义结构体变量。

1. 结构体类型的定义

结构体类型定义的一般形式如下:

```
struct 结构体名
{
    成员变量列表;
    …
};
```

(1) struct:系统关键字,说明当前要定义一个新的结构体类型。

(2) 结构体名:结构体类型的名称,应遵循标识符规定。

(3) 在{}之间通过分号分割的变量列表称为成员变量,它用于描述此类事物的某

一方面的特性。成员变量可以为基本数据类型、数组和指针类型,也可以为结构体类型,由于不同的成员变量分别描述事物某一方面的特性,因此成员变量不能重名。

（4）使用结构体类型时,"struct 结构体名"作为一个整体,表示名为"结构体名"的结构体类型。

（5）结构体类型的成员可以是基本数据类型,也可以是其他已经定义的结构体类型。结构体成员的类型不能是当前结构体类型(即结构体类型不能递归定义,其结构体大小不能确定),但可以是当前结构体类型的指针。

例如,为描述班级信息(包括班级编号、专业、人数等信息),可定义如下的结构体:

```
struct myclass
{
    char code[10];          /* 编号 */
    char major[30];         /* 专业 */
    unsigned int count;     /* 人数 */
};
```

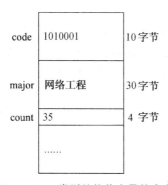

图 12-1  myclass 类型结构体变量的内存状态

【说明】 myclass 是结构体类型名,struct 是关键词;结构体类型定义描述结构体数据的逻辑结构,不分配内存;分配内存是在定义结构体变量时进行的;该结构体类型 myclass 由 3 个成员组成,分别属于不同的数据类型,分号不能省略;在定义了结构体类型后,可以定义结构体变量。

嵌套结构是指在一个结构体中可以包括其他结构体类型的成员,下面是一个嵌套结构的例子。

首先定义一个结构体类型 Point,它用来描述三维空间中一个点的坐标,基于此结构体类型可以描述三维世界中的直线信息 Line:

```
struct Point               //基本结构体 Point 的定义
{
    double x;              //x 坐标
    double y;              //y 坐标
    double z;              //z 坐标
}Point1;
struct Line                //嵌套结构体 Line 的定义
```

```
{
    struct Point StartPoint;    //此结构体内含基本结构体,起始点为 Point 结构
    struct Point EndPoint;    //结束点同上
};
```

需要注意的是,一旦结构体类型被定义之后,就好比在基本类型中增加了此结构体类型(如 struct Point 为类型名),对于基本类型可以进行的一些操作,结构体类型同样拥有。例如此结构体类型变量的定义、赋值、引用与整型变量的定义、赋值、引用相类似。

2. 结构体变量的定义

结构体变量的定义要求其在结构体类型定义之后进行,具体来看,最基本的定义形式类似于整型变量的定义,如 int i;。另外两种定义形式是在基本定义基础上作了简化:一是边定义类型边定义变量;二是当此结构类型仅使用一次时,可在边定义类型边定义变量时进一步省略结构类型标识符。具体参见如下:

(1) 先定义结构体类型,再定义结构体变量

例如:

```
struct Point Point1,Point2;
// 变量定义,定义 2 个类型为 struct Point 的结构体变量 Point1,Point2
```

(2) 在定义结构体类型的同时定义结构体变量

例如:

```
struct Point
{
    ...
} Point1,Point2;
```

(3) 直接定义结构体变量(不给出结构体类型名,匿名的结构体类型)

例如:

```
struct
{
    ...
} Point1,Point2;
```

3. 结构体变量的初始化

结构体变量的初始化即对结构体变量的首次赋值,因此结构体变量的初始化类似整型变量的初始化,即有两种形式:一是边定义变量边初始化,如 int i=1;;二是先定义变量,再通过赋值语句进行初始化,如 int i; i=1;。两者不同的是:因结构体类型中包含多个成员,所以结构体变量的初始化需要通过为结构体的成员变量赋以初值实现,而结构体成员变量的初始化则遵循简单变量或数组的初始化方法。具体形式如下:

```
struct 结构体类型 名变量名={初始化值1,初始化值2,…, 初始化值 n};
```

例如,定义 struct Point 类型变量并进行初始化的语句如下:

```
struct Point Point1={0.0,0.2,0.3};
```

初始化结构体变量时,既可以初始化其全部成员,也可以仅对部分成员进行初始化。此时要求初始化的数据至少有一个,其他没有初始化的成员变量由系统完成初始化,为其提供缺省的初始化值。

例如:

```
struct Student
{
    long id;
    char name[20];
    int age;
}a={1};
```

上述初始化操作相当于为结构体变量 a 的 id 成员赋予 1,name 成员赋予空字符串,age 成员赋予 0。

## 12.2.2　访问结构体成员

结构体变量的引用

(1) 引用结构体变量中的一个成员的方法。

**结构体变量名. 成员名**

其中"."运算符是成员运算符。

例如:

```
Point1. x=101;
scanf("%d", Point1. x);   if(Point1. x==100)…;
Point1. y++;
```

(2) 对于成员本身又是结构体类型时的子成员,使用成员运算符逐级访问。

例如:

```
Line1. StartPoint. x
```

(3) 同一种类型的结构体变量之间可以直接赋值。

例如:

```
Point1= Point2;
```

(4) 不允许将一个结构体变量整体输入/输出。

例如:

```
scanf("%…",&Point1); printf("%…", Point1);
                        // **** 都是错误的 ****
```

【例 12-1】　定义学生结构体类型及变量并进行初始化,然后输出结构体变量各成员的值。

```
1    #include<stdio. h>
2    void main()
3    {
4      struct student
5      {
```

```
6      int no; char name[20]; char sex; int age; char pno[19];
7      char addr[40]; char phone[20];
8    }student1={11301,"Nuist",'F',19,"320406841001264","Nanjing","(025)
9    58697967"};
10   printf("no=%d,name=%s,sex=%c,age=%d,pno=%s\naddr=%s,tel
11   =%s\n",student1.no,student1.name,student1.sex,student1.age,
12   student1.pno,student1.addr,student1.phone);
13   return 0;
14 }
```

程序运行结果如下：

```
no=11301,name=Nuist,sex=F,age=19,pno=320406841001264
addr=Nanjing,tel=(025)58697967
```

### 12.2.3　结构体数组

结构体数组是指数组元素的类型为结构体类型的数组。定义结构体数组也有 3 种方式。

（1）先定义结构体类型，然后定义结构体数组：

```
struct 结构体名
{
  …
};
struct 结构体名 结构体数组名[];
```

（2）定义结构体类型同时定义结构体数组：

```
struct 结构体名
{
  …
}结构体数组名[数组的长度];
```

（3）匿名结构体类型：

```
struct
{
  …
}结构体数组名[数组的长度];
```

例如，定义 35 个元素的结构体数组 stu，其中每个元素都是 struct student 类型。

```
struct student
{
    int no;
    char name[20];
    char sex;
```

```
        int age;
        char pno[19];
        char addr[40];
        char tel[20];
    }stu[35];
```

定义结构体数组后即可采用"数组元素.成员名"的形式引用结构体数组某个元素的成员,在对结构体数组初始化时,只要把结构体当成一个整体,并将每个元素的数据用"{}"括起来。

例如:

```
struct student stu[2]={
                    {11301,"Zhangjin",'M',18,"3210220483","Nuist","58731110"},
                    {11302,"Wangmei",'F',19,"2132434340","Nuist","58731111"}
                    }
```

### 12.2.4 结构体指针

结构体指针变量是指向结构体变量的指针变量;结构体指针变量的值是结构体变量在内存中的起始地址。它类似于基本数据类型的指针,如int i, * p; p=&i;。

(1) 结构体指针变量的定义:

　　　struct 结构体名 * 结构体指针变量名;

例如:

```
        struct student * p;
```

定义了一个结构体指针变量,它可以指向一个 struct student 结构体类型的数据。

(2) 通过结构体指针变量访问结构体变量的成员,它有两种形式:

① ( * 结构体指针变量名).成员名。" * 结构体指针变量名"转换为该指针变量所指向的结构体变量,需注意的是"."运算符优先级比" * "运算符高;

② 结构体指针变量名->成员名。"->"是指向成员运算符,很简洁,在程序中更常用。

例如,可以使用( * p).age 或 p->age 访问 p 指向的结构体的 age 成员。

(3) 结构体指针变量的初始化

结构体指针在使用之前应该对结构指针初始化,初始化过程如下:

① 分配整个结构长度的字节空间,这可用下面函数完成:

```
        student=(struct student * )malloc(sizeof(struct student));
```

② 定义一个结构体变量后,用 & 符号取其地址并赋值给一个结构体指针变量。

【例 12-2】 用指针访问结构体变量及结构体数组(提示:数组的指针就是指向其元素的指针,访问数组元素和访问变量所需要定义的指针变量完全相同;指向数组元素和指向变量的指针变量在使用上也完全相同)。

```
1    #include<stdio.h>
2    int main()
3    {
```

```
4    struct student                          //结构体类型定义
5    {
6      int no;
7      char name[20];
8      char sex;
9      int age;
10     float score;
11   };
12   struct student stu[3]=                   //结构体数组 stu 定义
13     {{11302,"Wang",'F',20,483},
14     {11303,"Liu",'M',19,503},
15     {11304,"Song",'M',19,471.5}};
16   struct student student1=
17     {11301,"Zhang",'F',19,496.5},* p,* q;
18   int i;
19   p=&student1;                             //p 指向结构体变量
20   printf("%s,%c,%5.1f\n",student1. name,( * p). sex,p->score);
21                                            //访问结构体变量
22   q=stu;                                   //指向结构体数组的元素
23   for(i=0; i<3; i++,q++)
24     printf("%s,%c,%5.1f\n",q->name,q->sex,q->score);
25   return 0;
26 }
```

程序运行结果如下：

```
Zhang,F,496.5
Wang,F,483.0
Liu,M,503.0
Song,M,471.5
```

### 12.2.5 链 表

1. 链表概述

用数组存放数据时,必须事先定义数组长度(即数组元素个数)。为提高程序的通用性,一般需定义冗余的空间,但这会造成内存空间的浪费。为解决这一问题,可以使用链表。链表可以根据需要分配内存单元,避免造成空间浪费。表 12-1 为最简单的一种链表(单向链表)的结构。

链表是一种物理存储单元上非连续、非顺序的存储结构,数据元素的逻辑顺序是通过链表中的指针连接次序实现的。链表由一系列结点(链表中每一个元素称为结点)组成,结点可以在运行时动态生成。每个结点包括两个部分:一个是存储数据元素的数据域,另一个是存储下一个结点地址的指针域。

表 12-1　简单单向链表

| | 内存地址 | 内存单元 | | |
|---|---|---|---|---|
| | | ... | | |
| Head→ | 10E10→ | 10E20 | | 头指针 |
| | | ... | | |
| | 10E20→ | 王斌 | | 姓名 |
| | | 10E30 | | 下一结点地址 |
| | | ... | | |
| | 10E30→ | 单余 | | 姓名 |
| | | 10E40 | | 下一结点地址 |
| | | ... | | |
| | 10E40→ | 陆敬 | | 姓名 |
| | | 10E50 | | 下一结点地址 |
| | | ... | | |
| | 10E50→ | 周伟 | | 姓名 |
| | | NULL | | 空指针 |
| | | ... | | |

　　链表一般由以下几部分组成：头指针、结点和表尾。头指针用来存放一个地址，该地址指向链表的第一个元素；结点为链表中每一个元素，结点包括两部分，即用户需要的实际数据和连接节点的指针；表尾为链表的最后一个结点，它的地址部分存一个NULL（空地址），表示链表到此结束。

　　链表中各元素在内存中可以不是连续存放的。要访问某一元素，必须先访问其前驱元素，根据前驱元素包含的下一个元素的地址访问下一个元素。如果不提供"头指针"（Head），则整个链表无法访问。链表如同一个链条，一环扣一环，中间是不能断开的。因此，链表结构必须利用指针变量实现，即一个结点中应包含一个指针变量，用它存放下一结点的地址。

　　为实现链表，需要使用结构体作为链表中的结点。一个结构体变量包含若干成员，这些成员可以是数值类型、字符类型、数组类型，也可以是指针类型，利用该指针类型成员存放下一个结点的地址。例如，可以设计这样一个结构体类型：

```
struct student          /* 定义结构体数据类型 */
{
  int no;
  float score;
  struct student * next;
};
```

其中 no 和 score 用来存放结点中的有用数据（用户需要用到的数据），next 是指针类型的成员,它指向 struct student 类型的数据(这就是 next 所在的结构体类型)。

为更好地说明使用结构体数组和链表存储同一组数据的区别,可参见表 12-2 和表 12-3。

表 12-2  学生信息数组表示法

| 数组 | 结构体成员 | 值 |
|---|---|---|
| student[0] | no | 101 |
| | score | 89.5 |
| student[1] | no | 103 |
| | score | 90 |
| student[2] | no | 107 |
| | score | 85 |
| ... | | |

表 12-3  学生信息链表表示法

| | 内存地址 | 内存单元 | | |
|---|---|---|---|---|
| | | ... | | |
| Head→ | 10E10→ | 101 | | 学号 |
| | | 89.5 | | 成绩 |
| | | 10E30 | | 下一结点地址 |
| | | ... | | |
| | 10E30→ | 103 | | 学号 |
| | | 90 | | 成绩 |
| | | 10E40 | | 下一结点地址 |
| | | ... | | |
| | 10E40→ | 107 | | 学号 |
| | | 85 | | 成绩 |
| | | NULL | | 下一结点地址 |
| | | ... | | |

由此可看出二者主要区别如下:

(1)对链表进行插入和删除操作比较方便;而数组在插入和删除元素时需频繁移动其他元素。

(2)用数组存放数据时,必须事先确定元素个数并一次分配到位;而链表不需要事先确定元素个数,它是动态存储分配的一种结构,可根据需要申请内存空间,且可以使用零散的空间构建链表。

(3)数组可以随机存取,而链表必须顺序存取。

（4）从空间利用率来看，链表多使用了指向下一个节点的指针，占用了固定长度的空间，故空间利用率没有数组高。

2. 简单链表

【例 12-3】　建立一个如表 12-3 所示的简单链表，它由 3 个学生数据的结点组成。输出各结点中的数据。

```
1    #include<stdio.h>
2    #define NULL 0
3    struct student                          //定义结构体数据类型
4    {
5      long no;
6      float score;
7      struct student * next;                //结构体成中含有一结构指针
8    };
9    int main()
10   {
11     struct student a,b,c, * head, * p;    //定义结构体变量及指针
12     a.no=10101; a.score=89.5;             //对结点的 no 和 score 成员赋值
13     b.no=10103; b.score=90;
14     c.no=10107; c.score=85;
15     head=&a;                              //将结点 a 的起始地址赋给头指针 head
16     a.next=&b;                            //将结点 b 的起始地址赋给 a 结点的 next
17                                           //成员
18     b.next=&c;                            //将结点 c 的起始地址赋给 b 结点的 next
19                                           //成员
20     c.next=NULL;                          //结点的 next 成员不存放其他结点地址
21     p=head;                               //使 p 指针指向 a 结点
22     do
23     {
24       printf("%ld %5.1f\n",p->no,p->score);
25                                           //输出 p 指向的结点的数据
26       p=p->next;                          //使 p 指向下一结点
27     } while(p!=NULL);
28     return 0;
29   }
```

程序运行结果如下：

```
10101   89.5
10103   90.0
10107   85.0
```

【程序分析】　首先使 head 指向 a 结点，a.next 指向 b 结点，b.next 指向 c 结点，这就

构成链表关系。c. next＝NULL 的作用是使 c. next 不指向任何有用的存储单元。在输出链表时需借助 p，先使 p 指向 a 结点，然后输出 a 结点中的数据，p＝p－＞next 是为输出下一个结点作准备。p－＞next 的值是 b 结点的地址，因此执行 p＝p－＞next 后 p 就指向 b 结点，所以在下一次循环时输出的是 b 结点中的数据。

　　3. 建立动态链表

　　建立动态链表是指在程序运行过程中根据需要动态建立起一个链表结构。具备动态内存分配和结构体的基础，要实现动态链表就不难了。其基本步骤是逐个生成相应的结构体结点并输入各结点数据，通过每个结构体结点中的连接指针建立起前后关联。

　　【例 12-4】　编写一个函数，建立一个有 3 名学生数据的单向动态链表。

　　【问题分析】　建立链表的思路如下：

　　(1) 此处约定学号不会为 0，如果输入的学号为 0，则表示建立链表的过程完成，该结点不应连接到链表中；

　　(2) 如果 p1 等于 p2，且 p2－＞no 不等于 0，则输入的是第一个结点 A 的数据(n＝1)，令 head＝p1，也就是使 head 指向新建立的结点，p1 所指向的新建立的结点就成为链表中第一个结点；

　　(3) 建立结点 B 并使 p1 指向 B，接着输入该结点的数据，p2－＞next＝p1，然后 p2＝p1；

　　(4) 建立结点 C 并使 p1 指向 C，接着输入该结点的数据，p2－＞next＝p1，然后 p2＝p1；

　　(5) 建立结点 D 并使 p1 指向 D，接着输入该结点的数据，由于 p1－＞no 的值为 0，不再执行循环，p2－＞next＝NULL，此新结点不应被连接到链表中。

　　建立链表的函数如下：

```
1   #include＜stdio. h＞
2   #include＜malloc. h＞
3   #define NULL 0                      //令 NULL 代表 0，用它表示空地址
4   #define LEN sizeof(struct student) //令 LEN 代表 struct student 类型数据的
5                                       //长度，sizeof 是"求字节数运算符"
6   struct student
7   {
8     long no;
9     float score;
10    struct student ＊next;
11  };
12  int n;                              //n 是结点个数，为全局变量
13  struct student ＊ListCreat()         //定义一个 ListCreat 函数，它是指针类型，
14                                       //即此函数带回一个指针值。它指向一个
15                                       //struct student 类型数据。实际上此
16                                       //ListCreat 函数带回一个链表起始地址
17  {
```

```
18    struct student * head;
19    struct student * p1, * p2;              //p1 指向新开辟的结点,p2 指向链
20                                           //表中最后一个结点
21    n=0;
22    p1=p2=(struct student * )malloc(LEN);  //开辟一个新单元,malloc(LEN)的作用
23                                           //是开辟一个长度为 LEN 的内存区
24    scanf("%ld,%f",&p1->no,&p1->score);
25    head=NULL;
26    while(p1->no!=0)
27    {
28      n=n+1;
29      if(n==1)head=p1;
30      else p2->next=p1;                    //把 p1 所指的结点连接在 p2 所指的结点
31                                           //后面,用"p2->next=p1"来实现
32      p2=p1;
33      p1=(struct student * )malloc(LEN);
34      scanf("%ld,%f",&p1->no,&p1->score);
35    }
36    p2->next=NULL;
37    return(head);                          //return head,也就是链表的头地址
38                                           //指向 struct student 类型数据
39  }
```

可以在 main 函数中调用 ListCreat 函数:

```
1   void main()
2   {
3     ListCreat();             //调用 ListCreat 函数后建立了一个单向动态链表
4   }
```

调用 ListCreat 函数后,函数的值是所建立链表的第一个结点的地址(通过 return 语句获取)。

4. 链表输出

输出链表时应首先获取链表第一个结点的地址,也就是获取 head 的值,然后定义一个指针变量 p,使 p 指向第一个结点,输出 p 所指的结点中的数据,进而使 p 后移一个结点并输出其中数据,直到链表的尾结点。

编写一个输出链表的输出函数 ListPrint。

```
1   void ListPrint (struct student  * head)
2   {
3     struct student * p;
4     printf("\nNow, These %d records are:\n",n);
5     p=head;
```

```
6      if(head!=NULL)
7      do
8      {
9          printf("%ld %5.1f\n",p->no,p->score);
10         p=p->next;
11     }while(p!=NULL);
12     }
```

5. 链表删除

若从一个动态链表中删去一个结点时,并不是真正从内存中把结点删除,而是把该结点从链表中分离开来,先撤销原来的连接关系,并及时释放该结点所占的存储空间,以增强空间的利用率。

例如,删除指定学号的学生结点的思路如下:从 p 指向的第一个结点开始,检查该结点中的 no 值是否等于所输入要求删除的那个学号。如果相等,就将该结点删除,如不相等,就将 p 后移一个结点,如此进行下去,直到遇到表尾为止。

主要步骤如下:可以设两个指针变量 p1 和 p2,先使 p1 指向第一个结点;如果要删除的不是第一个结点,则使 p1 后移指向下一个结点(将 p1->next 赋给 p1),在此之前应将 p1 的值赋给 p2,使 p2 指向刚才检查过的那个结点;同时还需要考虑链表是空表(无结点)和链表中找不到需删除的结点的情况。

删除结点的函数 ListDel 如下:

```
1    struct student * ListDel(struct student * head,long no)
2    {
3      struct student * p1, * p2;
4      if (head==NULL)
5      {
6        printf("\nlist null!\n");
7        exit(0);
8      }
9      p1=head;
10     while((no!=p1->no)&&(p1->next!=NULL))
11                                  //p1 不是删除的结点,后面还有结点
12     {
13     p2=p1; p1=p1->next;          //p1 后移一个结点
14     }
15     if(no==p1->no)               //找到需删除的结点
16     {
17       if(p1==head) head=p1->next;   //p1 是第一个结点
18       else p2->next=p1->next;       //p1 不是第一个结点
19       printf("delete:%ld\n",no);
20       n=n-1;
```

```
21      }
22      else printf("%ld not been found!\n",no);              //找不到结点
23      return(head);
24  }
```

6. 链表插入

链表的插入是指将一个结点插入到一个已存在的链表中。为了做到正确插入,必须解决两个问题:找到插入的位置和实现插入。

具体过程如下:

(1) 先用指针变量 p0 指向待插入的结点,p1 指向第一个结点。

(2) 将 p0->no 与 p1->no 相比较,如果 p0->no 大于 p1->no,则待插入的结点不应插在 p1 所指的结点之前。此时将 p1 后移,并使 p2 指向刚才 p1 所指的结点。

(3) 再将 p1->no 与 p0->no 比,如果仍然是 p0->no 较大,则应使 p1 继续后移,直到 p0->no 小于或等于 p1->no 为止。这时将 p0 所指的结点插到 p1 所指结点之前。但如果 p1 所指的已是表尾结点,则 p1 就不应后移了。如果 p0->no 比所有结点的 no 都大,则应将 p0 所指的结点插到链表末尾。

(4) 如果插入的位置既不在第一个结点之前,也不在表尾结点之后,则将 p0 的值赋给 p2->next,使 p2->next 指向待插入的结点,然后将 p1 的值赋给 p0->next,使得 p0->next 指向 p1 指向的变量。

插入结点的函数 ListInsert 如下:

```
1   struct student * ListInsert(struct student * head, struct student * stud)
2   {
3      struct student * p0, * p1, * p2;
4      p1=head;                        //p1 指向第一个结点
5      p0=stud;                        //p0 指向要插入的结点
6      if(head==NULL)                  //如果是空链表
7      {
8         head=p0; p0->next=NULL;      //p0 作为头结点,p0 的下一个结点为空
9      }
10     else
11     {
12        while((p0->no>p1->no)&&(p1->next!=NULL))
13                                     //当前指针处学号小于插入学号,并且
14                                     //当前指针处元素不是最后一条记录
15        {
16           p2=p1;                    //使 p2 指向刚才 p1 指向的结点
17           p1=p1->next;              //p1 后移一个结点
18        }
19        if(p0->no<=p1->no)           //当前指针元素学号大于插入学号
20        {
```

```
21        if(head==p1) head=p0;        //如果当前指针元素等于头指针地
22                                      //址,插入到第一个结点之前
23        else p2->next=p0;            //插入到 p2 结点之后
24        p0->next=p1;                 //将 p1 接到插入结点之后
25      }
26    else { p1->next=p0; p0->next=NULL; }
27                                      //插入到最后结点之后
28    }
29    n=n+1;                           //结点数加 1
30    return(head);
31  }
```

函数参数是 head 和 stud。stud 也是一个指针变量,语句 p0=stud;的作用是使 p0 指向待插入的结点。函数类型是指针类型,函数返回值是链表起始地址 head。

**7. 对链表的综合操作**

将以上建立、输出、删除、插入的函数组织在一个程序中,即将上面的 4 个函数按顺序排列,用 main 函数作为主调函数。

```
1   #include <stdio.h>
2   void main()
3   {
4     struct student * head,stu;
5     long del_no;
6     prinf("请输入学生信息:\n");
7     head=ListCreat();                  //建立链表,返回头指针
8     ListPrint(head);                   //输出全部结点
9     printf("\n 请输入删除的学号:\n");
10    scanf("%ld",&del_no);
11    head=ListDel(head,del_no);         //删除输入学号的节点信息
12    ListPrint(head);
13    printf("\n 输入插入的结点的学号和成绩:\n");
14    scanf("%ld,%f",&stu. no,&stu. score);//输入插入的结点
15    head=ListInsert(head,&stu);        //用输入的信息插入一个结点
16    ListPrint(head);
17  }
```

程序运行结果如下:

```
请输入学生信息:
10101,90
10103,98
10105,76
0,0

Now,These 3 records are:
10101    90.0
10103    98.0
10105    76.0

请输入删除的学号:
10103
delete:10103

Now,These 2 records are:
10101    90.0
10105    76.0

输入插入的结点的学号和成绩:
10102,90

Now,These 3 records are:
10101    90.0
10102    90.0
10105    76.0
```

　　上面程序的功能是仅删除一个结点和插入一个结点。读者可思考若插入两个以上结点,上述程序是否存在错误? 若有错,则应如何修改?

　　结构体和指针的应用领域很宽广,除了单向链表之外,还有环形链表和双向链表。此外它们也应用于队列、树、栈、图等数据结构。有关这些问题的算法可以学习"数据结构"课程,在此不作详述。

### 12.2.6　结构体与函数

　　结构体与函数的关系主要包含两个方面:一是函数的参数中可使用结构体变量、结构体指针变量;二是函数类型可以是结构体类型、结构体指针类型。下面先介绍函数参数的情形。

　　【例 12-5】　对年龄在 19 岁以下(含 19 岁)同学的成绩增加 10 分。

```
1    #include <stdio.h>
2    struct student                        // student 结构体类型定义
3    {
4        int no;
5        char name[20];
6        char sex;
7        int age;
8        float score;
9    };
```

```
10   struct student stu[3]=
11     {{11302,"Wang",'F',20,483},        //全局 struct student stu 结构体
12                                         //数组定义
13     {11303,"Liu",'M',19,503},
14     {11304,"Song",'M',19,471.5}};
15   print(struct student s)              //打印学生姓名、年龄、成绩的函数
16                                         //形参:结构体类型
17   {
18     printf("%s,%d,%5.1f\n",s.name,s.age,s.score);
19   }
20   add10(struct student * ps)           //给年龄≤19,成绩加10分的函数
21                                         //形参:结构体指针类型
22   {
23     if(ps->age<=19)ps->score=ps->score+10;
24   }
25   int main()
26   {
27     struct student * p;
28     int i;
29     for(i=0; i<3; i++) print(stu[i]); //循环打印学生的记录
30     for(i=0,p=stu; i<3; i++,p++) add10(p);
31                                         //循环判断,加分
32     for(i=0,p=stu; i<3; i++,p++) print( * p);
33                                         //循环打印学生的记录
34     return 0;
35   }
```

主程序语句也可以

```
    ...
    for(i=0; i<3; i++)  print(stu[i]);
    for(i=0; i<3; i++)  add10(&stu[i]);
    for(i=0; i<3; i++)  print(stu[i]);
    ...
```

函数 print 的形参 s 属于结构体类型,所以实参也用结构体类型 stu[i] 或 * p,函数 add10 的形参 ps 属于结构体指针类型,所以实参用指针类型 &stu[i] 或 p。

**【例 12-6】** 将上例中的函数 add10 改写为返回结构体类型值的函数。

```
1   # include <stdio. h>
2   ...
3   struct student add10(struct student s)    //函数类型为结构体类型
4   {
```

```
5     if(s. age<=19) s. score=s. score+10;
6     return s;
7  }
8  …
9  int main()
10 {
11    struct student * p;
12    int i;                     //下面的 for 语句可以改为以下情况
13    for(i=0,p=stu;i<3;i++,p++) print( * p);
14                              //for(i=0; i<3; i++) print(stu[i]);
15    for(i=0,p=stu;i<3;i++,p++) * p=add10( * p);
16                              //for(i=0;i<3;i++) stu[i]=add10(stu[i]);
17    for(i=0,p=stu;i<3;i++,p++) print( * p);
18                              //for(i=0; i<3; i++) print(stu[i]);
19    return 0;
20 }
```

上例中函数 add10 的返回值类型为结构体类型,这样修改的特点是当主函数调用 add10 时,可将返回值赋值给结构体数组元素;如果需要修改主调函数中的结构体类型 数据,则向被调函数传递参数时,使用指向结构体的指针作为函数参数,其效率会更高。

## 12.3　共用体

共用体是另一种构造数据类型,也称为联合体。它将不同类型的数据组织在相同 的存储空间中,即在不同时刻在同一个存储区中存放不同类型的数据。

与结构体类似,在共用体内可以定义多种不同数据类型的成员,但共用体类型变量 所有成员共用一块内存。显然,由于多个成员存放在相同的空间里,同一时刻只可能保 存一个结果。

### 12.3.1　共用体类型与共用体变量

现介绍共用体类型、共用体类型变量的定义形式。

(1) 共用体类型定义的一般形式:

```
union   共用体名
{
  类型 1   成员 1;
  类型 2   成员 2;
  …
  类型 n   成员 n;
};
```

(2) 共用体类型变量的定义与结构体类型变量的定义相同,只是相应的关键词由

struct 变为 union。

例如，以下定义的共同体变量 x,y 的内存空间状况如图 12-4 所示。

```
        /* 定义共用体类型 data */
        union    data
        {
            short a;
            float b;
            char c;
        };
        /* 定义共用体变量 */
        union data x,y;
```

**表 12-4　共用体变量 x,y 的内存空间状况**

| 地　址 | 内存空间 | | | |
|---|---|---|---|---|
| ... | ... | | | |
| x→ 01FE0 | | ←x. b | ←x. a | ←x. c char 1 字节 |
| 01FE1 | | float | short 2 字节 | |
| 01FE2 | | 4 字节 | | |
| 01FE3 | | | | |
| 01FE4 | | | | |
| 01FE5 | | | | |
| 01FE6 | | | | |
| 01FE7 | | | | |
| 01FE8 | | | | |
| y→01FE9 | | ←y. b | ←y. a | ←y. c char 1 字节 |
| 01FEA | | float | short 2 字节 | |
| 01FEB | | 4 字节 | | |
| 01FEC | | | | |
| 01FED | | | | |
| 01FEE | | | | |
| 01FEF | | | | |
| 01FF0 | | | | |
| 01FF1 | | | | |
| ... | ... | | | |

此处定义了一个共用体类型 union data,同时定义了共用体变量 x,y。但应注意,由于共用体开辟的存储空间将为 3 个成员共同使用,即成员 a,b,c 在内存中的起始地

址相同,因此开辟空间的大小为其中最大一个成员所占的空间,本例则为 4 个字节(如果以上定义的是结构体,则变量所占的空间为 3 个成员之和,为 7 个字节)

### 12.3.2  共用体变量的引用

共用体变量的赋值、引用都是对变量的成员进行的,与结构体不同的是,共用体变量中只有一个成员在某一时刻是有效的,只能引用当前成员的值。共用体变量的成员表示为:

共用体变量名. 成员名;

【说明】

(1)同一块内存可以用来存放不同类型的成员,但是每一时刻只能存放其中的一个数据(也只有一种有意义)。

(2)共用体变量中有意义的成员是最后一次存放的成员。

例如:x. a=3;x. b=4.5;x. c='A';

执行语句后,当前只有 x.c 的值有效,因为其余两个成员的值已先后被取代。x 变量中的值为'A',x. a,x. b 也可以访问,但没有实际意义。但有时可以作为数据类型转换的方法。即以一种类型的数据存入,以另一种数据类型读出,在实际应用中经常使用。

(3)共用体变量的地址和它的成员的地址都是同一地址。即 &x. a=&x. b=&x. c=&x。

(4)除整体赋值外,不能对共用体变量进行赋值,也不能企图引用共用体变量来得到成员的值;不能在定义共用体变量时对共用体变量进行初始化,系统不清楚是为哪个成员赋初值。

(5)可以将共用体变量作为函数参数,函数也可以返回共用体、共用体指针。

(6)共用体,结构体可以相互嵌套。

## 12.4  枚举与自定义类型

### 12.4.1  枚举类型

在实际应用中,有些变量的取值被限定在一个有限的范围内。例如:人的性别为"male,female";星期几为"sun,mon,tue,wed,thu,fri,sat"等。如果把这些量说明为整型、字符型或其他类型也是可以的,但存在基本类型与常量间的转换,影响程序的可读性。为此,C 语言引入了一种"枚举"类型。在"枚举"类型的定义中列举出所有可能的取值,被说明为该"枚举"类型的变量的取值不能超出定义的范围。下面先给出枚举类型的定义,然后介绍枚举类型变量的定义及使用。

(1)枚举类型定义

```
enum 枚举类型名
{
    枚举元素(或:枚举常量)列表
};
```

例如：

```
enum weekday
{
    sun,mon,tue,wed,thu,fri,sat
};
```

（2）枚举变量定义

与结构体和共用体类似，枚举必须先定义类型，枚举变量可以有下面 3 种定义方式：

- 定义枚举类型的同时定义变量：enum 枚举类型名{枚举常量列表}枚举变量列表；
- 先定义类型后定义变量：enum 枚举类型名 枚举变量列表；
- 匿名枚举类型：enum {枚举常量列表}枚举变量列表；

例如：

```
enum weekday{sun,mon,tue,wed,thu,fri,sat};
/* 定义枚举类型 enum weekday,取值范围:sun, mon, ..., sat。*/
enum weekday week1,week2;
/* 定义 enum weekday 枚举类型的变量 week1,week2,其取值范围:sun,
mon, ... , sat。*/
week1=wed;week2=fri;/* 可以用枚举常量给枚举变量赋值 */
```

（3）关于枚举的说明

- enum 是标识枚举类型的关键词，定义枚举类型时应当用 enum 开头。
- 枚举元素（枚举常量）由程序设计者自己指定，命名规则同标识符。这些名字是符号，可以提高程序的可读性。
- 枚举元素在编译时，按定义时的排列顺序取值 0,1,2,…（类似整型常数）。
- 枚举元素是常量，不是变量（看似变量，实为常量），可以将枚举元素赋值给枚举变量。但是不能给枚举常量赋值。在定义枚举类型时可以给这些枚举常量指定整型常数值（未指定值的枚举常量的值是前一个枚举常量的值+1）。

  例如：enum weekday{sun=7,mon=1,tue,wed,thu,fri,sat};
- 枚举变量、常量可作为整数参与运算。如算术、关系、赋值等运算。
- 枚举常量不是字符串。

例如：week1=sun;printf("%s",week1);不会直接输出"sun",可通过下列语句转换输出：p if(week1==sun) rintf("sun");。

### 12.4.2　自定义类型

为了增加程序可读性，简化书写，C 语言允许用户重命名已定义的数据类型，即替代系统基本类型、数组类型、指针类型和用户自定义的结构类型的名称。用 typedef 实现自定义类型，格式如下：

typedef 原类型名　新类型名；

typedef 的作用是仅定义了一个新的类型名称，并没有建立新的数据类型，它是已有类型的别名。

下面介绍类型定义及应用：

① 定义一种新数据类型,作简单的名字替换。

例如：

```
typedef unsigned int UINT；/* 定义 UINT 是无符号整型类型 */
UINT u1；                   /* 定义 UINT 类型(无符号整型)变量 u1 */
```

② 简化数据类型的书写。

```
typedef struct
{
    int month；
    int day；
    int year；
}DATE；  /* 定义 DATE 是一种结构体类型 */
DATE birthday,* p,d[7]；
/* 定义 DATA(结构体类型)类型的变量,指针,数组：birthday,p,d */
```

【注意】　用 typedef 定义的结构体类型不需要 struct 关键词,简洁。

③ 定义数组类型

```
typedef int NUM[10]；
            /* 定义 NUM 是长度为 10 的整型数组类型(存放 10 个整数) */
NUM n；              /* 定义 NUM 类型的变量 n */
```

④ 定义指针类型

```
typedef char * STRING;/* 定义 STRING 是字符指针类型 */
STRING p；            /* 定义 STRING 类型(字符指针类型)的变量 p */
```

需注意的是,虽然 typedef 与 define 都有重命名的功能,但存在区别,具体见表 12-5。

表 12-5　typedef 与 define 比较

| 命令 | define | typedef |
|---|---|---|
| 处理时机 | 预编译时处理 | 编译时处理 |
| 功能 | 简单字符置换 | 为已有类型命名 |

## 12.5　综合程序举例

【例 12-7】　设有若干个人员的数据,其中有学生和教师。学生的数据中包括：姓名、号码、性别、职业、班级。教师的数据包括：姓名、号码、性别、职业、职务。可以看出,学生和教师所包含的数据是不同的。现要求把它们放在同一表格中。'S'表示学生,'T'表示教师。

```
1    #include <stdio. h>
2    struct                        //声明结构体类型
3    {
```

```
4      int no;
5      char name[10];
6      char sex;
7      char job;
8      union                              //声明共用体,并直接定义变量
9      {
10       int iClass;
11       char position[10];
12     }category;
13   }person[2];                          //直接定义变量为2个元素的数组
14   void main()
15   {
16     int i;
17     printf("Please input no,name,sex,job,class/posit\n");
18     for(i=0;i<2;i++)                   //先设人数为2
19     {
20       scanf("%d %s %c %c", &person[i].no, &person[i].name,&person[i].
21       sex, &person[i].job);
22       if(person[i].job=='S')          //S是学生,则共用体内输入班级
23         scanf("%d", &person[i].category.iClass);
24       else if(person[i].job=='T')     //T是教师,则共用体内输入职务
25           scanf("%s",person[i].category.position);
26       else printf("Input error!");    //否则输入错误
27     }
28     printf("\n");
29     printf("no.  name sex job class/position\n");
30     for(i=0;i<2;i++)                   //显示输入的数据
31     {
32       if (person[i].job=='S')
33         printf("%-6d%-10s%-3c%-3c%-6d\n",person[i].no, person[i].
34         name, person[i].sex, person[i].job, person[i].category.iClass);
35       else
36         printf("%-6d%-10s%-3c%-3c%-6s\n",person[i].no, person[i].
37         name,person[i].sex, person[i].job, person[i].category.position);
38     }
39   }
```

```
Please input no,name,sex,job,class/posit
1001 Wang F S 301
1006 Li M T professer

No. name sex job class/position
1001  Wang       F  S   301
1006  Li         M  T   professer
```

## 本章小结

在本章中介绍了 C 语言的复杂数据类型——结构体、共用体、枚举及用户定义类型。重点是结构体指针,结构体数组,共同体中成员的存储情况,使用 typedef 自定义数据类型。

习题 12

**一、填空题**

1. 以下程序的输出结果是_____。

```
1   struct myun
2   {
3      struct
4      {
5         int x, y, z;
6      }u;
7      int k;
8   }a;
9   main()
10  {
11     a. u. x=4; a. u. y=5; a. u. z=6;a. k=0;
12     printf("%d\n",a. u. x);
13  }
```

2. 有以下程序:

```
1   struct STU
2   {
3      char name[10];
4      int no;
5   };
6   void f1(struct STU c)
```

```
7    {
8      struct STU b={"LiSiGuo",2042};
9      c=b;
10   }
11   void f2(struct STU * c)
12   {
13     struct STU b={"SunDan",2044};
14     * c=b;
15   }
16   void main()
17   {
18     struct STU a={"YangSan",2041},b={"WangYin",2043};
19     f1(a);f2(&b);
20     printf("%d %d\n",a.no,b.no);
21   }
```

执行程序后的输出结果是_____

3. 当定义一个结构体变量时系统分配给它的内存是_____。

4. 结构体变量成员的引用方式是使用_____运算符,结构体指针变量成员的引用方式是使用_____运算符。

5. 有以下程序:

```
1    struct student
2    {
3      int no;
4      char name[12];
5      float score[3];
6    }sl, * p = &sl;
```

用指针法给 sl 的成员 no 赋值 1234 的语句是_____。

6. 运算 sizeof 是求变量或类型的_____,typedef 的功能是_____。

7. C 语言可以定义枚举类型,其关键字为_____。

8. 设 union student { int n;char a[100]; } b;,则 sizeof(b)的值是_____。

9. 有以下程序:

```
1    struct w { char low ; char high ; } ;
2    union u { struct w byte ; int word ; } uu;
3    main ( )
4    {
5      uu. word = 0x1234 ;
6      printf("%04x\n", uu. word); printf("%02x\n", uu. byte. high) ;
7      printf("%02x\n", uu. byte. low); uu. byte. low = 0xff ;
8      printf("%04x\n",uu. word) ;
```

```
9    }
```

程序运行结果是：_____

10. 下面的函数 create 是建立单向链表的函数，它返回已建立的链表的头指针（先输入的结点值在头，后输入的值在尾）。

结点结构为：

> typedef struct node { int no; struct node * next; } NODE;

函数为：

```
1    NODE * create()
2    {
3      NODE * head, * tail, * p;
4      int no;
5      head=NULL; /* 给表头指针初始化 */
6      scanf("%d", &no);
7      while (no!=0)
8      {
9        p=(NODE * )malloc(sizeof(NODE));
10        if (_____)
11        {
12          printf("No enough memory! \n");
13          exit(1);
14        }
15        p->no=no;
16        if(head==NULL) head=p;
17        else _____;
18        tail=p; /* 给表尾指针 tail 赋值 */
19        _____;
20      }
21      tail->next=_____;
22      _____;
23    }
```

## 二、编程题

1. 有 10 个学生，每个学生的数据包括学号、姓名、3 门课的成绩，从键盘输入 10 个学生数据，要求打印出 3 门课总平均成绩，以及最高分的学生的数据（包括学号、姓名、3 门课的成绩、平均分数）。

2. 13 个人围成一圈，从第 1 个人开始顺序报号 1,2,3。凡报到"3"者退出圈子，找出最后留在圈子中的人原来的序号（要求采用链表方式）。

3. 建立一个链表，每个结点包括学号、姓名、性别、年龄。输入一个年龄，如果链表中的结点所包含的年龄等于此年龄，则将此结点删去。

# 第13章 文 件

## 13.1 文件概述

通过前面的学习可知,程序处理的对象是数据,任何程序都离不开数据。例如,要求一个气象台站连续 10 天观测的 14 时温度的平均值,到目前为止可行的处理方法是,这 10 个温度数据要么在程序中直接赋值,要么在运行时从键盘输入,输出结果一般在显示器上显示。当数据量较少时,这种方法是可行的,但如果数据量很大,例如要计算这个气象台站一年的平均温度,就会出现下列问题:

(1) 每次运行程序都要从键盘输入大量数据,费时费力。如果输入过程中不小心输错了一个数据,就会前功尽弃,需要重新输入全部数据,或者出现错误结果。

(2) 程序输出结果只能在显示器上显示或打印输出一次,而无法长期保存,结果数据无法再次利用。

使用文件就可以解决上述问题,还可以利用文件保存计算的中间结果。一般可将数据事先保存在文件中,存放在外部介质(如磁盘)上,当程序运行需要数据时,就从文件中读入;程序的中间结果或运行结果输出到文件中进行保存,需要时再从文件里取出来。这样做的好处是显而易见的:数据只需要从键盘输入一次,以后就可以多次使用;程序运行的结果可以长期保存并多次使用,还可以作为下一步处理的输入数据。因此,使用文件便于对数据的存取、使用和管理。

文件有不同的类型,程序设计中主要用到两种文件:

(1) 程序文件。它包括源程序文件(后缀为.c)、目标文件(后缀为.obj)、可执行文件(后缀为.exe)等。这种文件的内容为程序代码。

(2) 数据文件。该文件的内容不是程序,而是提供给程序运行时读写的数据,例如在程序运行过程中输出到磁盘的数据,或在程序运行过程中供输入的数据。

本章主要讨论数据文件。

计算机系统中有各种各样的输入输出设备,各种设备之间的差异很大,为了简化对各种设备的操作,操作系统把各种设备都统一作为文件来处理。从操作系统的角度看,每一个与主机相连的输入输出设备都看作一个文件。例如,终端键盘是输入文件,显示器和打印机是输出文件。

文件是指储存在外部介质(如磁盘)上的相关数据的集合。这里的数据可以是程序的代码,也可以是纯粹的数据或文档。操作系统以文件为单位对数据进行管理,也就是说,如果想访问外部介质上的数据,必须先按文件名找到所指定的文件,然后再从该文件中读取数据。当向外部介质上存储数据时,也必须先建立一个文件(以文件名标识该文件)。

输入输出是数据传送的过程,数据如流水一样从一处流向另一处,因此,常将输入输出形象地称为流,即数据流。流表示了信息从源端到目的端的流动。输入操作时,数据从文件流向计算机内存;输出操作时,数据从计算机内存流向文件(如显示器、打印机、磁盘等)。文件由操作系统统一管理。

从 C 程序的观点看,无论程序一次读一个字符、一行字符或一个指定的数据区,作为输入输出的各种文件或设备都是以逻辑数据流的方式出现的。C 语言把文件看作一个字符(或字节)序列,即由一个一个字符(或字节)数据顺序组成。

C 语言的数据文件由一连串的字符(或字节)组成,不考虑行的界限,两行之间的数据不会自动加分隔符(如换行符),对文件的存取是以字符(字节)为单位进行的。输入输出数据流的开始和结束仅受程序控制,不受物理符号(如回车换行符)控制,这种文件称为流式文件。

## 13.1.1　文件名

一个文件应有一个唯一的文件标识,便于用户识别和引用。文件标识指出了文件所在的设备、位置、名字和类型。例如,D:\TEMP\EXAMPLE\E1.DAT,其中"D:\TEMP\EXAMPLE\"是文件的路径,表示文件在 D 磁盘上 TEMP 文件夹下的子文件夹 EXAMPLE 中,如果不指定设备名和路径,则文件保存在当前设备和文件夹中;"E1"是文件的名字,唯一标识该文件;".DAT"是文件的扩展名,表示文件的类型。

为了方便,通常将文件标识称为文件名(即 E1)。

## 13.1.2　文件分类

根据数据的组织形式,数据文件分为 ASCII 文件和二进制文件。二进制文件的数据在内存中是以二进制形式存储的,如果不进行转换就输出到外存。如果要求以 ASCII 代码形式存储在外存上,就需要在存储前对数据进行转换。ASCII 文件又称为文本文件(text file),每一个字节存放一个字符的 ASCII 代码。

数据在磁盘上存储时,字符都是以 ASCII 形式存储,数值型数据既可以用 ASCII 形式存储,也可以用二进制形式存储。如整数 10000,在内存中的形式如图 13-1 所示;如果按照 ASCII 形式输出到磁盘时如图 13-2 所示,在磁盘中占 5 个字节,一个字符占一个字节;如果按照二进制形式输出到磁盘如图 13-3 所示,在磁盘上占 4 个字节(用 Visual C++时),与内存中的形式一模一样。

| 00000000 | 00000000 | 00000011 | 11101000 |

**图 13-1　整数在计算机中表示**

| 00110001 | 00110000 | 00110000 | 00110000 | 00110000 |

**图 13-2　ASCⅡ 形式存储**

| 00000000 | 00000000 | 00000011 | 11101000 |

**图 13-3　二进制形式存储**

用 ASCII 码形式输出字符时,字节与字符一一对应,一个字节存储一个字符,便于对字符逐个进行处理,但该形式占存储空间较多,而且需花费时间进行转换(二进制形式与 ASCII 码形式之间的转换)。用二进制形式输出数值时,可以节省外存空间和转换时间,把内存中的数值原封不动地输出到磁盘上,此时一个字节并不代表一个字符。

### 13.1.3　文件缓冲区

ANSI C 标准采用"缓冲文件系统"处理数据文件。所谓缓冲文件系统,是指系统自动地在内存区为程序中正在使用的每个文件开辟一个文件缓冲区,从内存向磁盘输出数据必须先送到内存中的输出缓冲区,装满输出缓冲区后才一起输出到磁盘。程序从磁盘读入数据时,一次从磁盘文件读取一批数据送到内存输入缓冲区,缓冲区满后再从缓冲区逐个将数据送到程序数据区(赋给变量)。缓冲区的大小由各个具体的 C 编译系统确定。

## 13.2　文件类型指针

每一个被使用的文件都在内存中开辟一个相应的文件信息区,它用来保存文件的相关信息(如文件名称、文件状态、文件当前的位置等),这些信息保存在一个结构体变量中。该结构体变量的类型是由系统声明的,名称为 FILE。例如,一种 C 编译系统的 stdio.h 头文件中的文件类型声明:

```
1   typedef struct
2   {
3       short level;                    //缓冲区"满"或"空"的程度
4       unsigned flags;                 //文件状态标志
5       char fd;                        //文件描述符
6       unsigned char hold;             //如缓冲区无内容不读取字符
7       short bsize;                    //缓冲区大小
8       unsigned char * buffer;         //数据缓冲区的位置
9       unsigned char * curp;           //指针当前的指向
10      unsigned istemp;                //临时文件指示器
11      short token;                    //用于有效性检查
12  }FILE;
```

不同的 C 编译系统的 FILE 类型包含的内容不完全相同,但大同小异。对以上结构体中的成员及其含义,只需了解其中存放文件的有关信息即可。

FILE 是 typedef 定义的一个结构体类型。程序中可以直接用 FILE 类型名定义变量。每一个 FILE 类型的变量对应一个文件的信息区,在其中存放该文件的有关信息。例如,定义以下 FILE 类型的变量:

```
FILE   * fp;
```

它定义了一个结构体变量 fp,它用来存放一个文件的有关信息。这些信息是在都打开文件时由系统根据文件的情况自动装入的,用户不必过问。

一般不定义 FILE 类型的变量,而是定义指向 FILE 类型的指针变量,通过指针变量来引用 FILE 类型的变量,这样使用会更方便。

例如,定义一个指向文件类型的指针变量:

   FILE ＊fp;

它定义了 fp 是一个指向 FILE 类型(文件类型)数据的指针变量,称为文件指针。可以使用 fp 来操纵结构体变量(即文件信息),通过该结构体里的文件信息就可以访问该文件。一个文件类型的指针变量只能访问一个文件,这种类型的变量称为指向文件的指针变量。

【注意】 指向文件的这种变量并不是指向磁盘上的数据文件的开头,而是指向内存中文件信息区的开头。

### 13.2.1  文件的存取方式

文件存取方式是指对文件中数据进行读写的操作方式,C 数据文件的存取方式分为两种:顺序存取和直接存取。

顺序存取是指将文件的记录按建立的时间先后顺序依次存放在存储介质中,所产生的文件记录的逻辑次序与物理顺序是一致的。对顺序存取的文件进行读写操作时必须按从头到尾的顺序进行,也就是说,程序中要读写第 n 个记录时,必须要先读写前面的 n−1 个记录。这种访问方式就像听录音带一样,只能按顺序依次存取。

直接存取方式(又称随机存取)是指由程序将读写位置直接定位到文件中的某个位置(记录)并对数据(记录)进行存取。这种方式比较自由,如同使用 DVD/VCD 来听音乐一样,在程序执行过程中可对任意一个指定的记录进行读写。

顺序存取的文件中记录的长度可以完全不同,而直接存取的文件中每个记录的长度都相同。

### 13.2.2  文件的定位

每个文件都有一个隐含的指针,称为文件指针。文件指针总是指向文件中的一个数据项(当前记录),对文件数据的读写操作,只能对文件指针指向的当前数据项进行读写。文件打开后,文件指针指向第一个数据项,称为文件的起始位置(文件头)。文件指针的指向是可以改变的,对于顺序文件,在读写前要对文件指针进行定位,并且读写完当前记录后,指针自动指向下一个数据项,一直到指向最后一个数据项的后面,它称为文件的结束位置(文件尾)。对于直接存取文件,在读写过程中需对文件指针进行定位。文件指针如图 13-4 所示。

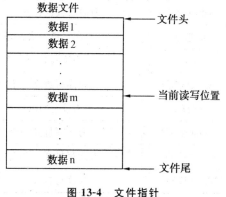

图 13-4 文件指针

## 13.3  文件的打开与关闭

文件读写之前应该打开文件,使用结束后应该关闭该文件。“打开”是指为文件建立相应的信息区(存放该文件的相关信息)和文件缓冲区(用来暂时存放输入输出的数据)。在打开文件的同时需要指定一个指针变量指向该文件,这样就建立了指针变量与文件之间的关联,就可以通过该指针变量对文件进行读写了。"关闭"是指撤销文件信息区和文件缓冲区,这样就不能通过该指针变量再读写该文件,并释放所占用的系统资源。

### 13.3.1 文件打开

函数 fopen 用来打开文件,其调用方式是:

```
fopen(文件名,文件使用方式);
```

例如:

```
FILE    * fp;                    //定义一个文件型指针
fp=fopen ("file1","r");          //打开 w1 文件,返回值赋给 fp
```

表示要打开名为"file1"的文件,使用文件方式是"读入"。fopen 函数返回值是指向 file1 文件的指针(即内存中 file1 文件信息区的起始地址),返回值赋给 fp,fp 就与文件 file1 建立了关联,或者说 fp 指向了 file1 文件,就可通过 fp 读取 file1 文件的内容。

使用文件的方式见表 13-1,具体如下:

表 13-1　文件的操作方式

| 文件使用方式 | 含　义 | 如果指定的文件不存在 |
|---|---|---|
| r(只读) | 为输入数据打开一个已经存在的文件 | 出错 |
| w(只写) | 为输出数据打开一个文本文件 | 建立新文件 |
| a(追加) | 向文本文件尾添加数据 | 出错 |
| rb(只读) | 为输入数据打开一个二进制文件 | 出错 |
| wb(只写) | 为输出数据打开一个二进制文件 | 建立新文件 |
| ab(追加) | 向二进制文件尾添加数据 | 出错 |
| r+(读写) | 为读写打开一个文本文件 | 出错 |
| w+(读写) | 为读写建立一个新文本文件 | 建立新文件 |
| a+(读写) | 为读写打开一个文本文件 | 出错 |
| rb+(读写) | 为读写打开一个二进制文件 | 出错 |
| wr+(读写) | 为读写打开一个新的二进制文件 | 建立新文件 |
| ab+(读写) | 为读写打开一个二进制文件 | 出错 |

(1)用"r"方式打开的文件只能用于向计算机输入数据,不能向该文件输出数据。此时该文件应已经存在,且存有数据,这样才能从该文件中读取数据。不能用"r"方式打开一个不存在的文件,否则将出错。

(2)用"w"方式打开的文件只能用于向该文件写(即输出)数据,不能用来向计算机输入数据。如果该文件原来不存在,则在打开该文件前,新建立一个以指定的名字命名的文件,然后向该文件输出数据;如果该文件原来已经存在,则在打开文件前先将该文件删除,然后重新建立一个新的文件(文件内容为空)。

(3) 用"a"方式打开文件时将向已经存在的文件中添加新的数据,即追加数据,数据添加在文件已有数据的后边,原来的数据不受影响。打开文件时,系统将文件读写位置标记移动到文件末尾。利用这种方式打开文件,应保证该文件已经存在,否则报错。

每一个数据文件中自动设置了一个隐式的"文件读写位置标记",它指向的位置就是当前的读写位置。执行一次读写后,标记向后移动一个位置,以便读写下一个数据。

(4) 用"r+","w+","a+"方式打开的文件时,既可以用于输入数据,也可以用于输出数据。用"r+"方式时文件已经存在,否则报错。用"w+"方式时,新建立一个文件,可以向该文件先写后读。用"a+"方式时,原来的文件不删除,文件读写位置标记移到文件末尾,可以添加,也可以读取。

(5) 如果 fopen 操作失败,函数会返回一个空指针值 NULL(在 stdio. h 文件中,NULL 被定义为 0),表示出错了。出错的原因可能是:用"r"方式打开一个不存在的文件;磁盘出故障了;磁盘已满无法建立新文件;其他的操作系统错误等。

例如:

```
if((fp=fopen("f1","r"))==NULL)
{
    printf("cannot open this file\n");
    exit(0);
}
```

fopen 打开 f1 文件,返回值赋给 fp,然后判断 fp 的值。如果 fp 的值为 NULL,表示打开文件出错,输出提示信息。

exit 是系统函数,其作用是关闭所有文件,终止正在执行的程序。用户检查出错原因,修改后再重新运行程序。

(6) 计算机从磁盘输入 ASCII 字符时,系统把回车换行符转换为一个换行符,输出到文件时,把换行符转换为回车和换行两个字符。用二进制文件时不进行这种转换,在内存中的数据与输出到磁盘中的数据形式完全一致。

(7) 程序中可以使用 3 个标准的流文件:标准输入流、标准输出流、标准出错输出流。系统对这 3 个文件指定了与终端的对应关系。标准输入流是从终端(键盘)的输入,标准输出流是向终端(显示器)的输出,标准出错输出流是将出错信息发送到终端(显示器)。

当程序开始运行时,系统自动打开这 3 个标准流文件,所以编程时不需要在程序中用 fopen 打开它们。系统定义了 3 个文件类型指针变量:stdin,stdout 和 stderr,分别指向标准输入流、标准输出流、标准出错流。

### 13.3.2 文件关闭

文件操作全部结束后应该关闭文件。"关闭"就是撤销文件信息区和文件缓冲区,使文件指针不再指向该文件,不能再通过该指针变量对该文件进行操作,除非再次打开。

关闭文件时应使用 fclose 函数,一个 fclose 语句只能关闭一个文件。其调用的一般形式是:

```
        fclose(文件指针变量);
```

例如：

```
        fclose(fp);
```

关闭 fp 指向的文件，则此后不能再使用 fp 对该文件进行操作。

如果不关闭文件就可能丢失数据。当向文件写数据时，它是先将数据输出到缓冲区，当缓冲区满后，才将数据一起写到磁盘文件。如果数据未填满缓冲区而程序结束运行，缓冲区里的数据有可能丢失。用 fclose 函数关闭文件，不管缓冲区是否填满，都会将缓冲区里的数据写到磁盘，然后才撤销文件信息区。

fclose 函数也返回一个值，当成功关闭文件时返回 0，否则返回 EOF(−1)。

## 13.4　顺序读写文件

文件打开后就可以读写其中的数据了。顺序读写是指读写文件数据的顺序都是从前往后执行的，与其在文件中的物理顺序是一致的。

### 13.4.1　字符读写

对文本文件读入或输出一个字符的函数见表 13-2。

**表 13-2　读写一个字符的函数**

| 函数名 | 调用形式 | 功　能 | 返回值 |
|---|---|---|---|
| fgetc | fgetc(fp) | 从 fp 指向的文件中读入一个字符 | 读入成功，返回所读的字符，失败则返回 EOF(−1) |
| fputc | fputc(ch, fp) | 把 ch 里的字符写到 fp 指向的文件中 | 输出成功，返回输出的字符，失败则返回 EOF(−1) |

【例 13-1】　从键盘输入一些字符，将其逐个输出到磁盘上的文件中，直到用户输入"!"为止。

【问题分析】　该题需要用 fgetc 函数从键盘循环读入一个一个字符，然后用 fputc 函数逐个输出到磁盘文件中。

```
1    #include <stdio.h>
2    #include <stdlib.h>
3    void main()
4    {
5        FILE * fp;
6        char c, fn[20];
7        printf("输入一个文件名");
8        scanf("%s", fn);                  //输入文件名放到 fn 数组里
9        if((fp=fopen(fn, "w"))==NULL)     //打开文件并使 fp 指向此文件
10       {
11           printf("文件打不开\n");        //如果出错输出提示信息
```

```
12          exit(0);                          //终止程序
13      }
14      getchar();                            //读出缓冲区里的回车符
15      printf("输入一个要存储到磁盘文件的字符串(以！结束):");
16      c=getchar();                          //读键盘输入的第一个字符
17      while(c!='!')                         //当输入'!'时结束循环
18      {
19          fputc(c,fp);                      //向磁盘文件输出一个字符
20          putchar(c);                       //将输出的字符输出到屏幕
21          c=getchar();                      //读下一个字符
22      }
23      fclose(fp);                           //关闭文件
24      printf("\n");
25  }
```

程序运行结果如下:

```
输入一个文件名: d:\f1.txt
输入一个要存储到磁盘文件的字符串（以!结束）: class3!
class3
```

**【程序分析】**

(1)用于存储数据的文件名,可以在 fopen 函数中直接写成字符串常量形式(如"d:\f1.txt"),也可以在程序运行时临时输入。本程序文件名采用键盘临时输入,文件格式为纯文本文件(txt),采用其他格式也可以。用纯文本文件的好处是,可以用记事本打开并查看其中的内容。当输入文件名 d:\f1.txt 时,操作系统就在 D 盘根目录下建立此文件,如果 D 盘根目录下已经存在 f1.txt 文件,则会删除原来的 f1.txt 文件,重新建立一个同名文件。

(2)fopen 函数打开一个"只写"文件("w"),此文件只能用于写数据,不能从其中读数据。如果打开成功,则返回该文件的地址,赋给 fp 指针变量。如果打开文件不成功,在屏幕上显示出错信息,然后用 exit 函数终止程序运行。

(3)getchar 函数用于接收从键盘输入的字符,每次只能接受一个字符。字符串结束标志可以任意指定,如♯,@,$ 等。

(4)程序执行过程是:先从键盘读入一个字符,如果是字符'!',表示字符串结束,结束循环,程序往下执行;如果不是字符'!',执行一次循环体,将读入的该字符输出到磁盘文件 f1.txt 中,并在屏幕上输出该字符,然后从键盘读下一个字符,执行下一次循环判断。如此反复执行,直到读到字符'!'为止。

(5)为了检查程序执行的结果,可以用记事本打开 D 盘根目录下的文件 f1.txt,查看其中的内容。

### 13.4.2　字符串读写

前面介绍了向磁盘文件读写一个字符的方法,如果字符个数很多,一个一个地读写

就很繁琐,C 语言提供了可以一次读写一个字符串的函数。fgets 用于读一个字符串,
fputs 用于写一个字符串。例如:

> fgets(str,n,fp);

作用是从 fp 所指向的文件中读入一个长度为 n−1 的字符串,并在最后加一个'\0'字符,然后把这 n 个字符放到字符数组 str 中。

读写一个字符串的函数见表 13-3。

表 13-3 读写一个字符串的函数

| 函数名 | 调用形式 | 功　能 | 返回值 |
|---|---|---|---|
| fgets | fgets(str,n,fp) | 从 fp 指向的文件中读入一个长度为 n−1 的字符串,存放到数组 str 中 | 成功时返回地址 str,失败则返回 NULL |
| fputs | fputs(str,fp) | 把 str 指向的字符串写到 fp 指向的文件中 | 输出成功返回 0,失败则返回非 0 |

【说明】

(1) fgets 函数的原型是:

> char * fgets(char * str, int n, FILE * fp);

其作用是从 fp 指向的文件中读入一个字符串。其中 n 是要求得到的字符个数,实际上只从 fp 指向的文件中读入 n−1 个字符,然后加上结束标记'\0',组成 n 个字符放到字符数组 str 中。如果读完 n−1 个字符之前遇到换行符'\n'或文件结束符 EOF,读入即结束,但遇到的换行符'\n'也作为一个字符读入。如果执行成功,函数返回 str 数组的首地址,如果一开始就遇到文件尾或读数据出错,则返回 NULL。

(2) fputs 函数的原型是:

> int fputs(char * str, FILE * fp);

其作用是将 str 所指向的字符串输出到 fp 所指向的文件中。str 可以是字符串常量、字符数组名或字符型指针变量。字符串末尾的'\0'不输出。如果函数执行成功返回 0,否则返回 EOF。

前面曾用过的 gets 和 puts 是以标准终端(键盘和显示器)为读写对象的,而 fgets 和 fputs 是以指定的文件为读写对象的。

【例 13-2】 从键盘输入一个字符串,将其中的小写字母全部转换成大写字母,然后输出到一个磁盘文件 fs 中保存;读取文件 fs 的内容,输出到屏幕。

【问题分析】 利用 gets 从键盘读一个字符串,保存到数组 n 中,并对数组中的字母进行处理,如果是小写字母就改成大写字母;将数组 n 中的字符串写到磁盘文件 fs 中保存;打开磁盘文件 fs,把其中的字符串读入数组 m 中,输出数组 m 中的字符串到屏幕。

```
1    # include <stdio. h>
2    # include <stdlib. h>
3    void main()
4    {
5        FILE * fp;
6        char n[20],m[20];
```

```
7      int   i=0；
8      printf("请输入一个字符串：")；
9      gets(n)；                        //键盘输入字符串放到数组 n 中
10     if((fp=fopen("fs","w" ))==NULL)//以"w"方式打开文件并使 fp 指向此文件
11     {
12         printf("文件打不开\n")；        //如果出错输出提示信息
13         exit(0)；                      //终止程序
14     }
15     for(i=0；n[i]!='\0' ；i++)
16       if(n[i]>='a' && n[i]<='z')
17           n[i]=n[i]-32；
18     fputs(n, fp)；                    //输出数组 n 的内容到 fp 指向的文件
19     fclose(fp)；                      //关闭文件
20     if((fp=fopen("fs","r"))==NULL)   //以"r"方式打开文件并使 fp 指向此文件
21     {
22         printf("文件打不开\n")；        //如果出错输出提示信息
23         exit(0)；                      //终止程序
24     }
25     fgets(m,20,fp)；                  //读文件的内容到数组 m 中
26     puts("文件 fs 的内容是：")；
27     puts(m)；                         //输出数组内容(即文件 fs 的内容)
28     fclose(fp)；
29 }
```

程序运行结果如下：

```
请输入一个字符串: clAss onE
文件fs的内容是:
CLASS ONE
```

**【程序分析】**

(1) 从键盘输入字符串并将其放到数组 n 中,以"w"方式打开磁盘文件。循环处理数组 n,把小写字母转换成大写字母,调用 fputs 函数把数组 n 里的字符串写到磁盘文件 fs 中。写完数据后关闭 fp 指向的文件 fs。

(2) 以"r"方式再次打开文件 fs,此时 fp 指向文件开头位置,使用 fgets 函数读取文件的内容到数组 m 中,输出数组 m 中的字符串到屏幕。从结果可以看到,磁盘文件中保存的就是数组 n 的内容。

## 13.4.3  数据块读写

C 语言程序不仅可以一次输入输出一个数据,也可以一次输入输出一批数据,例如数组或结构体变量的值。C 语言用 fread 函数从文件中一次读取一个数据块,用 fwrite

函数向文件一次写入一个数据块,在读写时是以二进制形式进行的。当向磁盘写数据时,直接将内存中的一组数据原封不动、不加转换地输出到磁盘文件上,在从磁盘文件读入时,也是一次将磁盘文件中的一批数据读入内存。

批量读写数据的函数是:

```
fread(buf,size,fp);
fwrite(buf,size,n,fp);
```

其中:

① buf 是一个地址。对于 fread,buf 是存放从文件中读入数据的存储区的起始地址。对于 fwrite,buf 是要输出数据的存储区的起始地址。

② size 是要读写的字节数。

③ n 是要读写的次数(一次读写 size 个字节)。

④ fp 是 FILE 类型的指针变量(指向打开的文件)。

【注意】 在打开文件时应指定打开方式为二进制形式,只有这样才能使用 fread 和 fwrite 读写任何类型的数据。

例如:

```
fread(a,4,20,fp);
```

其中 a 是一个 int 型数组,fread 函数从 fp 所指向的文件中读入 20 个整型数据(它们是连续存放的,每个数据占 4 个字节的一批数据),将其存储到所指向的 a 中。

读取结构体数据时,需要先定义一个结构体数组。例如:

```
srtuct Student
{
    char name[20];
    int no;
    int age;
    char sex;
    char add[50];
}   stu[50];
```

上面定义了一个结构体数组 stu,有 50 个元素,每个元素存放一个学生的信息(包括姓名、学号、年龄、性别、住址)。假设 50 个学生的数据已经存放在磁盘文件中,可以用以下的 for 循环和 fread 函数读入 50 个学生的数据,循环执行 50 次,每次从 fp 指向的文件读入一个元素(79 个字节):

```
for(i=0;i<50;i++)
    fread(&stu[i],sizeof(struct Student),1,fp);
```

用 for 循环和 fwrite 函数写 50 个元素到磁盘文件中的语句:

```
for(i=0;i<50;i++)
    fwrite(&stu[i],sizeof(struct Student),1,fp);
```

fread 和 fwrite 函数的返回值类型为 int 型,如果 fread 和 fwrite 函数执行成功,则函数返回形式参数 n 的值(整数),即输入输出元素的个数。

【例 13-3】 键盘输入 3 个学生的数据,包括姓名、学号、年龄、性别、住址。要求:

① 把3个学生的数据保存到磁盘文件 fn2.dat 中；② 从文件 fn2.dat 里读取数据到内存数组，并输出到屏幕。

**【问题分析】** 需要定义结构体数组存放学生数据，定义两个子函数：一个把内存数据写到磁盘文件，另一个把磁盘文件数据读入内存。主函数调用这两个子函数。

```
#include <stdio.h>
#include <stdlib.h>
#define N 3
struct Student
{
    char name[20];
    int no;
    int age;
    char sex;
    char add[50];
}stu[N],stu2[N];                                  //定义结构体数组

void wfile()                                      //本函数把数组 stu 中的数据
                                                  //写到文件 fn2.dat 中
{
    int i;
    FILE *fp;                                     //定义文件指针变量
    if((fp=fopen("fn2.dat", "wb" ))==NULL)        //以"wb"方式打开文件
    {
        printf("文件打不开\n");                    //如果出错输出提示信息
        exit(0);                                  //终止程序
    }
    for(i=0;i<N;i++)
    if(fwrite(&stu[i],sizeof(struct Student),1,fp)!=1)
                                                  //输出一个学生的数据
    {
        printf("write error\n");                  //如果出错输出提示信息
        break;
    }
    fclose(fp);
}
void rfile()                                      //把文件 fn2.dat 中数据读入数
                                                  //组 stu2 中
{
    int i;
```

```
36      FILE * fp;37      if((fp=fopen("fn2.dat" , "rb" ))==NULL)
38                                      //"rb"方式打开文件
39      {
40          printf("文件打不开\n");           //如果出错输出提示信息
41          exit(0);                      //终止程序
42      }
43      for(i=0;i<N;i++)
44        fread(&stu2[i],sizeof(struct Student),1,fp); //读文件数据到数组里
45      fclose(fp);                       //关闭文件
46  }
47  void main()
48  {
49      int i;
50      printf("input data:\n");
51      for(i=0;i<N;i++)                  //键盘输入数据到数组里
52      scanf("%s%d%d%c%s" ,stu[i].name , &stu[i].no,
53          &stu[i].age, &stu2[i].sex,stu[i].add);
54      printf("output data:\n");
55      for(i=0;i<N;i++)                  //输出到屏幕
56      printf("%s-%d-%d-%s\n",stu2[i].name , stu2[i].no,
57          stu2[i].age,stu2[i].sex,stu[i].add);
58  }
```

程序运行结果如下：

```
input data:
jack 101 21T beijing
tom 102 23F shanghai
kala 103 25F hongkong
output data:
jack-101-21-T-beijing
tom-102-23-F-shanghai
kala-103-25-F-hongkong
```

【程序分析】

（1）wfile 函数以"wb"方式打开文件 fn2.dat,把内存数组 stu 中的学生数据写到磁盘文件 fn2.dat 中以进行保存,函数结束前要关闭文件 fn2.dat。

（2）rfile 函数以"rb"方式打开文件 fn2.dat,把保存在磁盘文件 fn2.dat 中的学生数据读入内存数组 stu2 中,函数结束前要关闭文件 fn2.dat。

（3）在主函数中接收键盘输入,调用 wfile 函数写入数据,调用 rfile 函数读取数据。

### 13.4.4 格式化读写

前面已经使用 scanf 和 printf 向标准终端设备进行格式化输入输出数据,如果要对文件进行格式化输入输出,需要用 fprintf 函数和 fscanf 函数。这两个函数与 scanf 及 printf 函数类似,都是格式化读写函数,只是 fscanf 和 fprintf 读写的对象不是标准终端而是磁盘文件。

fscanf 和 fprintf 的调用方式是:

fscanf(文件指针,格式字符串,输入表列);

fprintf(文件指针,格式字符串,输出表列);

例如:

int a=5;float b=8.3;fprintf(fp, "%d %5.2f",a, b);

函数的作用是将 int 型 a 按%d 格式、float 型 b 按%5.2f 格式输出到 fp 所指向的文件(假设文件名是 f1.txt)中,磁盘文件中的值是:

5   5.3

数据输出到文件中的格式与数据输出到屏幕的格式是一致的。如果使用fscanf(fp,"%d  %f",&a,&b);读取上述文件,则 a 的值为5,b 的值为5.3。

fprintf 和 fscanf 输入输出很方便,但由于输入时要将文件中的 ASCII 转换为二进制再赋给内存变量,输出时要将内存中的二进制形式转换为字符形式再输出到磁盘文件,花费的时间较多。因此,在内存与磁盘频繁交换数据时,最好不用 fprintf 和 fscanf 函数,而用 fread 和 fwrite 函数交换二进制数据。

## 13.5 随机读写数据文件

对文件顺序读写比较容易理解,操作也很简单,但有时只需要读取某一文件的一个或几个数据,如果按顺序读写,其效率就不高。例如文件中有 10000 个数据,如果读取第 9999 个数据,需要从文件开头逐个读入前 9998 个后才能读取第 9999 个。如果文件更大,这种方式效率更低。

随机访问不是按照数据在文件中的物理位置顺序读写,它可以对文件中任何位置的数据进行读写,所以这种方法比顺序读写效率高得多。

对于按顺序读写文件,每读写完一个数据后,其文件位置指针顺序向后移动一个位置,下一次执行读写操作时,可读出(写入)文件指针所指向位置的数据,指针再次下移一个位置,重复操作,直到读写完为止。此时文件位置指针指向最后一个数据之后。

随机读写时,可以根据读写的需要移动文件指针指向的位置。文件位置指针可以向前移动,也可以向后移动,直至移动到文件头或尾部,然后对该位置进行读写。

移动文件位置指针的函数如下:

(1) 使用 rewind 函数使文件位置指针指向文件开头

rewind 函数的作用是使文件位置指针重新指向到文件的开头,此函数没有返回值。

【例 13-4】 有一个磁盘文件 fn1.txt,内有数据"hello world!",要求两次读取文件的内容,并将其输出到屏幕。

**【问题分析】** 本题可用两种方法处理:① 打开文件,第一次读取文件内容,把文件位置指针移动到文件开头,再一次读取数据。② 打开文件并读取文件内容,关闭文件后再一次打开该文件,读取文件内容。本题采用第一种方法编写程序。

```
1    #include <stdio.h>
2    #include <stdlib.h>
3    void main()
4    {
5        FILE * fp;
6        char ch;
7        if((fp=fopen("fn1.txt","r"))==NULL)    //打开文件并使 fp 指向此文件
8        {
9            printf("文件打不开\n");             //如果出错输出提示信息
10           exit(0);                            //终止程序
11       }
12       printf("\n 第一次读文件:\n");
13       while((ch=fgetc(fp))!=EOF)             //从 fp 指向的文件当前位置读一
14                                              //个字符
15           putchar(ch);                       //如果不到文件尾部就输出
16       rewind(fp);                            //文件指针 fp 重新指向文件开头
17                                              //位置
18       printf("\n 第二次读文件:\n");
19       while((ch=fgetc(fp))! =EOF)
20           putchar(ch);
21       fclose(fp);                            //关闭磁盘文件
22   }
```

程序运行结果如下:

**【程序分析】**

① 以只读方式打开磁盘文件 fn1.txt,循环读取文件"hello world!"中的每一字符,如果不是 EOF,则表示文件没有到尾部,输出到屏幕,继续循环读取。当读取的字符等于 EOF 时,表示到了文件尾部,循环结束,此时文件位置指针 fp 指向尾部。

第二次读取文件 fn1.txt 时,文件已经打开了(如果关闭后再次打开文件,fp 指向文件头),文件位置指针指向文件尾部,需要调用 rewind 函数,使文件位置指针再次指向文件头,然后再次循环读取文件内容。

② feof 是测试文件是否到达尾部的一个函数,所以测试是否到达文件尾部的代码

也可以这样编写：

```
while(! feof(fp))putchar(ch=fgetc(fp) ));
```

（2）使用 fseek 函数改变文件位置指针

fseek 函数一般用于二进制文件，其调用格式为：

```
fseek(文件类型指针,位移量,起始点);
```

第 3 个参数"起始点"为 0 时代表"文件位置开始"，为 1 时代表"文件当前位置"，为 2 时代表"文件末尾位置"。

第 2 个参数"位移量"是指以起始点为基准，向前（文件尾部方向）移动的字节数。位移量的类型是 long int。

例如：

```
fseek(fp,10L,0);//将文件位置指针从文件开头向前移动 10 个字节
fseek(fp,10L,1);//将文件位置指针从当前位置向前移动 10 个字节
fseek(fp,-10L,2);//将文件位置指针从文件尾部向后（文件开头方向）移
                //动 10 个字节,负数表示后退。
```

（3）用 ftell 函数测试文件位置指针的当前位置

文件中的文件位置指针经常移动，用户很难记住其当前所处的位置，因此可以使用 ftell 函数得到当前的位置，其值用到文件开头的位移量来表示。ftell 函数执行成功返回位移量，失败返回-1L。例如：

```
n=ftell(fp);
if(n==-1L)puts("error!");
```

现介绍利用 rewind 和 fseek 函数随机读写磁盘文件的例子。

【例 13-5】 已知南京某气象台站 7 月 17 日至 7 月 21 日每天 4 个观测时间（即 02，08，14，20 时）的温度观测值如表 13-4 所示。观测数据保存在一个磁盘文件 fn1.dat 中，编程实现读取 17 日 2 时、18 日 2 时、19 日 8 时、20 日 14 时、21 日 20 时的温度值，并将其显示到屏幕上。

表 13-4　南京 2009.7.17-21 日温度观测值

| $T_{ij}$/℃　　　时间<br>日 期 | 02 | 08 | 14 | 20 |
|---|---|---|---|---|
| 17 | 28.8 | 32.9 | 36.8 | 33.2 |
| 18 | 29.8 | 31.8 | 36.0 | 31.1 |
| 19 | 28.7 | 32.3 | 35.1 | 32.3 |
| 20 | 29.9 | 33.4 | 36.2 | 32.7 |
| 21 | 30.4 | 32.5 | 36.5 | 25.5 |

【问题分析】 读写离散数据时，可利用 fseek 函数移动文件位置指针到所需要的位置，每一次移动可以从文件头开始，也可以从当前位置或文件尾部开始，它们都能移动到所需位置。如果需要知道文件指针的当前位置，可以用 ftell 函数返回文件指针的当前值。

```
1    #include <stdio.h>
2    #include <stdlib.h>
3    void main()
4    {
5        float p[5];
6        int i;
7        FILE * fp;
8        if((fp=fopen("fn1.dat","rb" ))==NULL)    //打开文件并使 fp 指向此文件
9        {
10           printf("文件打不开\n");               //如果出错输出提示信息
11           exit(0);                              //终止程序
12       }
13       i=ftell(fp);                             //返回当前文件指针的位置
14       printf("当前的指针值:%d",i);
15       fread(&p,4,1,fp);
16       printf("当前的数据值:%3.1f\n",p);
17       fseek(fp,4*4,0);                         //从文件开头前移 4 个数据:
18                                                //4*4 个字节
19       i=ftell(fp);
20       printf("当前的指针值:%d",i);
21       fread(&p,4,1,fp);
22       printf("当前的数据值:%3.1f\n",p);
23       fseek(fp,4*4,1);                         //从当前位置向前移动 4 个数
24                                                //据单位:4*4 字节
25       i=ftell(fp);
26       printf("当前的指针值:%d ",i);
27       fread(&p,4,1,fp);
28       printf("当前的数据值:%3.1f\n",p);
29       fseek(fp,-6*4,2);                        //从文件尾部后退 6 个数据:
30                                                //-6*4 个字节
31       i=ftell(fp);
32       printf("当前的指针值:%d",i);
33       fread(&p,4,1,fp);
34       printf("当前的数据值:%3.1f\n",p);
35       fseek(fp,-1*4,2);                        //从文件尾部后退一个数据:
36                                                //-4 个字节
37       i=ftell(fp);
38       printf("当前的指针值:%d ",i);
39       fread(&p,4,1,fp);
```

```
40        printf("当前的数据值:%3.1f\n",p);
41        fclose(fp);                        //关闭磁盘文件 fn1.dat
42    }
```

程序运行结果如下:

```
当前的指针值:0   当前的数据值: 28.8
当前的指针值:16  当前的数据值: 29.8
当前的指针值:36  当前的数据值: 32.3
当前的指针值:56  当前的数据值: 36.2
当前的指针值:76  当前的数据值: 25.5
```

【程序分析】

(1) 本例介绍了 fseek 和 ftell 的用法。程序打开文件时 fp 指向文件头,读取第一个数据。随后读取所需要的数据时,需要移动文件位置指针,程序中分别从 3 个基准(文件头、当前位置指针、文件尾)移动指针。

(2) 程序执行输出的文件指针值,都是指针离文件开头位置的字节数。读取一个数据(4 个字节),指针自动下移一个数据单位(4 个字节)。读取离散数据时,需要调用 fseek 函数移动指针到所需要的位置。

## 13.6　文件读写出错检测函数

C 系统提供一些函数用来检查输入输出函数调用时可能出现的错误。

(1) ferror 函数

在调用各种输入输出函数(如 putc,getc,fread,fwrite 等)时,如果出现错误,除了通过函数返回值体现外,还可以用 ferror 函数进行检查。ferror 的调用形式是:

```
ferror(fp);
```

如果 ferror 函数返回值为 0,表示未出错;如果返回值非 0,表示出错了。

在执行 fopen 函数时,ferror 函数的初始值自动置为 0。

【注意】　每次调用输入输出函数时,都会产生一个新的 ferror 函数值,因此,应该在调用一个输入输出函数后,立即检查 ferror 函数的值,否则信息会丢失。

(2) clearerr 函数

clearerr 函数的作用是使文件错误标志和文件结束标志置为 0。如果在调用一个输入输出函数时出现错误,ferror 函数为非 0 值;此时应该立即调用 clearerr(p)函数,使 ferror(fp)的值变为 0,以便进行下一次的检测。

只要出现文件读写错误标志,它就会一直被保留,直至对同一文件调用 clearerr 函数或 rewind 函数,或其他任何一个输入输出函数。

## 13.7 综合程序举例

【例 13-6】 已知某气象台站 7 月 17 日至 7 月 21 日每天 4 个观测时间(即 02,08,14,20 时)的温度观测值如表 13-4 所示。要求编写程序实现以下功能:

(1) 从键盘输入数据,保存到一个磁盘文件 fn1. dat 中。

(2) 从该文件中读出数据,统计每天的平均温度和总的平均温度。

(3) 把每天的日期及平均温度写到 fn2. dat 中。

【问题分析】 首先需要定义一个 5 行 4 列的二维数组 p[5][4],存放观测的温度值。观测时间放入一维数组 time[4]中,观测日期放到一维数组 day[5]中。键盘所输入的数据保存到文件 fn1. dat 中,然后从文件 fn1. dat 中读取数据,放到数组 p 中,显示数组 p 的内容(观测值)。

计算平均温度并放到文件 fn2. dat 中,再读出 fn2. dat 的内容,输出到屏幕。编程时需要以"w"方式和"r"方式分别打开文件。程序需要以二进制方式读写数据(fread 和 fwrite)。

```
1   # include <stdio. h>
2   # include <stdlib. h>
3   # define M 5
4   # define N 4
5   void main()
6   {
7       float p[M][N],b,sum1=0,sum2=0;    //定义数组存放温度值
8       int time[N]={02,08,14,20};        //存放时间
9       int day[M]={17,18,19,20,21};      //存放日期
10      FILE * fp, * fp2;                 //定义文件指针变量
11      int i,j,d;
12      if((fp=fopen("fn1. dat","wb"))==NULL)
13                                        //打开文件并使 fp 指向此文件
14      {
15          printf("文件打不开\n");        //如果出错输出提示信息
16          exit(0);                      //终止程序
17      }
18      for(i=0;i<M;i++)                  //循环从键盘读温度并输出到磁盘文件
19          for(j=0;j<N;j++)
20          {
21              scanf("%f",&b);           //读键盘温度值放到数组 t 中
22              fwrite(&b,4,1,fp);        //向磁盘文件输出一个温度值
23          }
```

```
24      fclose(fp);                        //关闭磁盘文件
25      if((fp=fopen("fn1.dat","rb"))==NULL)
26                                         //以只读方式打开磁盘文件
27      {
28          printf("文件打不开\n");         //如果出错输出提示信息
29          exit(0);                       //终止程序
30      }
31      for(i=0;i<M;i++)                   //循环读磁盘文件数据到数组 p 中
32        for(j=0;j<N;j++)
33          fread(&p[i][j],4,1,fp);
34      printf("   ");
35      for(i=0;i<N;i++)
36      {
37        if(time[i]<10)
38        {
39            printf("   0");              //用于排版
40            printf("%d 时",time[i]);
41        }
42        else
43            printf("%4d 时",time[i]);
44      }
45      for(i=0;i<M;i++)                   //循环输出数组 p 的内容到显示器
46      {
47          putchar('\n');
48          printf("%2d 日",day[i]);
49          putchar(' ');
50          for(j=0;j<N;j++)
51              printf("%3.1f  ",p[i][j]);
52      }
53      if((fp2=fopen("fn2.dat","wb"))==NULL)
54                                         //以只写方式打开文件并使 fp2 指向此文件
55      {
56        printf("文件打不开\n");           //如果出错输出提示信息
57        exit(0);                         //终止程序
58      }
59      printf("\n 每日的平均温度:\n");
60      for(i=0;i<M;i++)
61      {
62          sum1=0;
```

```
63        for(j=0;j<N;j++)
64            sum1+=p[i][j];
65        sum2+=sum1;
66        sum1/=4.0;                  //每日的平均温度
67            fwrite(&day[i],4,1,fp2);  //把日期写到 fp2 指向的文件
68            fwrite(&sum1,4,1,fp2);    //把每日的平均温度写到 fp2 指向的文件
69    }
70    fclose(fp2);                    //关闭 fp2 指向的文件
71    if((fp2=fopen("fn2.dat" , "rb" ))==NULL)
72                                    //以只读方式打开文件并使 fp2 指向此
73                                    //文件
74    {
75        printf("文件打不开\n");      //如果出错输出提示信息
76        exit(0);                    //终止程序
77    }
78    for(i=0 ; i<M ; i++)
79    {
80        fread(&d,4,1,fp2);          //从 fp2 指向的文件读入日期放到 d 中
81        fread(&sum1,4,1,fp2);       //从 fp2 指向的文件读入平均温度放到
82                                    //sum1 中
83        printf("%d 日=%3.1f",d,sum1);//输出日期和平均温度到显示器
84    }
85    sum2/=20;                       //总的平均温度
86    printf("\n 总的平均温度:%3.1f",sum2);
87    fclose(fp2);                    //关闭 fp2 指向的文件
88 }
```

程序运行结果如下：

**【程序分析】**

(1) 以"wb"（或"w"方式)方式打开文件 fn1.dat(文件后缀自己定义)，如果打开失

败,显示出错信息。将键盘输入的数据写到文件 fn1. dat 中,输入完后关闭文件。

(2) 以"rb"方式打开文件 fn1. dat,从中读出数据并将其放到数组 p 中。把数组 p 的内容输出到显示器。

(3) 以"wb"方式打开 fn2. dat 文件,计算平均温度,并把日期和平均温度写到 fn2. dat 中,然后关闭 fn2. dat 文件。

(4) 以"rb"方式打开文件 fn2. dat,读入日期和平均温度输出到显示器。

(5) 关闭 fn2. dat 文件。

(6) 向文件写数据时的文件打开方式和从文件中读数据时的文件打开方式要匹配,例如用"wb"及"rb"或用"w"及"r"方式。

【例 13-7】　把整型数组 a 中的内容输出到文件 d3. dat 中,从文件头部向前移动文件指针"sizeof(int) * 3"个字节,从文件当前位置开始读 3 个整数(字节数为 sizeof(int))到数组 a 中,输出数组 a 的内容。

```
1   #include <stdio.h>
2   void main()
3   {
4       FILE * fp;
5       int i,a[6]={1,2,3,4,5,6};
6       if((fp=fopen("d3.dat","wb+"))==NULL)
7                                   //打开文件并使 fp 指向此文件
8       {
9           printf("文件打不开\n");        //如果出错输出提示信息
10          exit(0);                      //终止程序
11      }
12      fwrite(a,sizeof(int),6,fp);
13      fseek(fp,sizeof(int) * 3,SEEK_SET );
14      fread(a,sizeof(int),3,fp);
15      fclose(fp);
16      for(i=0;i<6;i++)
17          printf("%d",a[i]);
18      putchar('\n');
19  }
```

程序运行结果如下:

```
456456
```

【程序分析】

(1) 以追加方式"wb+"打开文件"d3. dat",返回的指针赋给 fp。

(2) 向 fp 指向的文件(d3. dat)连续写入(用 fwrite 函数)6 次,每次写入 a 数组中的一个整数(字节数为 sizeof(int)),写入后文件 d3. dat 中的内容为 123456。

(3) 利用定位函数 fseek 从文件头(SEEK_SET 表示文件开始位置)向前移动

"sizeof(int) * 3"个字节数,此时文件指针指向数据 4。

(4) 从 fp 指向的文件 d3. dat 中读 3 个数据(每个数据字节数为 sizeof(int)),将其放到数组 a(指针)指向的位置,从文件读出的 3 个数据 4,5,6 把数组中的 1,2,3 覆盖了。此时数组 a 中的内容为 456456。

(5) 循环输出数组 a,输出结果为 456456。

 本章小结

本章介绍了文件的概念、有关文件操作的各种函数、读写磁盘文件的方法。C 语言中的文件根据数据的组织形式,分为 ASCII 文件和二进制文件。二进制文件效率比 ASCII 文件高,但具体使用哪种方式的文件,需要使用者自己根据需要确定。文件打开的方式有很多,需要经常熟悉才能熟练使用。文件使用完后要及时关闭,以免影响其它进程对文件的使用。

习 题 13

### 一、问答题

1. 比较 ASCII 文件和二进制文件的区别,并说明二者在操作方法上的区别。

2. 什么是文件类型指针? 通过文件类型指针访问文件有何好处?

3. 什么是顺序存取? 什么是直接存取? 两种存取方式有何不同?

### 二、选择题

1. 以下叙述正确的是_____。

A. C 语言中的文件是流式文件,因此只能顺序存取

B. 打开一个已存在的文件并进行了写操作后,原有文件中的全部数据必定被覆盖

C. 在一个程序中对文件进行了写操作后,必须先关闭该文件再打开,才能读到第一个数据

D. 当对文件的读(写)操作完成后,必须将它关闭,否则可能导致数据丢失

2. 以下程序:

```
1   #include <stdio.h>
2   void main()
3   {
4       FILE * fp;
5       int k,n,a[6]={1,2,3,4,5,6};
6       fp=fopen("d2. dat","w");
7       fprintf(fp,"%d%d%d\n",a[0],a[1],a[2]);
8       fprintf(fp,"%d%d%d\n",a[3],a[4],a[5]);
9       fclose(fp);
10      fp=fopen("d2. dat","r");
```

```
11    fscanf(fp,"%d%d\n",&k,&n);
12    printf("%d%d\n",k,n);
13    fclose(fp);
14  }
```

程序运行后的输出结果是_____。

A. 1　2　　　　B. 1　4　　　　C. 123　4　　　　D. 123　456

3. 执行以下程序后,test. txt 文件的内容是_____。

```
1   #include <stdio. h>
2   void main()
3   {
4     FILE * fp;
5     char * s1="fortran",s2="basic";
6     if((fp=fopen("test. txt","wb"))==NULL)
7     {
8       printf("Can't open test. txt file\n");
9       exit(0);
10    }
11    fwrite(s1,7,1,fp);
12    fseek(fp,0L,SEEK_SET);
13    fwrite(s2,5,1,fp);
14    fclose( fp ) ;
15  }
```

A. basican　　　B. basicfortran　　　C. basic　　　D. fortranbasic

4. 有以下程序:

```
1   #include <stdio. h>
2   void main()
3   {
4     FILE * fp;
5     int i;
6     char ch[ ]="abcd",t;
7     if((fp=fopen("abc. dat","wb+"))==NULL)
8     {
9       printf("Can't open abc. dat file\n");
10      exit(0);
11    }
12    for(i=0;i<4;i++)
13      fwrite(&ch[i],1,1,fp);
14    fseek(fp,-2,SEEK_END);
15    fread(&t,1,1,fp);
```

```
16      fclose(fp);
17      printf("%c\n",t);
18    }
```

程序执行后的输出结果是_____。

A. d    B. c    C. b    D. a

### 三、编程题

1. 从键盘输入两行字符串,各放到两个磁盘文件 f1 和 f2 中,要求把两个文件中的字符串合并,按由大到小的顺序放到一个磁盘文件 f3 中。

2. 从键盘输入若干行字符串,保存到磁盘文件中,再从文件中读出数据,将其中的小写字母转换成大写字母后输出到屏幕。

3. 从键盘输入 10 名学生的学号、姓名和 3 门课的成绩,存放到磁盘文件 fe1 中,对文件进行以下各项操作:

(1) 将文件 fe1 中的数据,按学生平均成绩排序后再放回文件 fe1 中,高分在前、低分在后。

(2) 把文件中超过平均分的学生学号和成绩放到磁盘文件 fe2 中。

# 第 14 章　位　运　算

## 14.1　位运算概述

位运算是指对数据进行二进制位的运算,例如对两个数按位相加或相减等操作。C 语言提供了位运算的功能,主要用于开发系统软件或通过计算机控制外部设备等功能。这也是 C 语言比其他面向过程语言功能强大的一个原因。

## 14.2　位运算符

C 语言提供的位运算符如表 14-1 所示。

**表 14-1　位运算符列表**

| 运算符 | 含义 | 运算符 | 含义 |
| --- | --- | --- | --- |
| & | 按位与 | ～ | 取反 |
| \| | 按位或 | << | 左移 |
| ∧ | 按位异或 | >> | 右移 |

位运算符里取反～是单目运算符,其他都是双目运算符;所有的位运算符只能用于整型或字符型,不能用于实型。

1．按位与运算符(&)

按位与,是指参与运算的两个数按二进制位(bit)进行"与"运算。如果两个相应的二进制位都是 1,则结果是 1,否则为 0,即 0&0=0,0&1=0,1&0=0,1&1=1。

例如,4&5 结果是 4,具体过程如下:

$$
\begin{array}{r}
0000\ 0100 \\
\&\quad 0000\ 0101 \\
\hline
0000\ 0100
\end{array}
$$

参与位运算的数先转化为二进制补码形式,然后再进行运算。如果运算数是负数,也是先转化为二进制形式,再进行运算。

根据按位与操作的规则,"&"运算符可以用于对某些位清零。

(1) 将某些位清 0。如果要将某个数的某二进制数位设为 0,可以找这样一个数进行按位与操作:新数中相应的位为 0,其他位为 1。例如将 0010 1010 的第 1 位和第 3 位置 0(从右向左,最右边的位是第 0 位),找这样的一个数 1111 0101 使其与原数进行按位与操作,得到的数是 0010 0000(即将原数的第 1 位和第 3 位置为 0 了)。具体过程如下:

$$
\begin{array}{r}
0010\ 1010 \\
\&\quad 1111\ 0101 \\
\hline
0010\ 0000
\end{array}
$$

(2) 保留某一位。所要保留的位与 1 进行按位与操作后该位不变。

(3) 取一个数中的某些位。如取 42(二进制是 0010 1010)的低 4 位,将其与 00001111 进行按位与操作,结果是 0000 1010(高 4 位为 0,低 4 位不变)。如要取 42(二进制是 0010 1010)的高 4 位,将其与 11110000 进行按位与操作,结果是 0010 0000(高 4 位不变,第 4 位为 0)。

2. 按位或运算符(|)

按位或操作是指参与运算的两个二进制位,只要一个为 1,结果就为 1,两个都是 0 时结果才是 0,即 0|0=0,0|1=1,1|0=1,1|1=1。

例如:4|5 结果是 5,具体过程如下:

$$
\begin{array}{r}
0000\ 0100 \\
|\quad 0000\ 0101 \\
\hline
0000\ 0101
\end{array}
$$

按位或运算可以用来对一个数的某些位置 1。例如将 57 的低 4 位置 1,高 4 位不变,则有 57|15=63,即 0011 1001|0000 1111=0011 1111。

3. 按位异或运算符(∧)

按位异或操作是指参与运算的两个二进制数,如果两个相应的位相同,则结果为 0;如果不同,则结果为 1,即 0∧0=0,0∧1=1,1∧0=1,1∧1=0。

例如:57∧43 结果是 18,具体过程如下:

$$
\begin{array}{r}
0011\ 1001 \quad (57)_{10} \\
\wedge\quad 0010\ 1011 \quad (43)_{10} \\
\hline
0001\ 0010 \quad (18)_{10}
\end{array}
$$

异或运算∧的特殊应用:

(1) 使某些位翻转

若使某一位翻转,应将与其进行按位异或运算的该位置 1,因为如果原位是 1,与 1 异或运算结果是 0,如果原位是 0,与 1 进行按位异或运算结果是 1。

例如将 57 的低 4 位翻转,将 57 与 0000 1111 进行按位异或运算,具体过程如下:

$$
\begin{array}{r}
0011\ 1001 \quad (57)_{10} \\
\wedge\quad 0000\ 1111 \quad (15)_{10} \\
\hline
0011\ 0110 \quad (54)_{10}
\end{array}
$$

（2）使某些位保持不变

0 与 0 进行按位异或运算的结果还是 0；1 与 0 进行按位异或运算结果还是 1。

例如 57 与 0 相 $\wedge$ 结果不变，具体过程如下：

$$
\begin{array}{r}
0011\ 1001 \quad (57)_{10} \\
\wedge \quad 0000\ 0000 \quad (0)_{10} \\
\hline
0011\ 1001 \quad (57)_{10}
\end{array}
$$

**4. 按位取反运算符（$\sim$）**

取反运算符 $\sim$ 是一个单目运算符，用于对一个二进制数按位取反操作，即 1 变 0，0 变 1。

例如 $\sim$57 的结果如下：

$$
\begin{array}{r}
\sim \quad 0011\ 1001 \\
\hline
1100\ 0110
\end{array}
$$

$\sim$ 运算符优先级比算术运算符、关系运算符、逻辑运算符和其他位运算符都高。

**5. 按位左移运算符（$<<$）**

左移运算符 $<<$ 用来将一个数的二进制各位按顺序向左移动若干位。例如：

```
int a=5;
a=a<<3;
```

a 的二进制是 0000 0101，左移 3 位右边补 0，结果是 0010 1000，十进制是 40。

高位左移溢出后就被舍弃了。左移 1 位相当于原数乘以 2，左移 3 为相当于原数乘以 8（即 $2^3$）。

左移运算比乘法运算符快很多，有些 C 编译器自动将乘 2 的运算用左移一位来实现，将乘 $2^n$ 的运算实现为左移 n 位。

**6. 按位右移运算符（$>>$）**

右移运算符 $>>$ 用来将一个数的二进制各位按顺序向右移动若干位。移到右端的低位数被舍弃。对于无符号数，右移时左边高位补 0；对于有符号数，右移时左边高位补 1 还是补 0，要看所用的计算机系统的规定。

右移一位相当于原数除以 2，右移 n 位相当于原数除以 $2^n$。

**7. 位运算赋值运算符**

位运算符与赋值运算符可以组合成复合赋值运算符，例如 $\&=$，$|=$，$>>=$，$<<=$，$\wedge=$ 等。

例如 a|=a 相当于 a=a|a，a>>=2 相当于 a=a>>2。

**8. 不同长度的数据进行运算**

如果参与运算的两个数据长度不同，比如 a|b，a 为 int 类型，b 为 char 类型，系统会将两个数按照其右端进行对齐。如果 b 为正数，则 b 的左 24 个位补 0；如果 b 为负数，则 b 的左 24 位补 1；如果 b 为无符号数，则 b 的左侧补 0。

## 14.3　综合程序举例

【例 14-1】　将整型数据 b(32 位)右循环移动 n 位,并且对移动后的高 n 位进行各位置反,即将 b 中原来左边 32−n 位向右移动 n 位,原来右边 n 位移动到最左边,再对高 8 位置反,见图 14-1 所示。

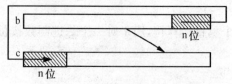

**图 14-1　例 14-1 的移动示意图**

【问题分析】

(1) 首先将 b 的右边 n 位放到 c 的高 n 位中,用下面的语句实现:

```
a=b<<(32−n);          //<<比−优先级高
```

将 b 向左移动 32−n 位,移动后 b 的左边 32−n 位被移除了,剩下右边 n 位,然后赋给 a。注意,b 的值没有变化。

(2) 将 b 向右移动 n 位,其左边高 n 位补 0,用以下语句实现:

```
c=b>>n;
```

(3) 将 a 与 c 按位进行或(|)运算。

```
c=c|a;
```

(4) 将 c 的值与 0xff000000 进行异或运算,将高 8 位取反。

```
c=c ∧ 0xff000000;
```

程序如下:

```
1    #include <stdio.h>
2    void main()
3    {
4        unsigned int a,b,c;
5        int n;
6        printf("input b:");
7        scanf("%d",&b);
8        printf("input n:");
9        scanf("%d",&n);
10       a=b<<(32−n);                    //左移 32−n 位
11       c=b>>n;                         //右移 n 位
12       c= c|a;                         //高 n 位与低 32−n 位合并
13       c=c∧0xff000000;                 //高 n 位取反
14       printf("b=0x%x c=0x%x\n",b,c);  //十六进制输出 b 和 c
15   }
```

程序运行结果如下：

```
input  b:59
input  n:4
b=0x3b  c=0x4f000003
```

**【程序分析】**

(1) 运行时输入 b 的值 59(十进制)，b 左移 32－4 位：a＝b<<(32－4)，即 b 的高 28 位被移除了，低 4 位放到 a 中。

(2) b 右移 4 位：c＝b>> 4，即 b 的低 4 位被移除了，剩下的高 28 位放到 c 中。

(3) a 与 c 合并：c＝ c|a，即 b 的低 4 位(在 a 中)与 b 的高 28 位(在 c 中)合并。

(4) c 高 8 位取反：c＝c ∧ 0xff000000，最后的结果是 0x4f000003。

| | | |
|---|---|---|
| b | 0000 0000 0000 0000 0000 0000 0011 1011 | $(59)_{10}$ |
| c | 1011 0000 0000 0000 0000 0000 0000 0011 | (右循环移动 4 位后) |
| c | 0100 1111 0000 0000 0000 0000 0000 0011 | (高 8 位取反后) |

## 本章小结

C 语言有 6 种位运算符，包括 &，|，～，∧，<<，>>。位运算可以对内存的某一个二进制位进行位操作，位运算常用于系统级软件设计或通过计算机控制外部设备等低级操作，这也是 C 语言功能强大的重要体现。左移运算(<<)时，要注意是否溢出的问题；右移运算(>>)时，要注意所用的系统是支持左边补 0 还是补 1 的问题。位运算符只能用于整型和字符型数据，应注意位运算与算术运算的区别。

习 题 14

**一、选择题**

1. 变量 a 中的数据用二进制表示的形式是 0101 1101，变量 b 中的二进制数据是 1111 0000。如要将 a 的高 4 位取反，低 4 位不变，所要执行的运算是_____。

    A. a∧b          B. a|b          C. a&b          D. a<<4

2. 有以下程序：

```
1   #include <stdio.h>
2   void main()
3   {
4     int a=1,b=2,c=3,x;
5     x=(a∧b)&c;
6     printf("%d\n",x);
7   }
```

程序运行的结果是_____。

A. 0　　　　　B. 1　　　　　C. 2　　　　　D. 3

3. 设有以下语句：

```
int a=1,b=2,c;
c=a∧(b<<2);
```

执行后，c 的值是_____。

A. 6　　　　　B. 7　　　　　C. 8　　　　　D. 9

4. 有以下程序：

```
1  #include <stdio.h>
2  void main()
3  {
4     unsigned char a=2,b=4,c=5,d;
5     d=a|b;
6     d&=c;
7     printf("%d\n",d);
8  }
```

程序运行后的结果是_____。

A. 3　　　　　B. 4　　　　　C. 5　　　　　D. 6

## 二、编程题

1. 编程实现将一个 16 位二进制数的奇数位取出。

2. 编写一个函数 move(value,n)实现左右循环移位。value 为要循环移位的数，n 为位移的位数，如 n<0 表示左移，如 n>0 表示右移。

3. 编写一个函数，使其能求出一个数的补码。

# 第 15 章　编译预处理

## 15.1　编译预处理概述

ANSI C 标准规定,可以在 C 语言源程序中加入一些"预处理命令"(perprocessor directives),以便改进程序设计环境,提高编程效率。这些预处理命令是由 ANSI C 规范统一规定的,它们不是 C 语言本身的组成部分,编译器不能识别它们,因此不能直接对它们进行编译处理。在对源程序进行通常的编译(包括词法分析、语法分析、代码生成、优化处理等)之前,需要对这些特殊的命令进行"预处理",如前面用过的 ♯include <stdio. h>命令,预处理时将 stdio. h 文件中的实际内容插入到该语句所在的位置,替换 ♯include <stdio. h>语句。

源程序经过预处理以后,就不再包含预处理命令了,再用编译程序对预处理后的源程序进行编译处理,就得到可运行的目标代码。现在使用的大多数 C 语言编译系统都集成了预处理、编译、连接等功能,在进行编译时一次完成所有的处理工作。

理解预处理和编译的区别,能更好地使用预处理命令。C 语言提供的预处理功能包括以下 3 种:

(1) 宏定义;

(2) 文件包含;

(3) 条件编译。

为了区别于一般的 C 语句,这些命令需要以符号"♯"开头。

## 15.2　宏定义与替换

### 15.2.1　不带参数的宏定义

不带参数的宏定义的格式如下:其作用是用一个指定的标识符代表一个字符串:

♯define　标识符　字符串

例如:

♯define PI 3.1415926

其作用是在本源程序文件中用标识符 PI 代表字符串"3.1415926"。在对源程序进行编译预处理时,从本条宏定义命令的位置开始查找标识符 PI,找到后用"3.1415926"这个字符串(不带双引号)替换 PI。这个标识符 PI 称为"宏名",用一个简单、便于记忆的名字代表一个复杂的或长的字符串,可以简化编程工作。

在编译时将宏名替换成字符串的过程称为"宏展开"。

**【例 15-1】** 使用不带参数的宏定义,求圆的周长、面积。

```
1    #include <stdio.h>
2    #define PI 3.1415
3    void main()
4    {
5        float r,s,c;                        //圆的半径 r、面积 s、周长 c
6        printf("Please input a radius:");
7        scanf("%f",&r);
8        s=PI*r*r;
9        c=2*PI*r;
10       printf("s=%f;c=%f\n",s,c);
11   }
```

**【说明】**

(1) 宏名一般用大写字母表示,以便与普通变量名区别。

(2) 使用宏名代表字符串可以减少输入的工作量,且便于记忆。例如,程序中多次输入 3.1415 要比输入 PI 麻烦,而且容易出错。当需改变参数的值时,只需要更改宏定义,重新编译一次就可以了。

例如,更改参数为 3.14,宏命令改为:

> #include PI 3.14

源程序其他地方不需要修改,只需把源程序重新编译一次就可以了。

(3) 宏定义只是简单地用宏名代替字符串,编译器不作正确性检查。如果把写成

> #define PI 3.14l5926

即字符串里的数字 1 写成了小写字母 l,预处理时照样代入,而不管其含义是否正确。预编译时不作任何语法检查,只有在编译已经被宏展开的源程序时,才会作语法检查并且报错。

(4) 宏定义不是 C 语言语句,不能在行尾加分号。如果加了分号,会连同分号一起置换。

(5) 可以用 #undef 命令终止宏定义的作用域。例如:

```
    #define PI 3.14          //PI 有效范围开始的位置
    int main()
    {
        …
    }
    #undef PI                //PI 有效范围结束的位置
    fun1()
    {
        …
    }
```

#undef 的作用是使 PI 的作用范围到#undef 行终止,fun1 函数中,PI 不再代表 3.14。

(6) 在进行宏定义时,可以引用已经定义的宏名,进行层层置换。

【例 15-2】　在宏定义中引用已经定义的宏名。

```
1   #include <stdio.h>
2   #define R 2.0
3   #define PI 3.1415
4   #define PRM 2 * PI * R
5   #define AREA PI * R * R
6   void main()
7   {
8       printf("perimeter=%f;area=%f\n",PRM, AREA);
9   }
```

(7) 对于程序中用双撇号括起来的字符串中的字符,即使它与宏名相同也不进行替换。

(8) 宏定义与变量不同,它们只作字符替换,并不分配内存空间。

(9) C 语言中的宏容易引入错误,当软件规模变大时查找宏引起的错误将很困难,所以应尽量减少使用复杂的宏。

### 15.2.2　带参数的宏定义

带参数的宏定义不是简单地字符串替换,而是要进行参数替换。其定义的形式是:

```
#define W(a,b)   a * b
…
s=W(2,4);
```

宏替换时会把 W(2,4)替换成:2 * 4,即从左向右参数 2 替换字符 a,参数 4 替换字符 b,其他的字符不变,替换后的语句是:

```
s=2 * 4;
```

【例 15-3】　带参数的宏应用实例。

```
1    #include <stdio.h>
2    #define PI 3.1415926
3    #define S(a) PI * a * a
4    void main()
5    {
6        float s,r;
7        printf("Please input a radius:");
8        scanf("%f",&r);
9        s=S(r);
10       printf("s=%f;r=%f\n",s,r);
11   }
```

如果程序执行时输入 3.0,赋值语句 s=S(r); 会被替换为:

    s=3.1415926 * 3.0 * 3.0;

**【说明】**

(1) 展开带参数的宏时,只是将语句中宏名后括号内的实参字符串替换 #define 命令中相应的形参。注意替换后的形式可能不是所要的结果。例如:

    #define S(a) PI * a * a
    s=S(r+r);

替换后为:

    s=3.1415926 * r+r * r+r;

这不是我们想要的结果,我们所要的结果是:

    s=3.1415926 * ( r + r ) * ( r +r );

所以宏定义需要改为下面的形式:

    #define S(a) PI * (a) * (a)

(2) 宏定义时,宏名与参数之间不要加空格,否则宏名后的空格及其以后的字符串会作为一个整体进行替换。

(3) 带参数的宏与函数的不同点主要体现在以下几方面:

■ 函数调用时先求实参的值,然后代入形参,带参数的宏只是进行简单的字符替换。例如上面的 S(r+r),宏展开时不会求 r+r 的值,只是用字符串"r+r"替换形参 a。

■ 函数调用是在程序运行时进行处理,为形参分配内存空间;而宏展开是在编译前的预处理阶段执行的,在宏展开时并不分配内存空间。

■ 函数中的实参和形参都要先定义类型,形参和实参的类型要一致或兼容;宏没有类型,其参数也没有类型,宏没有值的传递,也不返回值。

(4) 使用宏的次数越多,宏展开后的源程序越长;函数调用不会使源程序变长。

(5) 宏替换不占运行时间,只占编译时间;函数调用占用运行时间。

## 15.3 文件包含

文件包含是指一个源文件包含另一个源文件的全部内容,这样就能使用另一个源文件中定义的全部变量、函数、类型等,从而减少编程和调试的工作量。C 语言使用 #include 命令来实现文件包含,其一般形式是:

    #include <被包含的文件名>

或

    #include "被包含的文件名"

图 15-1(a)是 f1.c,它有一个包含文件 #include <f2.c>,其他内容用 A 表示。图 15-1(b)是 f2.c,内容用 B 表示。编译预处理时,#include <f2.c>会被处理,即将 f2.c 的内容插入到 f1.c 中替换 #include <f2.c>一行。编译 f1.c 文件时,f1.c 的内容如图 15-1(c)所示。

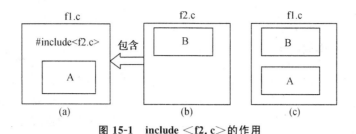

**图 15-1　include ＜f2.c＞的作用**

编程时使用"文件包含"命令,可以使用他人已经编写调试好的代码(文件),这样可以减少重复劳动,提供工作效率,这是代码复用的一种手段。前面章节的程序中所使用的♯include ＜stdio.h＞等都是文件包含的例子。

**【说明】**

(1) 一个♯include 命令只能包含一个文件,如果要包含 n 个文件,需要 n 个♯include命令。

(2) 采用尖括号方式(♯include ＜file1.h＞)时,系统到存放 C 库函数头文件的目录中寻找要包含的文件,该方式称为标准方式。如果所要包含的文件是系统库文件,一般采用这种方式。

采用双撇号的方式(♯include "file1.h")时,系统先在用户当前目录中查找要包含的文件,如果找不到,再按标准方式查找。如果要包含的文件是用户自定义的文件,一般采用这种方式。如果所要包含的文件不在用户当前目录下,双撇号内可以包含路径。例如:

```
♯include "d:\jack\file3.c"
```

(3) 如果一个被包含的文件里还包含其他文件,如 f1.c 包含 f2.c,f2.c 包含 f3.c,可以采用以下两种包含方式:

第一种方式如图 15-2 所示,f1.c 中包含 f2.c,f2.c 中包含 f3.c。

第二种方式如图 15-3 所示,f1.c 包含 f3.c 和 f2.c(注意包含的顺序),f2.c 中不再包含 f3.c。

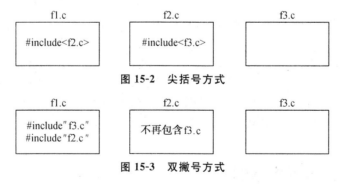

**图 15-2　尖括号方式**

**图 15-3　双撇号方式**

(4) 被包含的文件 f2.c 与其所在的文件(f1.c)的其他内容,在预编译后会成为同一个文件,文件名是 f1.c。

## 15.4　条件编译

当将源程序编译成可执行文件时,一般是把所有的行都进行编译,但有时为了调试等目的的需要,而只编译源程序的某一部分。当满足某一条件时编译某一部分,不满足条件时编译另一部分,这就是条件编译。

条件编译的形式有以下几种:

(1) 形式 1:

```
#ifdef　标识符
    程序段 1
#else
    程序段 2
#endif
```

其作用是:如果指定的标识符已经用 #define 定义了,则编译程序段 1,否则编译程序段 2,其中 #esle 部分可以空白。

(2) 形式 2:

```
#ifndef　标识符
    程序段 1
#else
    程序段 2
#endif
```

其作用是:如果没有定义指定的标识符,则编译程序段 1,否则编译程序段 2。这种形式与第 1 种形式的作用相反,其中 else 部分可以空白。

(3) 形式 3:

```
#if　表达式
    程序段 1
#else
    程序段 2
#endif
```

其作用是:当指定的表达式的值为真时编译程序段 1,否则编译程序段 2。

采用条件编译可以减少被编译的语句,从而减少目标程序的长度。

## 15.5　综合程序举例

【例 15-4】　键盘输入一行字符串,根据需要设置条件编译,使程序能够输出大写字符串或小写字符串。

```
1    #include <stdio.h>
2    #define P "the string is：%s\n"
3    #define L   1
4    void main()
5    {
6        char ch,str[20];
7        int i=0;
8        printf("Please input string:");
9        scanf("%s",str);
10       while( (ch=str[i] ) != '\0')
11       {
12           #if L
13             if(ch>='a' && ch<='z')
14                 str[i]=str[i] - 32;
15           #else
16             if(ch>='A' && ch<='Z')
17                     str[i]=str[i]+32;
18           #endif
19           i++;
20       }
21       printf(P,str);
22   }
```

程序运行结果如下：

```
Please input string:cLASSonE
  the  string  is:    CLASSONE
```

如果把源程序里的宏定义改为：#define L 0，其他内容不变，重新编译源程序，则程序运行结果如下：

```
Please input string:cLASsonE
  the  string  is:    classone
```

**【程序分析】**

通过条件编译，程序员可以控制需要编译的代码，其主要目的是方便程序调试，宏命令"#define  L   1"相当于一个调试开关。

**【例 15-5】** 设计一个子函数 fun,实现输入一个字符串并将其放入数组 s 中；子函数放在文件 myfun.c 中。主函数文件为 tm.c,在主函数中调用子函数 fun。

文件 myfun.c 的内容为：

```
1    void fun()
2    {
3      char s[80],c;
4      int n=0;
5      while((c=getchar())!='\n')
6        s[n++]=c;
7      n--;
8      while(n>=0)
9        printf("%c",s[n--]);
10   }
```

文件 tm.c 的内容为:

```
1    #include <stdio.h>
2    #include "myfun.c"
3    void main()
4    {
5      fun();
6      printf("\n");
7    }
```

编译连接后,运行 tm 程序,键盘输入"Thank!",程序运行结果如下:

```
Thank!
!knahT
```

**【程序分析】** 文件 myfun.c 实现了子函数 fun 接收从键盘输入一个字符串的功能,并且将其倒序显示。文件 tm.c 中通过包含(include)文件"myfun.c",就可以调用子函数 fun。通过这种方式,主文件把一些独立的功能委托给其他文件实现,从而实现了模块化开发,便于软件的维护。

## 🐱 本章小结

编译预处理命令在 C 语言编程中的用途很广,使用编译预处理命令有利于提高程序的可移植性,还能够增强程序的灵活性。C 语言中的编译预处理命令包括宏定义 #define 命令、文件包含命令 #include 和条件编译命令 #ifdef、#ifndef。前面的章节已经使用了宏定义和包含命令,只是没有很详细地介绍,通过本章的学习,可以加强对编译预处理命令的理解,掌握编译预处理命令的使用方法。

习 题 15

**一、问答题**

1. 说明使用宏定义的优点和缺点。

2. 解释编译预处理的原理和过程。

3. 简述条件编译的使用场合。

4. 文件包含和程序文件的连接有何不同?

**二、选择题**

1. 以下关于宏的叙述正确的是_____。

A. 宏名必须用大写字母表示　　　　　B. 宏定义必须位于源程序所有语句之前

C. 宏替换没有参数类型　　　　　　　D. 宏调用比函数调用费时间

2. 以下叙述中错误的是_____。

A. 在程序中凡是以"♯"开始的语句行都是预处理命令行

B. 预处理命令的最后不能以分号表示结束

C. ♯define MAX 是合法的宏定义命令行

D. C 程序对预处理行的处理是在程序执行过程中进行的

3. 如程序有宏定义 ♯define N 100 ,以下叙述正确的是_____。

A. 宏定义中定义了标识符 N 的值是整数 100

B. 在编译程序对 C 源程序进行预处理时用 100 替换标识符 N

C. 在 C 源程序进行编译时用 100 替换标识符 N

D. 在运行时用 100 替换标识符 N

4. 有以下程序:

```
1    #include <stdio.h>
2    #define PT 3.5
3    #define M N+1
4    #define S(x) PT * x * x
5    main()
6    {
7        int a=1,b=2;
8        printf("%4.1f\n",S(a+b));
9    }
```

程序运行后的结果是_____。

A. 14.0　　　　　　　　　　　　　　B. 31.5

C. 7.5　　　　　　　　　　　　　　　D. 程序有错误,无输出结果

5. 有一个名为 init.txt 的文件,内容如下:

```
    #define HDY(A,B) A/B
    #define PRINT(Y) printf("y=%d\n",Y)
```

有以下程序：

```
1    #include "init. txt"
2    main()
3    {
4      int a=1,b=2,c=3,d=4,k;
5      K=HDY(a+c,b+d);
6      PRINT(k);
7    }
```

下面针对该程序的叙述正确的是_____。

A. 编译有误　　　　　　　B. 运行错误

C. 运行结果为 y=0　　　　D. 运行结果为 y=6

6. 有以下程序：

```
1    #include <stdio. h>
2    #define N 5
3    #define M N+1
4    #define f(x) (x*M)
5    main()
6    {
7      int a,b;
8      a=f(2);
9      b=f(1+1);
10     printf("%d%d\n",a,b);
11   }
```

程序的运行结果是_____。

A. 12  12　　　　B. 11  7　　　　C. 11  11　　　　D. 12  7

## 三、填空题

以下程序有两个源程序文件 tm. h 和 tm. c 组成，程序编译运行的结果是_____。

tm. h 的源程序为：

```
    #define N 10
    #define f2(x) (x*N)
```

tm. c 的源程序为：

```
1    #include <stdio. h>
2    #define M 8
3    #define f(x) ((x)*M)
4    #include "tm. h"
5    main()
6    {
```

```
7      int i,j;
8      i=f(1+1);
9      j=f2(1+1);
10     printf("%d%d\n",i,j);
11   }
```

**四、编程题**

1. 输入两个整数,求它们相除的余数,用带参数的宏编程实现。

2. 设计各种输出格式(整数、实数、字符串等),放到一个文件名 format.h 的文件中,在另外的文件中用 ♯include "format.h"包含并使用这些输出格式。

3. 用条件编译实现以下功能:输入一行文字,可以用两种方式输出:一是原文输出;一是将字母变成下一个字母)(如'a'变成'b',…,'z'变成'a'),其他非字母不变。用 ♯define来控制编译。

# 附　录

## 附录 A　标准 ASCII 码表

| DEC | HEX | CHAR | DEC | HEX | CHAR | DEC | HEX | CHAR | DEC | HEX | CHAR | DEC | HEX | CHAR | DEC | HEX | CHAR | DEC | HEX | CHAR | DEC | HEX | CHAR |
|---|---|---|---|---|---|---|---|---|---|---|---|---|---|---|---|---|---|---|---|---|---|---|---|
| 0 | 0 | NUL | 16 | 10 | DLE | 32 | 20 | SPACE | 48 | 30 | 0 | 64 | 40 | @ | 80 | 50 | P | 96 | 60 | ` | 112 | 70 | p |
| 1 | 1 | SOH | 17 | 11 | DC1 | 33 | 21 | ! | 49 | 31 | 1 | 65 | 41 | A | 81 | 51 | Q | 97 | 61 | a | 113 | 71 | q |
| 2 | 2 | STX | 18 | 12 | DC2 | 34 | 22 | " | 50 | 32 | 2 | 66 | 42 | B | 82 | 52 | R | 98 | 62 | b | 114 | 72 | r |
| 3 | 3 | ETX | 19 | 13 | DC3 | 35 | 23 | # | 51 | 33 | 3 | 67 | 43 | C | 83 | 53 | S | 99 | 63 | c | 115 | 73 | s |
| 4 | 4 | EOT | 20 | 14 | DC4 | 36 | 24 | $ | 52 | 34 | 4 | 68 | 44 | D | 84 | 54 | T | 100 | 64 | d | 116 | 74 | t |
| 5 | 5 | ENQ | 21 | 15 | NAK | 37 | 25 | % | 53 | 35 | 5 | 69 | 45 | E | 85 | 55 | U | 101 | 65 | e | 117 | 75 | u |
| 6 | 6 | ACK | 22 | 16 | SYN | 38 | 26 | & | 54 | 36 | 6 | 70 | 46 | F | 86 | 56 | V | 102 | 66 | f | 118 | 76 | v |
| 7 | 7 | BEL | 23 | 17 | ETB | 39 | 27 | ' | 55 | 37 | 7 | 71 | 47 | G | 87 | 57 | W | 103 | 67 | g | 119 | 77 | w |
| 8 | 8 | BS | 24 | 18 | CAN | 40 | 28 | ( | 56 | 38 | 8 | 72 | 48 | H | 88 | 58 | X | 104 | 68 | h | 120 | 78 | x |
| 9 | 9 | HT | 25 | 19 | EM | 41 | 29 | ) | 57 | 39 | 9 | 73 | 49 | I | 89 | 59 | Y | 105 | 69 | i | 121 | 79 | y |
| 10 | A | LF | 26 | 1A | SUB | 42 | 2A | * | 58 | 3A | : | 74 | 4A | J | 90 | 5A | Z | 106 | 6A | j | 122 | 7A | z |
| 11 | B | VT | 27 | 1B | ESC | 43 | 2B | + | 59 | 3B | ; | 75 | 4B | K | 91 | 5B | [ | 107 | 6B | k | 123 | 7B | { |
| 12 | C | FF | 28 | 1C | FS | 44 | 2C | , | 60 | 3C | < | 76 | 4C | L | 92 | 5C | \ | 108 | 6C | l | 124 | 7C | \| |
| 13 | D | CR | 29 | 1D | GS | 45 | 2D | - | 61 | 3D | = | 77 | 4D | M | 93 | 5D | ] | 109 | 6D | m | 125 | 7D | } |
| 14 | E | SO | 30 | 1E | RS | 46 | 2E | . | 62 | 3E | > | 78 | 4E | N | 94 | 5E | ^ | 110 | 6E | n | 126 | 7E | ~ |
| 15 | F | SI | 31 | 1F | US | 47 | 2F | / | 63 | 3F | ? | 79 | 4F | O | 95 | 5F | _ | 111 | 6F | o | 127 | 7F | DEL |

注：DEC 表示十进制数　HEX 表示十六进制数　CHAR 表示 ASCII 字符

NUL 空　　　　VT 垂直制表　　SYN 空转同步　　SOH 标题开始　　STX 正文开始　　FF 走纸控制　　ETB 信息组传送结束　　CR 回车
ETX 正文结束　SO 移位输出　　EM 纸尽　　　　EOT 传输结束　　ENQ 询问字符　　SI 移位输入　　SUB 换码　　　　　　DLE 空格
DC1 设备控制1　FS 文字分隔符　BEL 报警　　　DC2 设备控制2　DC3 设备控制3　GS 组分隔符　　BS 退一格　　　　　RS 记录分隔符
DC4 设备控制4　US 单元分隔符　LF 换行　　　　NAK 否定　　　ACK 承认　　　　DEL 删除　　　CAN 作废　ESC 换码　HT 横向列表

# 附录 B　C 语言的关键字

C 语言简洁、紧凑，使用方便、灵活。ANSI C 一共只有 32 个关键字：

1. auto：声明自动变量

2. short：声明短整型变量或函数

3. int：声明整型变量或函数

4. long：声明长整型变量或函数

5. float：声明浮点型变量或函数

6. double：声明双精度变量或函数

7. char：声明字符型变量或函数

8. struct：声明结构体变量或函数

9. union：声明共用数据类型

10. enum：声明枚举类型

11. typedef：用以给数据类型取别名

12. const：声明只读变量

13. unsigned：声明无符号类型变量或函数

14. signed：声明有符号类型变量或函数

15. extern：声明变量是在其他文件中声明

16. register：声明寄存器变量

17. static：声明静态变量

18. volatile：说明变量在程序执行中可被隐含地改变

19. void：声明函数无返回值或无参数，声明无类型指针

20. if：条件语句

21. else：条件语句否定分支（与 if 连用）

22. switch：用于开关语句

23. case：开关语句分支

24. for：一种循环语句

25. do：循环语句的循环体

26. while：循环语句的循环条件

27. goto：无条件跳转语句

28. continue：结束当前循环，开始下一轮循环

29. break：跳出当前循环

30. default：开关语句中的"其他"分支

31. sizeof：计算数据类型长度

32. return：子程序返回语句（可以带参数，也可不带参数）循环条件

注：以上关键词不能用作用户自定义的标识符。

# 附录C  C语言常用语法提要

为方便读者查阅,现列出C语言语法中常用的部分提要,这里并没有采用严格的语法定义形式,只是备忘性质,供读者参考。

## 一、标识符

标识符可由字母、数字和下划线组成。标识符必须以字母或下划线开头。大小写字母分别认为是两个不同的字符。不同的系统对标识符的字符数由不同的规定,一般允许7个字符。

## 二、常量

1. 整型常量:十进制常量、八进制常量(以0开头的数字序列)、十六进制常量(以0x开头的数字序列)、长整型常量(在数字后加字符l或L);

2. 字符常量:用单引号(撇号)括起来的一个字符,可以使用转义字符;

3. 实型常量:小数形式、指数形式;

4. 字符串常量:用双引号(双撇号)括起来的字符序列。

## 三、表达式

1. 算术表达式

整型表达式:参加运算的运算量是整型量,结果也是整型量。

实型表达式:参加运算的运算量是实型量,运算过程先转换成double型,结果也是double型。

2. 逻辑表达式

用逻辑运算符连接的整型量,结果为一个整数(0或1)。逻辑表达式可以认为是整型表达式的一种特殊形式。

3. 强制类型转换表达式

用"(类型)"运算符使表达式的类型进行强制转换。如(float)a。

4. 逗号表达式

形式:表达式1,表达式2,…,表达式n;

顺序求出表达式1,表达式2,…,表达式n的值。结果为表达式n的值。

5. 赋值表达式

将赋值号"="右侧表达式的值赋给赋值号左边的变量。赋值表达式的值为执行赋值后被赋值的变量的值。

6. 条件表达式

形式:逻辑表达式? 表达式1:表达式2

逻辑表达式的值为非0,则条件表达式的值等于表达式1的值;

逻辑表达式的值为0,则条件表达式的值等于表达式2的值。

7. 指针表达式

对指针类型的数据进行运算。例如 $p-2, p1-p2, \&a$ 等(其中 $p, p1, p2$ 均已定义为指针变量,$a$ 为已定义的变量),结果为指针类型;

以上各种表达式可以包含有关的运算符,也可以是不包含任何运算符(例如,常量是算术表达式的最简单的形式）。

## 四、数据定义

程序中用到的所有变量都需要定义。对数据要定义其数据类型,需要时指定其存储类别。

1. 类型表示符

可用:int,short,long,unsigned,char,float,double,struct　结构体名,union 共同体,用 typedef 定义的类型名。

结构体与共用体的定义形式为:

struct　结构体名

{成员表列};

union　共用体名

{成员表列};

用 typdef 定义的新类型名的形式为:typdef　已有类型　新定义类型

2. 存储类别

可用 auto,static,register,extern。

如不指定存储类别,作 auto 处理。

变量的定义形式:存储类别　数据类型　变量表列

注意外部数据定义只能用 extern 或 static,而不能用 auto 或 register。

## 五、函数定义

形式:存储类别　数据类型　函数名(形参表列)

　　　　　　函数体

函数的存储类别只能用 extern 或 static。函数体使用花括号括起来,可包括数据定义和语句。

## 六、变量的初始化

可以在定义时对变量或数组指定初始值。

静态变量或外部变量如未初始化,系统自动使其初值为 0(对数值型变量)或空(对字符型数据)。自动变量或寄存器变量如未初始化,则其初始值为一随机数据。

## 七、语　　句

它包括表达式语句、函数调用语句、控制语句、复合语句、空语句。其中控制语句包括:

1. if(表达式)　语句

　　或

　　if(表达式)　语句 1

　　else　语句 2

2. while(表达式)　语句

3. do…while(表达式)　语句

4. for(表达式 1;表达式 2;表达式 3)　语句

5. switch(表达式)

　　{case　常量表达式 1:语句 1;

……

  case 常量表达式 n:语句 n;

  default:语句 n+1};

6. break

7. continue

8. return

9. goto 语句

## 八、预处理命令

♯define 宏名 字符串

♯define 宏名(参数 1,参数 2,…,参数 n)字符串

♯undef 宏名

♯include "文件名"或<文件名>

♯if 常量表达式

♯ifdef 宏名

♯ifndef 宏名

♯else

♯endif

# 附录 D C 语言常用的标准库函数

表 1 数学函数

| 函数名 | 函数功能 | 函数返回值类型 |
|---|---|---|
| abs(int i) | 求整数的绝对值 | int |
| fabs(double x) | 返回浮点数的绝对值 | double |
| floor(double x) | 向下舍入 | double |
| fmod(double x, double y) | 计算 x 对 y 的模,即 x/y 的余数 | double |
| exp(double x) | 指数函数 | double |
| log(double x) | 对数函数 ln(x) | double |
| log10(double x) | 对数函数 log | double |
| labs(long n) | 取长整型绝对值 | long |
| modf(double value, double * iptr) | 把数分为指数和尾数 | double |
| pow(double x, double y) | 指数函数(x 的 y 次方) | double |
| sqrt(double x) | 计算平方根 | double |
| sin(double x) | 正弦函数 | double |
| asin(double x) | 反正弦函数 | double |

续表

| 函数名 | 函数功能 | 函数返回值类型 |
|---|---|---|
| sinh(double x) | 双曲正弦函数 | double |
| cos(double x); | 余弦函数 | double |
| acos(double x) | 反余弦函数 | double |
| cosh(double x) | 双曲余弦函数 | double |
| tan(double x) | 正切函数 | double |
| atan(double x) | 反正切函数 | double |
| tanh(double x) | 双曲正切函数 | double |

**表 2　字符串函数**

| 函数名 | 函数功能 | 函数返回值类型 |
|---|---|---|
| strcat(char * dest,const char * src) | 将字符串 src 添加到 dest 末尾 | char |
| strchr(const char * s,int c) | 检索并返回字符 c 在字符串 s 中第一次出现的位置 | char |
| strcmp(const char * s1,const char * s2) | 比较字符串 s1 与 s2 的大小,并返回 s1−s2 | int |
| stpcpy(char * dest,const char * src) | 将字符串 src 复制到 dest | char |
| strdup(const char * s) | 将字符串 s 复制到最近建立的单元 | char |
| strlen(const char * s) | 返回字符串 s 的长度 | int |
| strlwr(char * s) | 将字符串 s 中的大写字母全部转换成小写字母,并返回转换后的字符串 | char |
| strrev(char * s) | 将字符串 s 中的字符全部颠倒顺序重新排列,并返回排列后的字符串 | char |
| strset(char * s,int ch) | 将一个字符串 s 中的所有字符置于一个给定的字符 ch | char |
| strspn(const char * s1,const char * s2) | 扫描字符串 s1,并返回在 s1 和 s2 中均有的字符个数 | char |
| strstr(const char * s1,const char * s2) | 描字符串 s2,并返回第一次出现 s1 的位置 | char |
| strtok(char * s1,const char * s2) | 检索字符串 s1,该字符串 s1 是由字符串 s2 中定义的定界符所分隔 | char |
| strupr(char * s) | 将字符串 s 中的小写字母全部转换成大写字母,并返回转换后的字符串 | char |

**表 3　字符函数**

| 函数名 | 函数功能 | 函数返回值类型 |
|---|---|---|
| isalpha(int ch) | 若 ch 是字母('A'—'Z','a'—'z'),返回非 0 值,否则返回 0 | int |
| isalnum(int ch) | 若 ch 是字母('A'—'Z','a'—'z')或数字('0'—'9'),返回非 0 值,否则返回 0 | int |

# C 语言程序设计

续表

| 函数名 | 函数功能 | 函数返回值类型 |
|---|---|---|
| isascii(int ch) | 若 ch 是字符(ASCII 码中的 0—127),返回非 0 值,否则返回 0 | int |
| iscntrl(int ch) | 若 ch 是作废字符(0x7F)或普通控制字符(0x00—0x1F),返回非 0 值,否则返回 0 | int |
| isdigit(int ch) | 若 ch 是数字('0'—'9'),返回非 0 值,否则返回 0 | int |
| isgraph(int ch) | 若 ch 是可打印字符(不含空格)(0x21—0x7E),返回非 0 值,否则返回 0 | int |
| islower(int ch) | 若 ch 是小写字母('A'—'z'),返回非 0 值,否则返回 0 | int |
| isprint(int ch) | 若 ch 是可打印字符(含空格)(0x20—0x7E),返回非 0 值,否则返回 0 | int |
| ispunct(int ch) | 若 ch 是标点字符(0x00—0x1F),返回非 0 值,否则返回 0 | int |
| isspace(int ch) | 若 ch 是空格(' '),水平制表符(\t),回车符(\r),走纸换行(\f),垂直制表符(\v),换行符(\n),返回非 0 值,否则返回 0 | int |
| isupper(int ch) | 若 ch 是大写字母('A'—'Z'),返回非 0 值,否则返回 0 | int |
| isxdigit(int ch) | 若 ch 是 16 进制数('0'—'9','A'—'F','a'—'f'),返回非 0 值,否则返回 0 | int |
| tolower(int ch) | 若 ch 是大写字母('A'—'z'),返回相应的小写字母('A'—'z') | int |
| toupper(int ch) | 若 ch 是小写字母('A'—'z'),返回相应的大写字母('A'—'z') | int |

表 4　输入输出函数

| 函数名 | 函数功能 | 函数返回值类型 |
|---|---|---|
| getch() | 从控制台(键盘)读一个字符,不显示在屏幕上 | int |
| putch() | 向控制台(键盘)写一个字符 | int |
| getchar() | 从控制台(键盘)读一个字符,显示在屏幕上 | int |
| putchar() | 向控制台(键盘)写一个字符 | int |
| getchar() | 从控制台(键盘)读一个字符,显示在屏幕上 | int |
| getc(FILE * stream) | 从流 stream 中读一个字符,并返回这个字符 | int |
| putc(int ch, FILE * stream) | 向流 stream 写入一个字符 ch | int |
| getw(FILE * stream) | 从流 stream 读入一个整数,错误返回 EOF | int |
| putw(int w, FILE * stream) | 向流 stream 写入一个整数 | int |
| fclose(handle) | 关闭 handle 所表示的文件处理 | FILE * |
| fgetc(FILE * stream) | 从流 stream 处读一个字符,并返回这个字符 | int |
| fputc(int ch, FILE * stream) | 将字符 ch 写入流 stream 中 | int |
| fgets(char * string, int n, FILE * stream) | 流 stream 中读 n 个字符存入 string 中 | char * |

300

续表

| 函数名 | 函数功能 | 函数返回值类型 |
|---|---|---|
| fopen（char ＊ filename, char ＊ type) | 打开一个文件 filename,打开方式为 type,并返回这个文件指针,type 可为以下字符串加上后缀 | FILE ＊ |
| fputs(char ＊ string,FILE ＊ stream) | 将字符串 string 写入流 stream 中 | int |
| fread(void ＊ ptr,int size, int nitems,FILE ＊ stream) | 从流 stream 中读入 nitems 个长度为 size 的字符串存入 ptr 中 | int |
| fwrite(void ＊ ptr,int size, int nitems,FILE ＊ stream) | 向流 stream 中写入 nitems 个长度为 size 的字符串,字符串在 ptr 中 | int |
| fscanf(FILE ＊ stream,char ＊ format[,argument,…]) | 以格式化形式从流 stream 中读入一个字符串 | int |
| fprintf(FILE ＊ stream,char ＊ format[,argument,…]) | 以格式化形式将一个字符串写给指定的流 stream | int |
| scanf(char ＊ format[,argument,…]) | 从控制台读入一个字符串,分别对各个参数进行赋值,使用 BIOS 进行输出 | int |
| printf(char ＊ format[,argument,…]) | 发送格式化字符串输出给控制台(显示器),使用 BIOS 进行输出 | int |

注:[…]表示可选参数。

## 附录 E　C 语言运算符优先级

| 优先级 | 运算符 | 名称或含义 | 使用形式 | 结合方向 | 说明 |
|---|---|---|---|---|---|
| 1 | [] | 数组下标 | 数组名[常量表达式] | 左到右 | |
| | () | 圆括号 | (exp)/函数名(形参表) | | |
| | . | 成员选择(对象) | 对象.成员名 | | |
| | -> | 成员选择(指针) | 对象指针->成员名 | | |
| 2 | - | 负号运算符 | -exp | 右到左 | 单目运算符 |
| | (类型) | 强制类型转换 | (类型)exp | | |
| | ++ | 自增运算符 | ++var/var++ | | 单目运算符 |
| | -- | 自减运算符 | --var/var-- | | 单目运算符 |
| | ＊ | 取值运算符 | ＊指针变量 | | 单目运算符 |
| | & | 取地址运算符 | &var | | 单目运算符 |
| | ! | 逻辑非运算符 | ! exp | | 单目运算符 |
| | ~ | 按位取反运算符 | ~exp | | 单目运算符 |
| | sizeof | 长度运算符 | sizeof(exp) | | |

| 优先级 | 运算符 | 名称或含义 | 使用形式 | 结合方向 | 说明 |
|---|---|---|---|---|---|
| 1 | / | 除 | exp1/exp2 | 左到右 | 双目运算符 |
| | * | 乘 | exp1 * exp2 | | 双目运算符 |
| | % | 余数(取模) | 整型表达式%整型表达式 | | 双目运算符 |
| 4 | + | 加 | exp1+exp2 | 左到右 | 双目运算符 |
| | − | 减 | exp1−exp2 | | 双目运算符 |
| 5 | << | 左移 | var<<exp | 左到右 | 双目运算符 |
| | >> | 右移 | var>>exp | | 双目运算符 |
| 6 | > | 大于 | exp1>exp2 | 左到右 | 双目运算符 |
| | >= | 大于等于 | exp1>=exp2 | | 双目运算符 |
| | < | 小于 | exp1<exp2 | | 双目运算符 |
| | <= | 小于等于 | exp1<=exp2 | | 双目运算符 |
| 7 | == | 等于 | exp1==exp2 | 左到右 | 双目运算符 |
| | != | 不等于 | exp1!=exp2 | | 双目运算符 |
| 8 | & | 按位与 | exp1&exp2 | 左到右 | 双目运算符 |
| 9 | ∧ | 按位异或 | exp1∧exp2 | 左到右 | 双目运算符 |
| 10 | \| | 按位或 | exp1\|exp2 | 左到右 | 双目运算符 |
| 11 | && | 逻辑与 | exp1&&exp2 | 左到右 | 双目运算符 |
| 12 | \|\| | 逻辑或 | exp1\|\|exp2 | 左到右 | 双目运算符 |
| 13 | ?: | 条件运算符 | exp1? exp2:exp3 | 右到左 | 三目运算符 |
| 14 | = | 赋值运算符 | var=exp | 左到右 | |
| | /= | 除后赋值 | var/=exp | | |
| | *= | 乘后赋值 | var *=exp | | |
| | %= | 取模后赋值 | var%=exp | | |
| | += | 加后赋值 | var+=exp | | |
| | −= | 减后赋值 | var−=exp | | |
| | <<= | 左移后赋值 | var<<=exp | | |
| | >>= | 右移后赋值 | var>>=exp | | |
| | &= | 按位与后赋值 | var&=exp | | |
| | ∧= | 按位异或后赋值 | var∧=exp | | |
| | \|= | 按位或后赋值 | var\|=exp | | |
| 15 | , | 逗号运算符 | exp1,exp2,… | 左到右 | 从左向右顺序运算 |

注:① exp 代表表达式,var 代表变量;
　　② 当在编程的过程中不清楚运算符间的优先级时,可采用加括号的方式进行优先级控制。

# 参考文献

[1] 郭建伟:《计算机基础教程》,华中科技大学出版社,2007 年。

[2] 贾宗福等:《新编大学计算机基础教程》,中国铁道出版社,2007 年。

[3] 陈海波,王申康:《新编程序设计方法学》,浙江大学出版社,2004 年。

[4] 李师贤:《面向对象程序设计基础》,高等教育出版社,2005 年。

[5] 余祥宣,崔国华,邹海明:《计算机算法基础》,华中科技大学出版社,2006 年。

[6] 谭浩强:《C 程序设计》第四版,清华大学出版社,2010 年。

[7] 刘玉英:《C 语言程序设计——案例驱动教程》,清华大学出版社,2011 年。

[8] 楼永坚,吴鹏,许恩友:《C 语言程序设计》,人民邮电出版社,2006 年。

[9] 高级程序设计,http://www.neu.edu.cn/cxsj/,2011 年 8 月。

[10] 微软公司:MSDN Library v6.0,微软公司。

[11] 丁亚涛:《C 语言程序设计》,高等教育出版社,2006 年。

[12] 夏宽理:《C 语言程序设计》,中国铁道出版社,2009 年。

[13] [美]Brian W Kernighan,Dennis M Ritchie,《C 程序设计语言》,徐宝文,李志译,机械工业出版社,2004 年。

[14] [美]Benjamin C Pierce,《类型和程序设计语言》,马世龙,睢跃飞等译,电子工业出版社,2005 年。

[15] [美]Kenneth C Louden,《程序设计语言——原理与实践》第二版,黄林鹏,毛宏燕,黄晓琴等,电子工业出版社,2004 年。

[16] 严蔚敏,吴伟民:《数据结构(C 语言版)》,清华大学出版社,2007 年。

[17] 刘锋,董秀:《微机原理与接口技术》,机械工业出版社,2009 年。

[18] 姜成志:《C 语言程序设计教程》,清华大学出版社,2011 年。

[19] 赛煜:《C 语言程序设计实训教程》,中国铁道出版社,2008 年。

[20] 谭浩强,张基温:《C 语言程序设计教程》第三版,高等教育出版社,2006 年。

[21] 谭浩强:《C 程序设计题解与上机指导》第三版,清华大学出版社,2005 年。

**图书在版编目(CIP)数据**

C语言程序设计/耿焕同主编.—镇江：江苏大学
出版社，2012.2
ISBN 978-7-81130-305-6

Ⅰ．① C… Ⅱ．① 耿… Ⅲ．① C语言—程序设计—高等
学校—教材 Ⅳ．①TP312

中国版本图书馆 CIP 数据核字(2012)第 015134 号

---

**C 语言程序设计**

主　　编/耿焕同
责任编辑/段学庆　张小琴
出版发行/江苏大学出版社
地　　址/江苏省镇江市梦溪园巷 30 号(邮编:212003)
电　　话/0511-84443089
传　　真/0511-84446464
排　　版/镇江文苑制版印刷有限责任公司
印　　刷/扬中市印刷有限公司
经　　销/江苏省新华书店
开　　本/787 mm×1 092 mm　1/16
印　　张/19.75
字　　数/474 千字
版　　次/2012 年 2 月第 1 版　2012 年 2 月第 1 次印刷
书　　号/ISBN 978-7-81130-305-6
定　　价/35.00 元(含光盘)

如有印装质量问题请与本社发行部联系(电话:0511-84440882)